Günther, Ute/Kirchhof, Roland (Hrsg.)

Leitfaden für Business Angels

Bibliografische Information der Deutschen Nationalbibliothek

Günther, Ute/Kirchhof, Roland (Hrsg.): Leitfaden für Business Angels
Verlag: GoingPublic Media AG, München, 2012
ISBN 978-3-943021-33-2
Die Deutsche Nationalbibliothek verzeichnet diese Publikation in der Deutschen Nationalbibliografie; detaillierte bibliografische Daten sind im Internet über http://dnb.d-nb.de abrufbar.

Semperstraße 51
45138 Essen
Tel.: 0201 / 89 41 5 - 60
E-Mail: band@business-angels.de
www. business-angels.de

Verlag: GoingPublic Media AG, Hofmannstraße 7a, 81379 München
Tel. 089-2000 339-0, Fax: 089-2000 3339-39, www.goingpublic.de

Satz: GoingPublic Media AG
Lektorat: Sabine Klug, Augsburg; Magdalena Lammel, Bayreuth

1. Auflage im Dezember 2012

ISBN 978-3-943021-33-2

Günther, Ute/Kirchhof, Roland (Hrsg.)

Leitfaden für Business Angels

Eine Publikation von

BAND BUSINESS ANGELS NETZWERK DEUTSCHLAND e.V.

in Zusammenarbeit mit

VentureCapital Magazin

Inhaltsverzeichnis

4. Parameter der Beteiligungsentscheidung

5. Beteiligungsvertragswerk

6. Beteiligungspower erhöhen

11. Vielfalt und Varianten

12. Business Angels-Infrastruktur

13. Statt einer Zusammenfassung

Anhang

Vorwort der Herausgeber

Business Angels sind mehr denn je gefragt. Sie finanzieren Innovationen in der Frühphase. Sie sind bereit, das Risiko zu tragen und den Aufwand auf sich zu nehmen, weil sie – neben der Renditeorientierung – Spaß daran haben zu sehen, wie sich junge, vielversprechende Unternehmen entwickeln.

Dieser Leitfaden für Business Angels betritt Neuland, weil es ein vergleichbares Werk bisher auf dem deutschen Markt nicht gibt. Rund 20 Jahre, nachdem sich der Begriff Business Angel in Deutschland etabliert hat, war es an der Zeit, ein Buch herauszugeben, das die bisherigen Erfahrungen der Praxis zur Arbeit von Angel-Investoren bündelt und aufbereitet.

Der Zeitpunkt ist auch deswegen gut, weil mit dem Investitionszuschuss für Business Angels im Jahre 2013 die Relevanz des Angel-Investments in der Politik angekommen ist. Das ist gut für unsere technologieorientierten Gründungen, die damit eine bessere Kapitalausstattung in Aussicht haben. Und es ist auch ein gewisser Anreiz, sich als Business Angel bei der Finanzierung von Gründern zu engagieren.

Adressiert ist das Werk an:

- aktive Business Angels oder solche, die es erst noch werden wollen
- an Gründer, die sich mit einem Business Angel Investment befassen
- interessierte Marktteilnehmer wie Investoren und Berater
- alle, die wissen wollen, was sich hinter einem „Business Angel“ verbirgt

Sowohl Brancheninsider als auch Einsteiger erhalten wertvolle Informationen und einen umfassenden Überblick über alle Facetten des Marktes – und zwar direkt aus der Praxis. Anhand von Fallbeispielen wird die Tätigkeit der Business Angels erklärt, und es werden Markteinblicke gewährt. Bereits erfahrene Investoren finden in praxisnahen Fachbeiträgen Anregungen zur weiteren Professionalisierung ihrer Tätigkeit. Gründer, die auf der Suche nach Business Angels-Kapital und Know-how sind, lernen, wie Business Angels ticken, worauf diese achten.

Was das Buch nicht mehr tun musste, weil dies inzwischen bekannt ist: den Begriff Business Angel näher zu definieren. Das Bild der zwei Flügel, in einem Flügel Kapital, in dem anderen Know-how und Netzwerkkontakte, verweist auf den Kern dessen, was einen Business Angel ausmacht. Im Übrigen zeigt auch dieses Buch, wie weit heute eine Ausdifferenzierung des Business Angel-Engagements stattgefunden hat.

So vielfältig und unterschiedlich wie die Business Angels sind auch die Autoren. Neben praxiserfahrenen Engeln konnten viele Vertreter herausragender Kanzleien und Büros gewonnen werden, die aus ihrer täglichen Beratungskenntnis heraus berichten. Nicht immer sind die Positionen deckungsgleich, aber das macht unseres Erachtens gerade einen der Reize des Buches aus. Auch handelt es sich bei allem Anspruch auf Richtigkeit nicht um ein wissenschaftliches Werk; auf den Lesefluss störende Quellenangaben wird daher meist verzichtet. Die große und spontane Bereitschaft so vieler Autoren, an dem Buch unter kurzen Zeitvorgaben mitzuwirken, zeigt, dass in Deutschland viel Know-how vorhanden ist und viele auch bereit sind, dieses Wissen weiterzugeben. Dafür gilt allen Autoren unser ganz herzlicher Dank.

Großen Dank schulden wir dem Team des Verlags, vorrangig Herrn Mathias Renz und Frau Susanne Gläser, aber auch den Lektoren, dem Grafiker und der Druckerei, für völlig unkomplizierte, schnelle und vor allem duldsame Zusammenarbeit. Last, but not least gilt unser herzlicher Dank den vielen Sponsoren – ohne sie und ihre kurzfristig abverlangte Sponsoring-Entscheidung hätte das Buch nicht erscheinen können.

Allen Lesern wünschen wir viel Spaß und – so hoffen wir – Erkenntnisgewinn.

Ute Günther, Roland Kirchhof

Im Fokus

1

Friedrich Georg Hoepfner

Angel sind auch nur Menschen

Es ist schon ein Unterschied, ob man einen Stein behaut oder beim Bau einer Kathedrale mitwirkt. Und wer ein wirklich schönes Boot bauen will, der lehrt seine Leute nicht nur den Umgang mit Holz und das Schreinerhandwerk, sondern auch die Sehnsucht nach dem endlosen, weiten Meer. Ja, Wirtschaft hat auch etwas mit großen Gefühlen zu tun, sie besteht nicht nur aus Multiples, Anti-Dilution und Clawback-Klauseln. Und deshalb bin ich so gerne Business Angel, denn mich kann man mit dem Versprechen, an einer Kathedrale mitbauen zu dürfen, zu den größten Dummheiten verführen. Es ist nicht nur das Motiv der Selbstverwirklichung, das hier durchscheint. Ein amerikanischer Unternehmer hat es einmal treffend formuliert: „I want to make a difference." Und damit sind wir wieder bei dem Beitrag, den jeder einzelne Steinmetz zum Bau einer Kathedrale leistet so wie der, den ein Bildhauer am Kölner Dom verewigt hat.

Gründen ist eine Expedition ins Ungewisse

So habe ich zum Beispiel vor Jahren mit ein paar Freunden eine Firma gegründet, obwohl diese gerade bewiesen, dass sie nicht sehr viel vom Geschäftemachen verstanden. Sie hatten nämlich auf einer Reise nach Südamerika wunderbare Pullover entdeckt, aus Alpaka-Wolle, und ihre gesamten Ersparnisse investiert, um so viele wie möglich zu kaufen. Als sie dann in Deutschland ankamen, stellte sich heraus, dass sie viel zu teuer eingekauft hatten und mit ihrem ersten Importgeschäft gleich einen Verlust machten. Demgemäß nannten wir die Firma dann GLAD, eine Abkürzung für Great Latin American Desaster. Immerhin machten wir eine GmbH daraus, wenn auch damals nur mit einem Stammkapital von 20.000 DM, und ich bezweifle, ob wir das überhaupt voll eingezahlt hatten. Ich war „fürs Kaufmännische" zuständig, weil ich das ja studiert hatte. Praxiserfahrung hatte ich allerdings nur wenig, und Pullover für junge Leute gab es wirklich schon genug auf der Welt. Jeder Fachmann sowie insbesondere auch unsere Eltern hätten uns mit vielen Argumenten von einem solchen Abenteuer abhalten wollen, wenn wir sie gefragt hätten!

Wer so dachte, hatte allerdings nicht mit der Hartnäckigkeit und dem genialen Design meiner Mitstreiter gerechnet. Schon kurz darauf gelang es ihnen, mit eigenen Entwürfen den Zeitgeist einzufangen und durch geschickte Auswahl von Lieferanten und Produktionstechnologien eine Kollektion zu erstellen, die ihresgleichen suchte. Bereits im ersten Jahr waren sie auf dem Titel der „Freundin", und es sollte nicht lange dauern, bis im berühmten Kaufhaus Macy's in New York ein GLAD-Shop eröffnet wurde (der uns nichts kostete!), und bis, was mich fast noch mehr beeindruckte, die Einkäuferin einer skandinavischen Kaufhauskette von Kopenhagen extra nach München flog, um eine neue Kollektion zu sehen und in Auftrag zu geben. Ein Abendessen boten wir ihr vergeblich an, denn sie flog sofort wieder zurück nach Hause. Nur für GLAD war sie gekommen!

Wir waren plötzlich nicht nur Unternehmensgründer, sondern Teil des Jetsets. Die Umsätze explodierten und wir waren so gut, dass einmal sogar die gesamte Kollektion von einem Konkurrenten kopiert wurde. Das war übrigens dann einer der Fälle, bei denen ich mich als „Kaufmann“ bewähren durfte, denn eigentlich hatte ich mit dem Erstellen von Kollektionen nichts am Hut. Entgegen der negativen Prognosen vieler Fachleute konnte ich in diesem Fall doch etwas ausrichten, nämlich noch auf der Modemesse eine einstweilige Verfügung gegen den frechen Kopierer erwirken und dann mit einem gewissen inneren Genuss zusehen, wie er seinen Stand leer räumen durfte.

Die Höhen und die Tiefen des Lebens als Unternehmer liegen dicht beieinander. Als ich später bei GLAD wieder ausgestiegen bin, war die Firma kurz zur Weltmarke geworden und dann in Schwierigkeiten geraten. Seitdem weiß ich, dass überschnelles Wachstum auch negative Seiten hat, z.B. die Notwendigkeit zum Aufbau eines entsprechenden Working Capital.

Auch aus Fehlern lernen

Überhaupt lernt man aus negativen Erfahrungen manchmal mehr als aus den Fällen, bei denen alles gut geht. Noch heute steht mir das Bild vor Augen, wie ich mit einem jungen Unternehmer im Dachgeschoss der Technologiefabrik über eine Beteiligung an seiner aufstrebenden Firma verhandelte, die mit Ideen aus der Welt der Datenverarbeitung bestimmte Aspekte unseres Verkehrswesens revolutionieren wollte. Ich war mir eigentlich sicher, dass auf dem Weltmarkt Bedarf für diese Ideen sein würde, denn der Nutzen lag auf der Hand, und es gab wenige Konkurrenten, die sich mit einem so abwegigen Spezialgebiet befassen wollten. Deshalb bot ich dem jungen Unternehmer, welcher dringend Wachstumskapital brauchte, auch die damals für mich horrende Summe von 400.000 DM für 25% seiner Anteile. Er wollte 600.000 DM. Und junge Unternehmer müssen ab und zu auch mal stur sein, um ihre Ziele durchzusetzen. Heute bereue ich, dass ich so geizig war. Er hatte damals einen anderen, großzügigeren Investor gefunden. Schade, dass ich das Geld nicht zusammengekratzt habe: Inzwischen ist die Gesellschaft an der Börse notiert und die 25% hätten um einige Nullen am Wert zugenommen. Manchmal ist es besser, jemanden zu finanzieren, der seine eigene Meinung durchsetzt und seinem zukünftigen Geldgeber auch zu widersprechen wagt, als sich auf die freundlichen Menschen zu konzentrieren, mit denen man sehr gut auskommt, aber weniger erreicht. Ein kleiner Trost: Inzwischen habe ich Aktien der Firma, und die sind deutlich gestiegen.

Der Reiz des Neuen

Es ist ein eigenartiger Zauber, der den Reiz des Neuen ausmacht. Ich möchte die Atmosphäre nicht mehr missen, die entsteht, wenn wir in einem aus Kostengründen äußerst karg ausgestatteten Raum sitzen, uns die Köpfe über strategische Alternativen heißreden und plötzlich Stichwörter an der Pinnwand stehen, die das Zeug zu einem großartigen Geschäftsmodell in sich tragen. Wenn man eigentlich schon müde ist und überhaupt schon längst hätte nach Hause gehen sollen, aber noch ein oder zwei Stunden weitermacht, weil noch nicht alle Alternativen erkundet sind oder weil es gilt, einen Zweifler zu überzeugen und sich selbst mit Argumenten und Ideen so zu wappnen, dass man am nächsten Morgen die kritischen Fragen des potenziellen ersten Großkunden erfolgreich beantworten würde. Unsere Gründer sind zum Glück ja meistens jung genug und gut in Form, sodass sie nach einer durchgearbeiteten Nacht beim Kunden immer noch einigermaßen frisch auftreten können! Falls sie dann mit Erfolg vom Gespräch zurückkommen, darf auch einmal tüchtig gefeiert werden. Es muss nicht immer Kaviar sein,

Steaks vom schwäbisch-hällischen Landschwein mit einem frischen Bier und zum Abschluss ein wirklich gutes Glas Rotwein besiegeln einen Deal ebenso gut und machen dann den Weg zur nächsten Finanzierungsrunde frei, die wegen der fast unweigerlich kommenden Verzögerungen, Kostensteigerungen und Umwege (die manchmal auch zum Ziel führen) notwendig sein wird.

Als wir damals unseren Windsurfer-Großhandel verkaufen mussten, weil wir das enorme Wachstum dieses Trendsports nicht mehr finanzieren konnten, war ich in einer eigenartigen Situation. Am Vorabend hatte ich mit schwedischen Geschäftspartnern den großen Erfolg gefeiert, den wir gemeinsam mit ihrer deutschen Tochtergesellschaft errungen hatten. Und die Schweden wissen, wie man feiert! Am nächsten Morgen erreichte ich mit größter Mühe noch die Fähre nach Kopenhagen, um dort einen Kaufinteressenten für unsere Windsurf-Firma zu treffen. Als ich ihm erzählte, dass ich gar nicht geschlafen hatte und mein Gepäck noch in Malmö lag, hat er sofort zugeschlagen. Innerhalb von ein paar Stunden war der Kaufvertrag fertig und wir besiegelten den Deal per Handschlag. Ob er aus Mitleid so schnell vorging, oder weil er hoffte, eine einmalige Chance zu haben, weiß ich bis heute nicht. Meine Partner und ich waren jedenfalls froh, den Exit geschafft zu haben, und ich konnte neue Ideen angehen.

Was macht ein Angel eigentlich den ganzen Tag?

Ja, Business Angels sind eine besondere Spezies. Meistens fehlt ihnen das Ätherische, das man bei Engeln vermutet, denn wenn sie erfolgreich sind, haben sie eher etwas Handfestes. Oft kommt es ja nur darauf an, eine Abkürzung zum vorgegebenen Ziel zu finden, Hindernisse aus dem Weg zu räumen, sich auf das Wesentliche zu konzentrieren, den Kunden einen wirklichen Nutzen zu bieten, die richtige Zielgruppe zu wählen und so zu argumentieren, dass sie ihren Vorteil darin sehen, ausgetretene Pfade zu verlassen und von jungen Unternehmen zu kaufen. Manchmal sind auch Kontakte wichtig, z.B. zu einem versierten Patentanwalt, der unsere Gründer ernst nimmt und ihnen zum Schutz ihrer Erfindungen verhilft.

Das sind alles Dinge, die der gesunde Menschenverstand sowieso vorschreibt, und das meiste an unserer Arbeit hat wirklich nichts Geheimnisvolles. Man denkt oft, dieser oder jener Business Angel hätte den untrüglichen Riecher, das goldene Händchen oder gar die Goldene Nase – aber was richtig ist, das ist im Nachhinein viel leichter festzustellen als vorher, und selbst die Goldene Nase behält man ja auch nur für eine Saison. Deshalb gehören auch eine gehörige Portion Durchhaltewillen und Stresstoleranz zum erfolgreichen Business Angel, und die klare Erkenntnis, dass wir trotz unserer großen Lebens- und Geschäftserfahrung immer wieder Fehler machen. Da gilt es dann, sich einen Fehler einzugestehen, dem verlorenen schlechten Geld kein Gutes hinterherzuwerfen und den Holzweg möglichst schnell wieder zu verlassen. Als erster Partner des European Angels Funds haben wir einige gemeinsame Investments gemacht, und auch hier werde ich vielleicht irgendwann in die Situation kommen, dass ich meinen Partnern erklären muss, dass es ein gutes Zeichen ist, wenn die schlechten Investments sich am Anfang häufen und die guten mehr Zeit brauchen. Im Durchschnitt muss man Erfolg haben, und den Durchschnitt treibt man am besten nach oben, indem man die Misserfolge schnell und billig macht, die Erfolge dagegen langsam und teuer.

Eine Anforderung an den Charakter des erfolgreichen Business Angels ist es auch, dass er andere stützen und stärken kann, dass er in schwierigen Situationen das Risiko auf sich nimmt, sich nach vorne stellt, die Fahne hochhält und mutige Schritte in ein unbekanntes Terrain wagt. Viele Menschen befassen sich in dieser oder jener Hinsicht mit einem jungen Unternehmen: Das sind nicht nur die Gründer und die Mitarbeiter, sondern auch Berater, Lieferanten, Kunden, Fördergesellschaften und manchmal auch die Öffentlichkeit. Da kann es schon sehr heilsam sein, wenn in kritischen Situationen ein erfahrener Angel hilft, Ruhe zu bewahren, Vertrauen aufzubauen und die notwendigen Schritte auch dann zu gehen, wenn man sich auf dünnem Eis befindet. Wer den Weg nicht mitzugehen wagt, wird nie erfahren, wohin er geführt hätte! Mehr als einmal ist es mir mit dieser Einstellung gelungen, aus einer schwierigen Situation das Beste zu machen. Wenn man sich später in der Sonne des Erfolgs baden kann, sind die schlaflosen Nächte schnell vergessen!

Der härteste und schönste Job der Marktwirtschaft

Ich habe einmal behauptet, dass Unternehmer der härteste Job der Marktwirtschaft sei. Das stimmt auch, und ich will das nicht relativieren. Aber es ist auch eine der schönsten Aufgaben, die unser Wirtschaftssystem bereithält. Kein Beruf bietet so viel Abwechslung, so vielseitige Tätigkeiten, so viel Freiheit und Gestaltungsmöglichkeiten, so viel emotionale Aufs und Abs und so viel Befriedigung, wenn es geklappt hat. Der zweitschönste Job ist aber dann der des Business Angels, der im Hintergrund steht und die Pflänzchen wachsen sieht, die er selbst mit aufs Beet zu setzen geholfen hat. Und wenn ich mich abends zurücklehne und überdenke, wie wir wieder einmal mitgewirkt haben, dass etwas Neues in die Welt kommt, bleibt noch die schöne Gewissheit, dass beim Gründen und beim Feierabendbier die traditionellen Werte des guten Brauers noch gelten: Nimm die besten Rohstoffe, kümmere dich um jedes Detail, lass ihm die Zeit zu reifen und überzeuge deine Kunden dann, dass sie von dir eines der besten Produkte der Welt bekommen können!

Interview mit Falk Strascheg

„Ich nehme mir immer wieder vor, konsequenter zu sein, schaffe es aber nicht immer“

Falk Strascheg ist einer der erfahrensten und renommiertesten Business Angels im deutschsprachigen Raum. Der gebürtige Steirer hat nach seinem Studium als angestellter Ingenieur gearbeitet, ab 1971 mehrere Unternehmen – darunter die äußerst erfolgreiche Laser-Optronic – gegründet und in den 80er- und 90er-Jahren mit der Technologieholding eine der größten europäischen Venture Capital-Gesellschaften mit 156 Portfoliounternehmen aufgebaut – und 2000 an die 3i Group veräußert. Strascheg war Präsident der European Venture Capital Association (EVCA) und zuletzt Botschafter des Business Angels Jahres 2010. Mit Mathias Renz vom VentureCapital Magazin sprach er über seine Erfahrungen als Investor in junge Unternehmen.

Was waren einst Ihre Beweggründe, Business Angel zu werden?
Strascheg: Ich hatte damals – Mitte der 80er-Jahre – mein Unternehmen Laser-Optronic erfolgreich entwickelt und verkauft. Dadurch hatte ich erhebliche Mittel, die ich zumindest zum Teil wieder unternehmerisch anlegen wollte. Als unternehmerisch denkender Mensch habe ich den Weg gewählt, mich an jungen Technologieunternehmen zu beteiligen – ohne aber zu wissen, dass man das einen Business Angel nennt.

Was erfüllt Sie an Ihrer Tätigkeit als Business Angel?
Strascheg: Es ist in erster Linie eine Freude, Dinge wachsen zu sehen – Unternehmen von Grund auf zu begleiten und aufzubauen ist spannend und erfüllend zugleich. Natürlich gibt es auch eine finanzielle Komponente.

Welche Aufgaben als Business Angel machen Spaß, welche empfinden Sie als lästig?
Strascheg: Es macht Spaß, verschiedene Branchen, Unternehmertypen und Geschäftsmodelle in ihrer Entwicklung zu beobachten. Wir investieren ja nicht in jeden an uns herangetragenen Fall – wir selektieren und entscheiden uns für die Investments, die in unser Portfolio passen. In diesen Prozessen lernt man aber unheimlich viele Business-Ideen kennen und versucht daraus die besten herauszufiltern. Das ist eine spannende Angelegenheit. Als lästig empfinde ich, die Verträge auszuarbeiten. Das ist oft langwierig und zeitaufwändig.

Wie viele Businesspläne bekommen Sie im Jahr vorgelegt?
Strascheg: Ungefähr 500, wobei ich nicht alle selbst bearbeite. Wir sind zu dritt. Manche kann man gleich zur Seite legen, an manchen bleibt man länger hängen, nur an den passendsten beteiligt man sich am Ende.

Welche Kriterien muss ein Unternehmen erfüllen, um für eine Business Angels-Investition geeignet zu sein?
Strascheg: Es muss Wachstumschancen aufgrund der Produktidee und des adressierten Marktes besitzen. Und besonders wichtig: Das Management muss vermitteln, die Wachstumsziele realisieren zu können. Letztlich muss das mit einem vertretbaren finanziellen Aufwand realisierbar sein.

Was waren die Highlights, wo gab es Probleme?
Strascheg: Ein Highlight ist es natürlich, wenn sich ein Unternehmen gut entwickelt und man es zu einem guten Multiple verkaufen kann. Wir sind Investments eingegangen, die sich verhundertfacht haben. Aber natürlich hatten wir auch Probleme, wenn ein Unternehmen sich nicht entwickelt. Wir haben teilweise aus dummen Anlässen Unternehmen abschreiben müssen: Gesellschafterstreitigkeiten, Managerunfähigkeit und so weiter.

Wenn Sie heute zurückblicken: Gibt es Entscheidungen, die Sie heute anders treffen würden?
Strascheg: Ganz sicher. Ich nehme mir immer wieder vor, konsequenter zu sein, schaffe es aber nicht immer. Ich glaube, dass man gerade bei der Entscheidung über weitere Finanzierungsrunden sehr leicht Fehler machen kann. In manchen Fällen hätten wir den Stecker früher ziehen müssen, und dies nicht nur bei Folgerunden, sondern auch bei Personalentscheidungen. Manchmal beobachtet man über die Zeit, dass ein Management die Aufgaben wahrscheinlich nicht meistern wird. In diesem Fall sollte man die Person oder das Team austauschen, selbst wenn es dann aufgrund der menschlichen Komponente und auch aufgrund der damit verbundenen Kosten Schmerzen verursacht. Und trotzdem geht man diesen Schritt nicht konsequent, sondern zögert die Entscheidung hinaus. Das ärgert mich manchmal rückblickend.

Welche Branchen betrachten Sie als besonders vielversprechend für Business Angel-Investitionen?
Strascheg: Wir investieren in gute Geschäftsmodelle und sind dabei nicht sehr branchensensitiv. Wir investieren in Cleantech, IT, Halbleiter, eigentlich in alles Mögliche, außer in Biotech, da fehlt uns das Fachwissen. Dieses Jahr haben wir z.B. gute Realisierungen in den Bereichen IT und in Medien gemacht.

Sie kennen den Markt und seine Player inzwischen seit mehreren Jahrzehnten. Wer eignet sich Ihrer Meinung nach als Business Angel?
Strascheg: Das Wichtige sind Erfahrung und Geld. Nur mit einem Erstinvestment ist es nicht getan. Meist entsteht weiterer Kapitalbedarf. Einen zusätzlichen Investor zu finden, gestaltet sich oft schwerer als gedacht. Sie müssen außerdem in der Lage sein, als Mentor für die Gründer zu wirken, Kontakte einfädeln können und Spaß an der Aktivität haben. Branchenbezogene Sachkenntnis ist sicher auch wichtig, sowohl fachlich als auch betriebswirtschaftlich.

Wie hat sich das „Business Angel-Sein“ verändert, seit Sie damit begonnen haben?
Strascheg: Seit meinem ersten Angel-Investment im Jahr 1984 ist alles professioneller geworden. Die Business Angels verwenden heutzutage viel umfangreichere und kompliziertere Verträge. Auch die Gründer haben dazugelernt. Heutzutage kommt keiner mehr ohne einen Businessplan auf uns zu, das war früher nicht so. Die Gründer verfügen heute insgesamt über viel mehr Know-how über den Aufbau und die Finanzierung von Unternehmen. Zahlenmäßig gibt es heute signifikant mehr Business Angels als vor 20 Jahren. Da es aber noch immer ein Käufermarkt ist, bedeutet das nicht mehr Konkurrenz, sondern eher, dass man leichter einen Co-Investor findet. Wobei man natürlich immer aufpassen muss, mit wem man zusammen investiert.

Wie viele Business Angel-Investments sind Sie bis jetzt eingegangen?
Strascheg: Als Business Angel habe ich vor und nach meiner Technologieholding-Zeit gut 40 Investments gemacht. Als Venture Capitalist mit der Technologieholding waren es zwischen 1989 und 2000 ungefähr 150. Um Interessenkonflikte auszuschließen, habe ich damals nicht als Business Angel investiert.

Welche Tipps würden Sie anderen Business Angels geben oder denen, die es werden wollen?
Strascheg: Es gibt keine direkte Ausbildung, aber es gibt gute Voraussetzungen, die man mitbringen kann. In meinen Augen sollte man industrielle Erfahrung mitbringen und über ausreichendes praktisches Wissen verfügen, wie Unternehmen funktionieren, wie sie aufgebaut sind und worauf es ankommt, um erfolgreich zu sein. Dann tut man sich auch leichter, die richtigen Unternehmen zu selektieren und – besonders wichtig – konstruktiv zu begleiten. Es geht ja nicht nur darum, ein Unternehmen auszusuchen, Geld zu schicken und auf einen Return zu warten. Es ist harte Arbeit über Jahre hinweg. Ein langer Atem ist auch notwendig, da es doch zwischen fünf und zehn Jahre dauert, bis der Return kommt – oder auch nicht.

Vielen Dank für das Interview.

Benedict Rodenstock

Motivation und Risikomanagement eines Business Angels

Als Abkömmling einer Unternehmerfamilie hat mich Entrepreneurship schon immer interessiert. Nach einigen Jahren operativer Tätigkeit in der Internetbranche, dem Verkauf unseres Familienunternehmens und dem Abschluss eines MBA-Programms fasste ich den Entschluss, fortan Unternehmensgründer durch Kapital sowie Rat und Tat zu unterstützen, neudeutsch: ein Business Angel zu sein.

Mehr Wachstum durch Gründungsaktivitäten

In einer wissensbasierten Volkswirtschaft gilt: Innovate or die. Dies gilt im globalen Wettbewerb auch für ganze Volkswirtschaften. Es gibt zwar einzelne Erfolgsbeispiele innovativer Firmen aus Europa, wie z.B. Skype, Vente Privée oder Zanox. Wenn wir aus der Schuldenfalle entkommen wollen, brauchen wir aber deutlich mehr Wachstum durch Gründungsaktivitäten. Es ist nachgewiesen, dass junge Unternehmen mehr Arbeitsplätze schaffen als etablierte Konzerne. In Standorten wie Berlin hat sich die Start-up-Szene bereits zu einem bedeutenden Wirtschaftszweig entwickelt. Als Business Angel kann man hier wertvolle Beiträge leisten. Kapital, Kontakte und gute Tipps sind immer gesucht.

Man hat laufend mit interessanten Menschen zu tun. Ja, es gibt sie noch: Leute, die etwas bewegen möchten. Die Qualität der Managementteams bei den Venture-finanzierten Start-ups wird immer besser. Die Gründer, obwohl vielfach noch jung, haben teilweise beeindruckende Lebensläufe mit relevanten vorherigen Arbeitsstationen und internationaler Erfahrung. Auch die Co-Investoren sind in der Regel Persönlichkeiten, die im Leben schon viel erreicht haben. Mit solchen Menschen zu arbeiten macht Spaß und motiviert. Man bekommt einen guten Einblick, wie die ökonomische Wertgenerierung an der Wurzel vor sich geht. Ein Start-up beginnt oft im Wohnzimmer oder in der sprichwörtlichen Garage. Wenn es gut läuft, steht ein paar Jahre später ein Unternehmen da, in dem zig Mitarbeiter wuseln und das eine millionenschwere Bewertung aufruft. Als Business Angel hat man Einblick und Anteil an solchen Erfolgsgeschichten.

Man braucht einen langen Atem

Wenn sich eine Beteiligung gut entwickelt, kann dies für den Business Angel eine lukrative Angelegenheit sein. Eine Vervielfachung des Einsatzes ist keine Seltenheit. Erfolgreiche Start-up-Entrepreneure werden nach dem Exit Millionäre und können ihre Erfahrungen selbst als Business Angels in neue Unternehmen einbringen. Diese Aussagen beschränken sich jedoch auf erfolgreiche Neugründungen. Angel Investments sind eine Untergruppe von „Venture Capital". Dieser Begriff rührt von der Tatsache, dass Investitionen in diesem Bereich mit einem hohen Risiko behaftet sind. Dem Business Angel droht bei einem Scheitern des jungen Unternehmens der Totalverlust seiner Einlage. Die meisten Unternehmen werden nicht älter als ein paar Jahre. Typischerweise erreichen 45% einer Kohorte von Seed-finanzierten Unternehmen innerhalb der darauffolgenden 18 Monate kein VC-Investment. Selbst wenn das Unternehmen sich erfolgreich entwickelt, ist dem

Frühphaseninvestor der Erfolg dank Verwässerungs- und anderen rechtlichen Risiken nicht gewiss. Grundsätzlich gilt: Je früher man einsteigt, desto mehr kann schiefgehen. In den meisten Fällen braucht man einen langen Atem.

Erfahrungen aus der Praxis

Aus meiner mehrjährigen Erfahrung als Business Angel kann ich einige Ratschläge geben, um den Erfolg zu erhöhen:

Investieren Sie nur in Branchen, in denen Sie Erfahrungen und Fachkenntnisse mitbringen. So können Sie die Erfolgsaussichten – insbesondere auch die Risiken – besser beurteilen und im Falle einer Beteiligung mehr Know-how in das Unternehmen einbringen. Ein Branchenfokus erhöht auch den Wert des Beteiligungsportfolios insgesamt. Bauen Sie ein Portfolio von ca. 15 Beteiligungen auf, um das Risiko zu streuen. Auch ein erfolgreicher VC-Fonds generiert 80% seiner Rendite aus 20% seiner Beteiligungen.

Richten Sie Ihre Finanzplanung danach aus, mehrere Unternehmen gleichzeitig bis zur Veräußerung finanzieren zu können. In den USA verlangt die Securities and Exchange Commission (SEC), dass ein „Qualifizierter Investor" über mindestens 1 Mio. Vermögen und 200.000 Einnahmen pro Jahr verfügen muss. Allokieren Sie nicht mehr als 10% bis 20% Ihrer finanziellen Mittel in Angel Investments. Bedenken Sie die Zyklizität von Bewertungen – vermeiden Sie Hypes, sofern erkennbar.

Erfolge und Misserfolge analysieren

Schaffen Sie einen ausreichenden Dealflow, um eine möglichst große Auswahl an Investitionsmöglichkeiten zu haben und ein Gefühl für Qualität zu bekommen. 100 Firmen pro Jahr sollten Sie mindestens prüfen. Auf einschlägigen Veranstaltungen kann man 20 bis 30 Unternehmenspräsentationen an einem Tag sehen. Analysieren Sie Erfolge und Misserfolge in der Fachpresse.

Gehen Sie bei den Investments selektiv vor. Mehr als zwei bis drei neue Engagements pro Jahr sind schwer zu betreuen. Lassen Sie sich Zeit bei den Entscheidungen. Oft ist eine etwas längere Beobachtung eines Unternehmens aufschlussreich. Wenn Sie ein Unternehmer allzu sehr zum Investieren drängt, steht ihm womöglich das Wasser bis zum Hals.

Fällen Sie keine einsamen Entscheidungen. Beraten Sie sich mit einem verlässlichen Sparringspartner. Dieser sollte einen anderen Hintergrund als Sie haben und kein Jasager sein. Ein kompetenter Partner kann auch Ihre (teure) Lernkurve als Business Angel erheblich verkürzen.

Investieren Sie gemeinsam mit anderen. Mit anderen Investoren können Sie sich abstimmen; später können die Co-Investoren ihr jeweiliges Know-how und Netzwerk in das Unternehmen einbringen. Ein Gesellschafter sollte aus der jeweiligen Branche kommen; mindestens einer sollte richtig tiefe Taschen haben, um auch in Folgerunden ausreichend Liquidität zu gewährleisten. Der nicht monetäre Beitrag von Gesellschaftern und Beiräten kann erhebliche Wertsteigerungen für das Unternehmen bewirken.

Der Angel als Advocatus Diaboli

Als Angel-Investor trifft man zumeist auf enthusiastische junge Unternehmer, die optimistisch in die Zukunft blicken und von ihrem Geschäftsvorhaben vollauf überzeugt sind. Dies ist auch notwendig, um ein Unternehmen aufzubauen. Sie als Investor müssen hingegen den Advocatus Diaboli spielen: Was könnte im Businessplan nicht aufgehen, was könnte schiefgehen? Ohne Ihr Gegenüber zu demotivieren, sollten Sie die mannigfaltigen Risiken eines Start-ups im Hinterkopf haben: Technologisches/Produktrisiko, Markt- bzw. Vertriebsrisiko, Wettbewerbsrisiko, Personenrisiko etc.

Führen Sie eine adäquate Due Diligence („gebotene Sorgfalt“) durch. Dazu gehört: gründliche Prüfung des Finanzplans, persönliche Treffen mit dem Management (mehrere Gründer), mindestens ein Ortsbesuch vor einer Zusage, Prüfung der Verträge durch einen kompetenten Rechtsanwalt. Achten Sie besonders auf die Qualität des Managements. Das, was bei Immobilien die „drei L“ sind (Lage, Lage, Lage), sind bei Unternehmensbeteiligungen die „drei M“: Management, Management, Management. Verlieren Sie nicht zu viel Zeit mit minutiös ausgearbeiteten Businessplänen. Diese treten ohnehin so gut wie nie ein.

Bezahlen Sie nicht zu viel für Ihren Anteil. Der Gewinn liegt im Einkauf. Wissenschaftliche Methoden der Unternehmensbewertung sind bei Frühphaseninvestments schwer anzuwenden. Damit ist die Unternehmensbewertung noch mehr eine Kunst als eine Wissenschaft. Der Wert wird eher „Pi mal Daumen“ berechnet und ergibt sich nicht zuletzt aus Angebot und Nachfrage. Ein Unternehmer, der die Wahl zwischen Angeboten mehrerer Investoren hat, kann eine höhere Bewertung aufrufen. Als Faustregel kann man annehmen, dass das Unternehmen bereit ist, in einer Seed- oder A-Runde für die gesuchte Investitionssumme 20 bis 30% der Unternehmensanteile abzugeben. Bezahlen Sie keine Mondbewertungen. Überlegen Sie: Wo liegt die nächste Blase? Versuchen Sie andererseits nicht, das letzte Quäntchen bei den Bewertungsverhandlungen für sich herauszuschlagen. Schließlich wollen Sie ein motiviertes Management. Die Gründer sollten auch nach drei bis vier Finanzierungsrunden noch ausreichend incentiviert sein, um bei unterdurchschnittlicher Bezahlung überdurchschnittliche Leistungen zu erbringen.

Sichern eigener Interessen

Die Bewertung ist nur ein Aspekt der Investitionsentscheidung. Erfolgreiche Gründungen sind sorgfältig strukturiert. Sichern Sie Ihre Interessen in den Verträgen, kontrollieren Sie das Management, aber knebeln Sie es nicht zu sehr. Bauen Sie keine Dealbreaker für spätere Finanzierungsrunden in die Verträge ein, die Venture-Capital-Fonds abschrecken könnten, wie hohe Darlehen, mehrfache Liquidation Preferences oder sehr niedrige Anteile der Gründer.

Halten Sie kontinuierlich Kontakt mit dem Portfoliounternehmen und mit den wichtigsten Co-Investoren. Bestehen Sie auf ein monatliches Reporting. Ihr Geld arbeitet nicht von allein! Beschränken Sie sich auf strategischen Input und überlassen Sie das Tagesgeschäft dem Unternehmer, der dieses beherrschen sollte.

Falls sich das Unternehmen nicht so gut wie erwartet entwickelt, diskutieren Sie die Gründe mit dem Management. Gegebenenfalls braucht das Team eine Ergänzung. Stellt sich nachhaltig kein Erfolg ein, begrenzen Sie Ihre Verluste, indem Sie nicht unbegrenzt dem schlechten Geld gutes hinterherwerfen!

Nutzen von Möglichkeiten

Halten Sie genügend Pulver für weitere Finanzierungsrunden trocken. Ein junges Unternehmen braucht gewöhnlich drei bis vier Finanzierungsrunden bis zur Profitabilität. Das Volumen dieser Finanzierungsrunden wird in der Regel von Runde zu Runde größer. In der Regel braucht ein Unternehmen mehr Kapital bzw. Zeit zum Break-even als ursprünglich im Businessplan prognostiziert. Sichern Sie sich gegen Verwässerung ab. Falls die Runden zu groß für Ihr Budget werden, suchen Sie Ihren Ausstieg auch vor einem Verkauf des gesamten Unternehmens. Warten Sie im Zweifelsfall nicht zu lange, wenn Sie die Möglichkeit haben, Ihre Anteile zu verkaufen.

Diese kurzen Ausführungen zeigen: Die Aktivität des Business Angels ist reizvoll und potenziell lohnend, aber ein gutes Risikomanagement tut not. Neben einem soliden fachlichen und finanziellen Hintergrund braucht man eine gute Menschenkenntnis. Stehvermögen und Verlusttoleranz sind erforderlich. Es gibt keine formale Ausbildung für diese Tätigkeit – das Leben ist wohl die beste Schule.

Petra Hartjes

Die Youcook GmbH – eine Frische-Beteiligung

Anlässlich des 3. Euregio Investoren Forums, einer gemeinschaftlichen Veranstaltung der Stadtsparkasse Emmerich und der Business Angels Agentur Ruhr e.V. (BAAR) im November 2011 stellte Tobias Modjesch, einer der beiden Unternehmensgründer der heutigen Youcook GmbH, das Geschäftskonzept von Youcook vor. Hierbei handelt es sich um Herstellung und Vertrieb von „ultra-frischen" Koch-Kits, die in einer ansprechenden Verpackung alle Zutaten für ein Gericht für eine Person enthalten mit einer Anleitung für deren Zubereitung. Die Vermarktung sollte zunächst über den Lebensmitteleinzelhandel mit anfänglich drei Gerichten erfolgen. Die Gründer suchten privates Beteiligungskapital in einem Volumen von ca. 200.000 EUR bis 300.000 EUR.

Der Weg zur Beteiligung

Im Februar des Folgejahres kam die Beteiligung an Youcook gemeinsam mit einem zweiten privaten Investor zustande. In der Zwischenzeit hatten die Gründer das Unternehmen von einer GbR in eine GmbH umgewandelt, sodass sich die beiden Investoren im Rahmen einer Kapitalerhöhung an der Youcook GmbH beteiligt haben.

Die Entscheidung, sich an dem Unternehmen beteiligen zu wollen, wurde sehr schnell getroffen. Die Gründe dafür waren:

- Eine überzeugende Geschäftsidee: Die Vermarktung von „ultra-frischen" Koch-Kits mit eigenem, aber überschaubarem Zubereitungsaufwand – also Convenience mit doppelter Frische (Zutaten und Zubereitung) – erschien mir innovativ, ansprechend und leicht verständlich. Ebenso waren die positiven Nebeneffekte der vorgestellten Produkte selbsterklärend und überzeugend, wie z.B. keine Zutatenreste, alles genau auf eine Person abgestimmt, reduzierter Müll, anspruchsvolle Rezepturen mit speziellen Gewürzen, die man – wenn man nicht gerade selbst leidenschaftlicher Koch ist – nicht unbedingt selbst zubereitet.
- Ein kompetentes Unternehmerteam: die Gründer Tobias Modjesch und Martin Beiten haben eine sehr fundierte betriebswirtschaftliche Ausbildung und einige Jahre Erfahrung in der Industrie. Die Entwicklung der Produktidee sowie der eigentlichen Produkte entstand aus beider Hobby, dem Kochen. Beide eigneten sich in der Folge viel technisches Wissen an. Zusätzlich konnten sie einen Lebensmitteltechnologen für die Mitarbeit in ihrem jungen Unternehmen gewinnen, der ebenso wie sie hoch motiviert ist und engagiert mitarbeiten wollte. Als Investor konnte ich daher davon ausgehen, dass Know-how nicht nur auf der technologischen, sondern auch auf der finanziellen und organisatorischen Seite vorliegen würde.
- Fertige Produktprototypen: Die Gründer hatten zum Zeitpunkt unseres ersten Treffens bereits Produktprototypen fertiggestellt. Markenschutz, das Design der Produkte, das Sourcing der Zutaten sowie der komplexe Aufbau der Produktion waren abgeschlossen. Außerdem hatten die Gründer bereits erste Erfolge bei der Listung von Youcook-Koch-Kits erreicht. Sie hatten hierfür bereits knapp zwei Jahre Arbeitszeit investiert und bewiesen, dass sie über viel „Stehvermögen" verfügen.
- Branche und Markt: Der Nahrungs- und Genussmittelsektor bietet gerade im innovativen Convenience-Bereich Raum für Produktideen und Margen. Er beschränkt sich

zudem nicht auf den Lebensmitteleinzelhandel, sondern eröffnet auch Perspektiven im institutionellen Markt sowie in der Nutzung von Online-Potenzialen. Dies eröffnet interessante Möglichkeiten für Geschäftsausweitungen in neue Märkte, neben der Einführung neuer Produkte und Produktvariationen.
- Wettbewerb: Zwar ist der Nahrungsmittelsektor gut umkämpft und mit großen Anbietern besetzt, dennoch gibt es wenig wirklich Innovatives – trotz ständig vieler neuer Produkte. Youcook-Produkte dagegen sind überraschend anders, eben weil sie Frische in doppeltem Sinn bieten. Zudem wächst gerade der Teilmarkt der gekühlten Fertigprodukte mit mehr als ca. 6% p.a. In einem wachsenden Markt wächst es sich immer besser als in einem stagnierenden, bei dem es auf erfolgreiche Verdrängung ankommt.
- Der Sympathiefaktor: Für eine gute Zusammenarbeit gerade in der Frühphase ist eine stimmige Chemie zwischen Gründern und Investoren wie auch der Investoren untereinander notwendig. Das war von Anfang an in der Beziehung zu den Gründern und auch zu meinem Co-Investor Klaus März der Fall. März ist seit mehr als fünf Jahren im Markt des privaten Beteiligungskapitals aktiv und nimmt Aufsichtsrats- und Beiratsfunktionen wahr. Er ist ausgezeichnet vernetzt, kooperativ und kommunikativ in der Zusammenarbeit.
- Businessplan: Geschäftsplan und Finanzplan waren transparent, in sich stimmig und erschienen realistisch gestaltet.
- Eigener Erfahrungshintergrund: Durch meine langjährige eigene Tätigkeit in der Nahrungs- und Genussmittelindustrie sind mir die Strukturen und Anforderungen sowohl des Lebensmitteleinzelhandels als auch des institutionellen Marktes gut bekannt.

Alle diese Faktoren zusammen haben bewirkt, dass diese Beteiligung in nur ca. drei Monaten zustande gekommen ist. Voraussetzung dafür war natürlich auch die Einladung der Gründer an uns. Denn diese waren ja aufgefordert, aus den interessierten Business Angels diejenigen für die Gründungsphase auszuwählen.

Der „Business Angel-Akquise-Prozess“ aus Sicht der Gründer Martin Beiten und Tobias Modjesch:

Nach fast zwei Jahren Entwicklungsarbeit, dem Aufsetzen der Produktionsprozesse und der Erstellung erster Produktprototypen war für uns endlich ein erster Moment der Wahrheit gekommen: Wir mussten Investoren überzeugen, in die Youcook GmbH zu investieren. Dabei war uns von Anfang an klar, dass wir die erste Finanzierungsrunde mit Privatinvestoren stemmen wollten. Es war uns gerade am Anfang wichtig, Expertise von Industrie-Experten und erfolgreichen Altgründern in das Unternehmen einfließen zu lassen. So haben wir Youcook bei Mitgliedsnetzwerken in BAND vorgestellt und waren danach in der glücklichen Position, mit mehreren Privatinvestoren Gespräche führen zu können.

Wichtig bei unserem „Auswahlprozess“ war uns, dass es sich um seriöse Investoren handelt und nicht um solche, die z.B. Anteile gegen eine Dienstleistung wie z.B. rechtliche Beratung einlösen wollten. Zusätzlich haben wir bei unseren Gesprächen auch ein Gefühl dafür entwickelt, ob sich der Investor wirklich für eine Zusammenarbeit eignen würde: Eine Reaktionszeit von mehr als drei Wochen auf eine E-Mail oder Mailbox-Nachricht war für uns direkt ein Ausschlusskriterium. Letztendlich war für uns jedoch entscheidend, dass das Bauchgefühl von Anfang an auf beiden Seiten stimmt, denn nur dann würden sich auch herausfordernde Zeiten gemeinsam meistern lassen. Und ganz wichtig für uns bei Youcook und am Ende für die Wahl war: Der Investor sollte unsere Vision teilen, die Welt kulinarisch ein bisschen besser machen zu wollen.

Youcook nimmt Fahrt auf

Die Beteiligung hat sich bislang sehr positiv entwickelt: Im Lebensmitteleinzelhandel erreichte die Geschäftsführung Listungszusagen bei zwei großen Genossenschaften, deren Umsetzung sich gegenwärtig im Rollout befindet. Youcook ist auch bei zwei großen Kaufhausketten vertreten. Bei allen Verkaufsstellen erfolgt die Produkteinführung nur in den für Youcook-Produkte geeigneten. D.h., dass darauf verzichtet wird, die Produkte dort zu platzieren, wo kein entsprechendes Einzugsfeld an Konsumenten vermutet wird (also möglichst anspruchsvolle Laufkundschaft, Singles, Beschäftigte, die schnell das Essen für abends einkaufen wollen).

Youcook hat mit drei Produkten begonnen, mittlerweile ist ein viertes dazugekommen und weitere stehen kurz vor der Einführung. Daneben wird es in Kürze auch sogenannte To-go-Produkte geben, die direkt zum Verzehr geeignet sind. Die Verpackung wurde im Frühjahr neu entwickelt und gestaltet. Ihre Attraktivität liegt in ihrer Transparenz und dem damit verbundenen Sicht-Aspekt auf die Produktkomponenten, weiterhin ist sie unter Kostenaspekten deutlich günstiger geworden. Die Marketingstrategie besteht in der Aufbauphase in erster Linie in der Verkostung am POS (keine neue Verkaufsstelle ohne Verkostungsaktion). Sie hat sich bewährt, ist aber aufwendiger geworden als ursprünglich kalkuliert. Alternative Strategien mit flächendeckenden Maßnahmen sind noch verfrüht, da sonst hohe Streuverluste unvermeidbar wären.

Youcook ist gestartet, gewachsen und operiert bisher erfolgreich am Markt. Nun muss das weitere Wachstum finanziert werden. Nach der Erstfinanzierung wird noch vor Jahresende 2012 die erste größere Finanzierungsrunde über 0,8 Mio. EUR abgeschlossen. Neben drei weiteren privaten Investoren sowie den partizipierenden Erstinvestoren werden auch zwei institutionelle Partner dazukommen.

Ausblick

Die Veränderung der Gesellschafterstruktur und ihre Zusammensetzung wird das Zusammenwirken der Investoren untereinander und zwischen ihnen und den Gründungsgesellschaftern deutlich beeinflussen. Ein neu gebildeter Beirat wird unmittelbar mit den geschäftsführenden Gründungsgesellschaftern zusammenarbeiten. Die Abstimm- und Genehmigungsprozesse werden stärker formalisiert ebenso wie Informationspflichten und -rechte für Beirat und Investoren. Die veränderte Form der Zusammenarbeit muss neu gelernt werden und trägt dazu bei, dass das Unternehmen den nächsten Wachstumssprung nicht nur auf der Basis der erweiterten Finanzierung machen kann, sondern vor allem im Hinblick auf weitere Expertise und zusätzliche Kompetenz durch neue Investoren. Damit wird die Youcook GmbH für diese nächste Entwicklungsphase gut gerüstet sein.

Der Weg zum ersten Deal

2

Frank Müller

Aller Anfang ist schwer

Fragt man zehn Business Angels, wie ihr Weg zum ersten Deal aussah, wird man sicherlich zehn verschiedene Antworten erhalten, auch wenn es dabei Übereinstimmungen geben mag. Fragt man jedoch, ob es sinnvoll ist, diesen Weg mit anderen gemeinsam zu gehen, wird man überwiegend die Antwort „Ja“ erhalten. Denn an diesem Punkt sind sich Business Angels und Start-ups einig. Beide profitieren ungemein von Erfahrungen, die andere schon gemacht haben. Vielleicht mit dem Unterschied, dass man als Business Angel auf wesentlich mehr eigene Erfahrungen als Führungskraft in fremden oder im eigenen Unternehmen zurückgreifen kann. Und man ist auch in der Lage zu beurteilen, wo trotzdem noch Lücken klaffen, die man besser durch zugekauftes Wissen schließen sollte, das z.B. ein Fachanwalt oder Steuerberater bietet.

Der Traum vom „Fliegen“

Dennoch steht am Anfang meist eine Mischung aus Erwartungen und offenen Fragen. Auch dies ist vergleichbar mit der Situation der Start-ups, in die man investiert. Wobei für die Gründer, die sich voll und ganz einem Unternehmen verschreiben, letztlich das Risiko umfassender ist. Aber auch als Business Angel geht man mit seinem Investment ein hohes Risiko ein. Das Geld, das man in ein Unternehmen investiert, ist dort nicht nur auf unabsehbare Zeit gebunden, sondern es kann sogar ein Totalverlust eintreten – trotz großen Engagements von allen Seiten. Ausgehend von diesem Worst Case-Szenario wird man als Business Angel festlegen, welchen Teil seines Vermögens man in Start-ups investieren kann und will. Für die meisten werden dies nicht mehr als 10% des eigenen Vermögens sein. Hat man sich auf das Risiko eingestellt, kann man sich den Best Case-Szenarien zuwenden, die einen Teil der Faszination ausmachen, die von Angels-Engagements ausgehen. Diese Faszination lebt davon, dass man sich aufgrund seiner eigenen unternehmerischen Erfahrungen vorstellen kann, dass ein Konzept „fliegen“ könnte und dass der oder besser die Gründer in der Lage sein könnten, zunächst das Abheben und später eine erfolgreiche Landung – den Exit – zu bewerkstelligen. Denn oft wird erst mit dem Exit der Gewinn gemacht, der eine Beteiligung rechtfertigt, die ebenso hätte komplett schiefgehen können.

Wo finde ich meinen ersten Deal?

Schon bei den finanziellen Erwartungen an das Engagement scheiden sich die Geister. Sie reichen von „Hauptsache, das Engagement macht Spaß“ bis zu Ertragserwartungen à la Facebook und Co. In jedem Fall sollte das Engagement als Business Angel einen finanziellen Gewinn erbringen. Leider wird nicht jedes Investment diese Anforderungen erfüllen, weder bei Anfängern noch bei alten Hasen. Darum lautet eine wichtige Regel, die man schon beim ersten Deal beherzigen sollte: Don't put all eggs in one basket. Oder anders gesagt: Das Kapital, das man als Business Angel anlegen möchte, sollte auf mehrere Investments verteilt werden. Und daraus leitet sich ab, wie viel Kapital man in ein einzelnes Investment geben kann. Folgt man dem Portfolioansatz, werden es eher überschaubare Summen meist im fünfstelligen Bereich sein. Der Finanzbedarf von Start-ups ist in der Regel höher, sodass sich ein weiterer Grund ergibt, weshalb man gemeinsam mit anderen investieren sollte.

Häufig findet der erste Deal dann den Business Angel, nicht umgekehrt: Man wird von anderen Business Angels zu einem Investment eingeladen, man wird von einem Professor angesprochen, der von einem Spin-off seines Instituts schwärmt, oder man wird „nur" als Ratgeber für ein Gründerteam hinzugezogen und fängt Feuer. Man kann es aber auch systematisch angehen und sich selbst auf die Suche begeben, zum Beispiel indem man den unmittelbaren Kontakt zu Gründern sucht oder über Business Angels-Netzwerke vorselektierte Start-ups kennenlernt. Und gewiss muss es sich nicht immer um Gründer handeln. Oft sind es auch Unternehmen, die schon im Markt aktiv sind, zum Durchstarten mit einer neuen Idee aber noch Kapital benötigen. Einige Business Angels werden sich nur auf Branchen konzentrieren, die sie kennen. Es gibt aber auch viele, die der Meinung sind, man könne in jedes Unternehmenskonzept investieren, wenn man es versteht. Gut ist es auf alle Fälle, wenn der Business Angel bei der Beurteilung nicht auf sich allein gestellt ist, sich aber auch nicht komplett auf andere verlassen muss.

Wie beurteile ich Konzept und Team? Der Businessplan oder zumindest eine Executive Summary stehen oft am Anfang. Aber der persönliche Eindruck von den Gründern sagt mehr als Papier. Weiß man, ob es von den Gründern oder einem guten Berater geschrieben worden ist? Das beste Konzept taugt nichts, wenn die Macher nicht gut sind. Auch die Due Diligence ist unverzichtbar, wenngleich sie bei Start-ups natürlich extrem schwierig ist. In jedem Fall gilt: Verträge, Patente und sonstige Intellectual Properties müssen immer genau geprüft werden. Erwarten Sie aber keine 100%ige Sicherheit als Ergebnis all Ihrer Prüfungen. Unsicherheit ist ein Kennzeichen von innovativen Geschäftskonzepten, die so noch niemand umgesetzt hat. An einem bestimmten Punkt muss man als Business Angel dann ins kalte Wasser springen oder aber absagen.

Wie sieht der Vertrag aus?

Auch hier ist die Bandbreite enorm und reicht vom Handschlag bis zum vollumfänglichen Beteiligungsvertrag, der auch einer Venture Capital-Gesellschaft gut zu Gesicht stehen würde. Letzterer bringt zwar meist einen Kulturschock, wenn die Gründer den Entwurf zum ersten Mal sehen, aber er hat auch diverse Vorteile, weshalb ein Term Sheet als Checkliste hilfreich sein kann. Die vielen Punkte des Term Sheets behandeln die meisten Eventualitäten, denen man im Laufe von Unternehmensentwicklungen begegnet. Und sie erleichtern es, rechtzeitig zu einem Konsens zu kommen, bevor kritische Situationen eintreten. Des Weiteren ist ein guter Vertrag auch eine wichtige Absicherung dafür, dass man bei der nächsten Finanzierungsrunde nicht beiseite geschoben wird. Ein erfahrener Anwalt und ein guter Steuerberater schaden als externe Prüfsteine sicherlich nicht.

Wie kommt man zu einer fairen Bewertung? Auch hier scheiden sich die Geister. Klar ist, dass es gerade bei Start-ups noch keine aussagekräftigen Zeitreihen aus der Historie gibt. Die üblichen Bewertungsverfahren greifen daher nicht. Falls die Gründer mit der Umsetzung schon angefangen haben, ist es sogar in der Regel eher so, dass die Finanzen katastrophal aussehen. Das vorhandene Geld wurde oft komplett in die Produktentwicklung gesteckt und nun wird es eng. Man muss sein Vertrauen also primär in die Planung und die künftige Entwicklung setzen. Letztlich gibt es für die Bewertung einige Leitlinien, die der gesunde Menschenverstand diktiert: Beide Seiten müssen sich mit der Bewertung wohlfühlen, sonst kann keine vertrauensvolle Zusammenarbeit entstehen. Entsprechend dem Fairplay-Codex, der vom Business Angels Netzwerk Deutschland (BAND) entwickelt wurde, sollten die Business Angels möglichst den Gründern eine Mehrheit am Unternehmen lassen. Das ist auch essenziell für die Motivation der Gründer, die oft genug auf die Probe gestellt wird. Auch sollte die Bewertung noch Raum für Steigerungen bei der nächsten Finanzierungsrunde lassen. Sonst wird man keine Wertsteigerung bei den eigenen Unternehmensanteilen erzielen können. Werden sich Business Angel und Gründer hierbei einig, geht es dann an die Arbeit.

Wie intensiv sollte man sein Unternehmen betreuen?

Damit einher geht zunächst die Frage, wie viel Zeit man überhaupt in das Engagement stecken kann und will. Dabei sollte man u.a. berücksichtigen, ob man weitere Engagements eingehen will und dass man irgendwann mal vorhatte, nicht mehr Sklave des eigenen Terminkalenders zu sein. Ist das Zeitangebot definiert, sollte man sich mit der Nachfrageseite beschäftigen. Wann und in welchem Umfang braucht das Start-up Rat oder auch mal operative Unterstützung? Und ist hin und wieder ein guter Kontakt sachdienlicher als eine Unterstützung, die sich an den Rändern der eigenen Kompetenz bewegt? Auf alle Fälle sinnvoll ist es aber, sich in regelmäßigen Abständen über den Status des Unternehmens zu informieren. Wobei die Intervalle mit der Zeit länger werden können und bei einem eingespielten Team irgendwann Quartalsberichte und Besprechungen ausreichen.

Fazit:

Der erste Deal ist meist ein besonders spannender und bringt eine Vielzahl an Erfahrungen. Wobei auch schon ein Gespräch mit einem erfahrenen Business Angel einiges vermitteln kann. Letztlich wird es aber auch für jeden neuen Business Angel ein Learning by Doing geben.

Carsten Rudolph, Barbara Walpuski

Das fast perfekte Start-up – „Anfängerfehler“ gehören dazu

Den unternehmerischen Erfolg von Anfang an mitgestalten zu können – das macht das Engagement als Business Angel über die Gewinnaussichten hinaus so interessant. Dass beim Aufbau eines ambitionierten Unternehmens nicht alles glatt läuft, wissen Business Angels in der Regel aus eigener Erfahrung. Auch bei der Ansprache von Investoren und der Präsentation machen Gründer bereits Fehler. Welche Defizite wiegen zu schwer – und wann lohnt es sich trotzdem, ein Unternehmen anzusehen und das Team auf den richtigen Kurs zu bringen? In der Vermittlerposition zwischen Start-ups und Business Angels fallen immer wieder Themen mit hohem Fehlerpotenzial auf – einige sind No-Gos für ein Investment, viele Hürden lassen sich aber mit Hilfestellung doch noch nehmen.

Wenn die Planung noch nicht ausgereift ist

In der Regel setzen institutionelle wie auch Privatinvestoren nach wie vor einen professionellen Businessplan voraus. Die Form ist in den letzten Jahren allerdings freier geworden: Wenn Business Angels heute ein Konzept als Powerpoint-Präsentationen vorgelegt bekommen, ist das kein Fauxpas mehr. Gerade Venture Capital-Investoren verlangen teilweise sogar explizit nach einem knappen Dokument mit Stichpunkten statt Fließtext. Fundiert muss das Konzept natürlich sein, alle ausführlichen Informationen müssen im Hintergrund bei Bedarf einsehbar sein.

Bei ihrer Umsatzplanung tappen Start-ups oft aus reiner Unkenntnis in die „Top-Down-Marktstudien“-Falle. Dann wird nur das Gesamtmarktvolumen betrachtet, angelehnt an Studienergebnisse von großen Beratungen – erkennbar ist dieser Fehler an wenig plausiblen Zahlen und Marktanteilen im einstelligen Prozentbereich. Manchen Gründern fehlt wiederum der Mut zur Vision. Verunsichert durch die Finanzmarktkrisen und Negativschlagzeilen trauen sie sich nicht mehr, ambitioniert vorzugehen. Ein typisches Statement ist: „Wir haben extrem konservativ geplant …“ Hat man als Business Angel dennoch den Eindruck, das Geschäftsmodell sei grundsätzlich ausreichend skalierbar und der Markt groß genug, kann es sich lohnen dabei zu helfen, doch noch das ganze Erfolgspotenzial auszuschöpfen. Grundlegende Fehler wie ein völlig falsches Marktsegment und eine durchgängig unzureichend fundierte Planung sollten allerdings nicht mehr im Konzept auftauchen, wenn sich ein Start-up-Team bereit fühlt, Business Angels anzusprechen.

Sind alle Angaben realistisch und richtig?

Gerade bei unerfahrenen Gründern sollten Business Angels bei allen wichtigen Informationen genau hinschauen und hinhören. Nicht immer meinen beide Gesprächspartner nämlich dasselbe, und manchmal greifen Gründer aus purer Unsicherheit zu Übertreibungen oder ungenauen Aussagen. Zum Beispiel wird ein potenzieller Kunde, mit dem erste Gespräche geführt werden, schnell schon zum „ersten“ oder „neuen“ Kunden. Oder ein Geschäft, das gerade erst anläuft, wird schon als ein „erfolgreiches Projekt“ angepriesen. Bei der Einschätzung der eigenen Fortschritte neigen Gründer außerdem dazu,

Wunsch und Wirklichkeit nicht so genau zu trennen. Ob der Entwicklungsstand wirklich final ist, ob das Produkt schon ausgereift ist und bereit für die Markteinführung, wird oft überschätzt. Kommen dann erste Feedbacks von (potenziellen) Kunden oder erfahrenen Investoren, kann es durchaus noch mal ein paar Schritte zurückgehen. Dreiste Lügen sind aber selten, meistens erleben Gründer tatsächlich eine Überraschung, wenn ein Unternehmer mit Erfahrung ihre Angaben überprüft und zu einem anderen Ergebnis kommt – das sollten Business Angels im Hinterkopf behalten.

Der Zeitfaktor

Den Prototyp sollte ein technologieorientiertes Gründerteam in der Start-up-Phase fertiggestellt haben, so die gängige Empfehlung. Bei Start-ups aus dem Mobile-Umfeld und aus der IT sollten Business Angels das Produkt oder die Lösung allerdings schon früher selbst ausprobieren können. Zum einen sind ihre Märkte in den letzten Jahren deutlich schnelllebiger geworden. Die Dynamik geben oft die großen Player vor und innovative junge Unternehmen müssen ihre Chancen schnell nutzen. Zum anderen sind die Voraussetzungen für Gründer im IKT-Bereich (Informations- und Kommunikationstechnologie) heute besonders günstig, gerade die neuen Cloud-Technologien bieten Tools, um den Entwicklungsaufwand noch weiter zu reduzieren. Diese Startvorteile muss ein Gründerteam zu nutzen wissen – denn für die Konkurrenz gelten ebenso niedrige Eintrittsbarrieren. Langsamkeit ist also gerade in der IT-Branche ein Fehler, den ein beteiligter Business Angel mit großer Wahrscheinlichkeit teuer bezahlen müsste.

Ganz allgemein sollten Investoren darauf achten, dass zumindest die Voraussetzungen stimmen, um Technologievorsprung und Alleinstellungsmerkmal langfristig zu schützen. Sind Know-how, IP und Schutzrechte fest im Unternehmen verankert, ist es aber noch kein Versäumnis, wenn das Gründerteam noch keine ausgereifte Strategie vorweisen kann – gerade dabei kann der Business Angel wertvollen Input geben.

Was ein Start-up-Team mitbringen sollte – und was es lernen kann

Die Personen – bzw. Persönlichkeiten – hinter einer Geschäftsidee stehen für viele erfahrene Investoren ganz oben auf der Prioritätenliste. Allerdings ist es in der Pre- und Seed-Phase, wenn Business Angels einsteigen, durchaus normal, dass noch etwas fehlt, etwa wenn ein Team noch nicht komplett ist und Kompetenzen noch nicht vollständig abgedeckt werden. Manche Gründer zeigen Nerven, wenn es ums Präsentieren geht und Investoren Fragen stellen oder auch mal kritisch nachhaken. Grundsätzlich sollte ein Start-up-Team, das sich für finanzierungsreif hält, einen guten Pitch halten können, die wichtigsten Fakten immer parat haben und in Diskussionen ruhig bleiben. Aber es zeigt sich immer wieder, dass gerade junge Gründer hier enormes Entwicklungspotenzial haben, das sich mit etwas Erfahrung entfaltet. Business Angels sollten sich von vereinzelten, nicht ganz gelungenen Auftritten nicht abschrecken lassen. Vielleicht ist gerade die eine oder andere Emotion ein gutes Zeichen dafür, dass der Gründer für seine Idee brennt.

Finanzierungsverhandlungen – wer zuckt zuerst?

Wenn es um die Bedingungen der Beteiligung und die langfristige Finanzierungsplanung geht, müssen sich Start-ups und Business Angels rechtzeitig und ganz offen abstimmen. Die Themen Anteile und Unternehmensbewertung können für Gründer besonders heikel sein. Manchmal sind ihre Vorstellungen davon, wie viel Beteiligung einem Investor für welches Kapital zusteht, einfach unrealistisch. Oft verlassen sie sich auch auf irreführende Empfehlungen wie „unbedingt 75,1% behalten". Hilfreich ist es dann, wenn sie von den Business Angels, aber auch von anderen Start-ups oder von neutraler Seite wie Start-up-Institutionen erfahren, welche Bedingungen tatsächlich üblich und für eine gute Zusammenarbeit förderlich sind. Überblickswissen sollte ein Gründerteam zu Finanzierungsgesprächen schon mitbringen, fundierte Kenntnisse über Vertragsdetails und Rahmenbedingungen kann man aber nicht erwarten. Auch kann es sinnvoll sein, über die erste Forderung lächelnd hinwegzusehen.

Genau hinschauen sollten Business Angels, ob es „Altlasten" gibt: Oft lassen sich Gründer verleiten, Anteile einzusetzen, um Berater, Dienstleister oder auch Mitarbeiter zu „bezahlen". Eine unübersichtliche Gesellschafterstruktur oder gar breit gestreute Mitspracherechte sind Probleme, die unbedingt gelöst werden müssen. Außerdem sollte angesprochen werden, ob Business Angels in weiteren Finanzierungsrunden – selbst wenn es nicht geplant war – weiteres Kapital einbringen können und wollen. Viele Gründer trauen sich anfangs nicht, diese Fragen zu stellen. Die Antworten sind aber ganz entscheidend für eine nachhaltige Finanzierungstrategie, deshalb sollte der Business Angel zur Not selbst das Thema ansprechen.

Fazit: Fehler sind erlaubt, aber …

Echte unternehmerische Anfänger sollte ein Business Angel nicht mehr vor sich haben, wenn er ein Start-up trifft, das sich als finanzierungsbereit bezeichnet und aktiv auf Kapitalsuche ist. Zwar investieren Business Angels typischerweise in frühen oder sehr frühen Phasen, aber gerade hier gibt es schon zahlreiche Unterstützungs- und Förderangebote für Gründer. Über das grundlegende unternehmerische Handwerkszeug, Einblicke in relevante Fachbereiche wie Steuern und Recht sowie eine erste Finanzierungsstrategie sollte ein Start-up schon verfügen. Dass nicht immer alles perfekt umgesetzt wird und manche Vorstellungen noch von der Realität eingeholt werden müssen – dafür sollten Investoren Verständnis zeigen. Für den – vielleicht erfolgsentscheidenden – Feinschliff kommt schließlich der Business Angel dazu.

Jürgen Demps, Klaus-Magnus Junginger, Bjørn Lillegraven

Unternehmensorganisation: Von Anfang an alles richtig machen

Vieles, was im Unternehmen jene Probleme verursacht, die nur mit viel Aufwand, Zeit und Ressourceneinsatz zu heilen sind, kann vermieden werden, wenn man von Anfang an die Weichen richtig gestellt hätte. Wachstumsschmerzen und -risiken lassen sich zu einem großen Teil durch vorausschauende Planung und die Implementierung der dementsprechenden Prozesse verhindern.
Wichtig dabei ist eine prozessorientierte Unternehmensführung. Im Mittelpunkt muss die Ablauf- und nicht die Aufbauorganisation stehen. Liquiditäts- und Vertragsmanagement sind zwar „nur" sogenannte Unterstützungsprozesse, haben jedoch zentrale Bedeutung und werden leider nur zu oft unterschätzt oder gar ignoriert. Dies gilt für den unternehmerischen Alltag ebenso wie für die Ausbildung und (akademische) Lehre. Jeder Vertrag, den ein Unternehmen schließt, löst entweder eine Zahlung oder Umsatz aus. Die einzelnen Verträge jedoch sind im Unternehmen meist nie an einer zentralen Stelle abgelegt, sondern quer über die Firma verteilt. Das dient weder der Transparenz und der Ausschöpfung von Synergien noch einer effektiven Liquiditätsplanung. Zudem bricht, wenn eine Due Diligence droht, regelmäßig das Chaos aus. Das große Suchen beginnt, der Prozess ist nicht strukturiert, verschlingt Zeit und Ressourcen, und wenn am Ende ein Datenraum steht, ist man nicht sicher, ob auch wirklich alle relevanten Dokumente erfasst worden sind. Dies alles lässt sich vermeiden, indem man rechtzeitig ein strukturiertes und prozessgestütztes Vertragsmanagement implementiert – im Idealfall bereits von Anfang an in der Frühphase des Unternehmens.

Liquidität – Integrierte Planung

Die Liquidität – und insbesondere deren Steuerung – ist mit Abstand der kritischste Erfolgs- und Risikofaktor eines Unternehmens. Die überwiegende Mehrzahl der Insolvenzen geht auf Zahlungsunfähigkeit zurück. Umso mehr erstaunt die Tatsache, dass die wenigsten Geschäftsführer die Liquiditätssteuerung und -sicherung zu ihren zentralen Aufgaben zählen. Laut Creditreform waren knapp 29% der Unternehmen noch nicht einmal fünf Jahre am Markt aktiv, bevor sich die Betriebstore wieder schlossen. Dabei ist es insbesondere die Gruppe der zwei- bis unter zehnjährigen Unternehmen, die eine überdurchschnittlich hohe Insolvenzquote aufweist.

Merke: Liquiditätssteuerung und -sicherung ist Chefsache, immer und von Anfang an. Es sind nur wenige organisatorische Maßnahmen erforderlich, um die Liquiditätssteuerung effektiv in den Unternehmensalltag einzubinden:

1. Organisation von Zahlungsläufen nur maximal einmal pro Kalenderwoche. 14-tägige Zahlungsläufe sind je nach Geschäftsmodell und Branche ebenfalls umsetzbar.
2. Zahlungsläufe sollten strukturiert vorbereitet werden, d.h. die Zahlung sollte nach Kostenarten wie z.B. Material für die Produktion, Produktionsnebenkosten, Frachten, Mieten, Personalkosten, Vertriebs- und Marketingkosten, Beratung, Investitionen, Zinsen, Tilgung und Sonstiges aufgegliedert und zusammengefasst werden.

3. Zur Steuerung der Liquidität ist eine rollierende Planung und je nach Frequenz der Zahlungsläufe max. auf Wochenbasis notwendig. Die Planung beginnt immer mit den aktuellen Bank- und Kassenbeständen. Die Einnahmen und Ausgaben folgen der Struktur der Zahlungsläufe nach Art der Kosten und Ausgaben. Daraus errechnet sich der künftige Bankbestand über den Zeitverlauf.
4. Zur Liquiditätssteuerung gehört auch die Steuerung und Genehmigung der Bestellungen. Daher ist im Zusammenhang mit dem Zahlungslauf der gesamte Bestellvorgang zu kontrollieren und zu genehmigen. Ein Geschäftsführer kann nur Verantwortung für die Liquidität übernehmen, wenn er organisatorisch sicherstellt, dass er alle bzw. alle wesentlichen Bestellvorgänge kontrolliert und beeinflusst. Die Organisation der Genehmigung der Bestellvorgänge folgt der gleichen Struktur wie die des Zahlungslaufs und der rollierenden Liquiditätsplanung.

Mit diesen einfachen organisatorischen Maßnahmen zur Liquiditätssteuerung kann vermieden werden, dass der Geschäftsführer Verpflichtungen eingeht, die er nicht bedienen kann. Die einzelnen Arten der Kosten und Ausgaben werden aktiv beeinflusst. Die Höhe und Relationen ergeben in Verbindung mit einer monatlichen Gewinn-und-Verlust-Rechnung für die Geschäftsführung ein aussagekräftiges Bild und münden zudem in eine Art von integrierter Unternehmensplanung, die im Laufe der Unternehmensentwicklung durch geeignete Software unterstützt werden kann. Ein tieferes Verständnis über die Zusammenhänge von GuV, Bilanz und Liquidität sind für die Liquiditäts- und damit die Unternehmenssteuerung und den Erfolg des Unternehmens von großem Vorteil und sollen deshalb nicht die ausschließliche Domäne von „Finanzern" sein.

Vertragsmanagement – Due Diligence

Für den Unternehmer gilt das Leitbild des gut organisierten Unternehmens. Verträge werden an allen Stellen im Haus geschlossen. Die Organe müssen sicherstellen, dass alle Verträge den richtigen Inhalt haben (Vertragsprüfung). Zudem muss sichergestellt sein, dass alle Verträge am richtigen Ort sind (Auffindbarkeit) und dass die Inhalte der Verträge allen, die Berührungspunkte mit dem Geltungsbereich der Verträge haben, bekannt sind (Vertragskommunikation). In wachstumsorientierten Unternehmen kommt es idealerweise zur Beteiligung Dritter, denen im Rahmen einer Due Diligence-Prüfung die Bücher des Unternehmens zu öffnen sind. Alle Akteure müssen von Anfang an darauf achten, dass die vorstehenden Prozesse des Vertragsmanagements im Unternehmen etabliert werden. Dazu können sie auch ihre Kontrollrechte ausüben. Eine gute Unternehmensdokumentation stellt auf jeden Fall einen Wert bildenden oder – falls nicht vorhanden – einen Wert vernichtenden Faktor dar.

Die Vertragsprüfung gehört zu den Aufgaben der Leitungsorgane, da diese sicherzustellen haben, dass nur Verträge im Sinne des Unternehmens geschlossen werden. Dafür sollte gegebenenfalls externe juristische Hilfe in Anspruch genommen werden. Auch hier gilt unverändert das Vier-Augen-Prinzip. Das Vertragsmanagement dient neben der Auffindbarkeit von Verträgen und angrenzenden Dokumenten vor allem der Vertragskommunikation und den daraus abzuleitenden operativen Maßnahmen. Sein Aufbau erfolgt anhand eines auf das jeweilige Unternehmen angepassten Verzeichnisses und spiegelt im Idealfall schon die Struktur einer Due Diligence wider. Analog zum Qualitätsmanagement wird eine Stelle im Unternehmen benannt und beauftragt, das Vertragscenter zu pflegen. Dieser

Stelle sind alle Verträge auszuhändigen. Anschließend werden die wesentlichen Inhalte in einer Zentraldatei dokumentiert, wobei der Fokus auf den jeweiligen vertragstypischen Inhalten liegt, wie z.B. Kosten/Umsatz, Zahlungstermine, Zahlungsfristen, Laufzeit, Kündigungsfristen, Besonderheiten wie Staffelrabatte etc. Die Originale sowie die digitalen Kopien werden entsprechend dem Verzeichnis zugeordnet und abgelegt.

Merke: im Idealfall folgt der Aufbau des Vertragsmanagements schon der Struktur einer Due Diligence-Checkliste.

Zur Optimierung des Prozessablaufs empfiehlt es sich, die Vergabe einer Debitoren- bzw. Kreditorennummer zwingend mit der erfolgten Aufnahme des Vertrags im Vertragscenter zu verknüpfen. Auf diese Weise wird strukturiert die Grundlage für ein Risk Management etabliert und die Due Diligence kann kommen. Unumgänglich sind auch hier die Einhaltung des Vier-Augen-Prinzips und die Trennung der Verantwortlichkeiten.

Prozesse

Prozesse helfen, ein Unternehmen durch die konsequente Orientierung entlang der Wertschöpfungskette flexibler und transparenter zu gestalten. Bei Prozessen geht es also immer um Zeit, Kosten und Qualität. Je früher im Lebenszyklus eines Unternehmens die (Um-)Orientierung von der rein vertikalen auf die horizontale und funktionsübergreifend fokussierte Sichtweise erfolgt, desto leichter und nachhaltiger kann eine prozessorientierte Unternehmensführung und -kultur implementiert werden. Das reine Dokumentieren und Visualisieren der einzelnen Prozesse ist aber nur die halbe Miete. Prozessorientierung bedeutet, dass die einzelnen Prozesse miteinander verknüpft sind und sich aufeinander beziehen. Idealerweise entwickelt man eine integrierte Prozesslandschaft aus Kern-, Management- und Unterstützungsprozessen top-down zu einem homogenen Prozesssystem. Bewährt hat sich hier die Darstellung der Prozesse nach dem Swimlane-Ansatz. Dessen leichte Verständlichkeit und Transparenz trägt entscheidend dazu bei, Einführungswiderstände zu verringern, alle Beteiligten bei der Modellierung der Prozesse ins Boot zu holen und sicherzustellen, dass die Prozesse dann auch mitgetragen und gelebt werden. Von Anfang an richtig und konsequent aufgesetzt ist der Weg zu einer erfolgreichen Zertifizierung nicht mehr weit. Auch wenn es manchmal den Anschein erwecken mag, dient Prozessmanagement nicht einem Selbstzweck, sondern trägt in erheblichem Umfang dazu bei, die Unternehmensziele besser zu erreichen. Neben einer Steigerung der Effizienz durch kontinuierliche Verbesserung, der Realisierung von Kosteneinsparungen und Erhöhung des Gewinns ermöglicht es gerade jungen Unternehmen in der Wachstumsphase, eine Skalierung besser in den Griff zu bekommen. Hohe Qualitätsstandards steigern die Kundenzufriedenheit und verbessern die Wettbewerbsposition. Als nicht zu unterschätzender Nebeneffekt wird mit einem effizienten Prozessmanagement auch eine Vielzahl an compliancerelevanten Themen abgedeckt.

Ein zentrales und stringentes Vertragsmanagement unterstützt im täglichen Geschäftsbetrieb den Finanzbereich bei der Ein- und Durchführung eines effektiven Cash Managements und der Liquiditätsplanung. Es ermöglicht eine kurz-, mittel- und langfristige Planung der Zahlungsläufe ebenso wie deren Optimierung. Im Falle eines Falles, wenn eine Due Diligence ins Haus steht, reduzieren sich Aufwand und zeitlicher Rahmen für die Einrichtung eines gut geführten Datenraums, der diesen Namen auch verdient, auf ein Minimum. Je nach Größe des Unternehmens und der Anzahl der Verträge empfiehlt sich die Einführung eines dementsprechend ausgelegten Software-Tools für das Vertragsmanagement. Bei Unternehmen in der Gründungsphase lässt sich ein Vertragsmanagement als Zwischenlösung auch mit einem Standardprogramm wie Excel realisieren. Ob mit oder ohne professioneller Anwendungssoftware: Entscheidend ist, dass die Notwendigkeit erkannt wird, die dementsprechenden Prozesse geschaffen und eingeführt und mit der nötigen Konsequenz gelebt werden.

Merke: Vom ersten Tag an müssen die Kern- und Kontrollprozesse dokumentiert und gelebt werden.

Human Resources

Nicht jeder Manager muss der Richtige für jede Phase eines Unternehmens sein. Wachstumsphasen, Konsolidierungsphasen, Restrukturierung, Sanierung und Turnaround erfordern unterschiedliche Führungsqualitäten, die sich nicht immer in ein und derselben Person vereinigen. Es kann notwendig werden, Führungskräfte und gegebenenfalls auch Gründer aus der aktuellen Führungsrolle zu nehmen. Wichtig dabei ist, dass jede Führungskraft für sich frühzeitig erkennt, dass sie für eine kommende Phase nicht die richtigen oder ausreichenden Fähigkeiten hat. Executive Interimsmanagement kann in den meisten Fällen eine Lösungsalternative bieten, fehlende Fähigkeiten und Erfahrung für einen befristeten Zeitraum ergänzend zur Verfügung zu stellen. Diese Vorgehensweise bietet zudem einen Trainings- oder Coachingeffekt inklusive Know-how-Transfer und stellt sicher, dass das Unternehmen in eine nachhaltig stabile Lage gebracht wird.

Fazit

Ein gut strukturiertes Prozessmanagement hilft Fehler zu vermeiden und stützt den Erfolg eines jungen Unternehmens. Auch und gerade die Investoren sollten hier den Überblick behalten und auch die Details nicht nur dem CFO überlassen.

Business Angels-Alltag

3

Tobias Kollmann

Business Angels und die IKT-Branche

Der nationale IT-Gipfel 2012 in Essen hatte ein zentrales Thema: Gründer in der IKT-Branche. Diese Aufmerksamkeit kommt nicht von ungefähr, denn diese Branche ist eine der wichtigsten Schlüsseltechnologien der Gegenwart und Zukunft für Deutschland und bietet großes Potenzial sowohl für die Gründer selbst als auch für Business Angels, die hier aktiv investieren wollen. Die IT- oder eben in Erweiterung besser die IKT-Branche (Informations- und Kommunikationstechnologien) ist in den letzten Jahren vor diesem Hintergrund zu einem bedeutenden Faktor der deutschen Wirtschaft geworden. So wird in Deutschland laut Monitoring-Report Digitale Wirtschaft 2012, herausgegeben vom Bundesministerium für Wirtschaft und Technologie, im IKT-Bereich von rund 843.000 Beschäftigten ein Umsatz von 222 Mrd. EUR erwirtschaftet. Sie hat damit eine höhere Wertschöpfung als der deutsche Automobilbau und ist umsatzstärker als der Maschinenbau. Die reine Internetwirtschaft erreicht zudem einen Umsatz von 75 Mrd. EUR und ist damit größer als die Elektrotechnik.

Die IKT-Branche in Deutschland

Die Schlüssel- und Querschnittsbranche IKT ist dabei stark von kleinen und mittelständischen Unternehmen geprägt, und gerade jungen und neu gegründeten Unternehmen (E-Entrepreneurship) kommt dabei eine besondere Rolle als Innovationstreiber zu. Seit 2009 wurden jährlich knapp 9.000 neue IKT-Unternehmen in Deutschland gegründet (vgl. Monitoring-Report Digitale Wirtschaft 2012).

Trotz eines verhältnismäßig geringen Kapitalbedarfs sehen mehr als 40% der IKT-Gründer einer Studie des Bundesministeriums für Wirtschaft und Technologie zufolge dennoch die Finanzierung des Unternehmens als größtes Problem. Hier können gerade Business Angels helfen, um diesen Kapitalbedarf zu befriedigen. Die Rahmenbedingungen sind dabei durchaus attraktiv:

- Geringer Kapitalbedarf für Aufbau eines IKT-Unternehmens im Vergleich zu anderen Branchen und hoher Bedarf an Added Value von Business Angels seitens der Gründer
- Realistische Bewertungen und Entwicklungsszenarien im Vergleich zur Situation zu Zeiten des „Neuen Marktes“ mit guten Einstiegsmöglichkeiten für Business Angels
- Gute Wachstums- und Wertsteigerungschancen für Anteile von Business Angels an IKT-Unternehmen durch allgemeine Bedeutung der Branche im Wirtschaftsumfeld.

Besonderheiten von IKT-Start-ups

Im Hinblick auf ein Engagement von Business Angels in IKT-Start-ups muss im Vorfeld eine ganze Reihe von Besonderheiten beachtet werden, die mit dieser Form von Gründung insbesondere verbunden werden (siehe Kollmann, Tobias: E-Entrepreneurship – Grundlagen der Unternehmensgründung in der Net Economy, 4. Auflage, Wiesbaden 2011, S. 79):

- Das Unternehmen basiert auf einer innovativen Technologie bzw. einem technologieorientierten Geschäftsmodell mit einer elektronischen Wertschöpfung, mit einem überdurchschnittlichen Anteil an Forschungs-&-Entwicklungs (F&E)-Aufwendungen, was insbesondere dem Schutz der Idee einen besonderen Stellenwert zukommen lässt.

- Das Unternehmen existiert erst seit Kurzem, d.h., es verfügt über keine längere Unternehmenshistorie und hat daher auch keine Grundlage für fundamentale Unternehmensdaten.
- Die Entscheidungsprozesse im Unternehmen sind durch die Person des Unternehmers/Gründers stark geprägt.
- Das Unternehmen findet sich einer dynamischen, sich ständig verändernden Umwelt ausgesetzt und weist gerade am Anfang ein überproportionales, quantitatives Wachstum auf.
- Ressourcen innerhalb des Unternehmens sind gekennzeichnet durch extreme Knappheit; sowohl finanzielle als auch personelle Ressourcen stellen einen Engpass dar.
- Hohe Aufbauinvestitionen in immaterielle Vermögensgegenstände – beispielsweise zur Technologieentwicklung oder zum Markenaufbau – erscheinen notwendig.
- Noch erwirtschaftet das Unternehmen negative Cashflows und keinerlei Gewinne.
- Externe Kapitalgeber schließen die Eigenkapitallücke und üben über ihre Rechte als Investoren oftmals einen zentralen Einfluss auf das Unternehmen aus.

Investments in IKT-Start-ups

Wenn sich Business Angels und solche, die es werden wollen, für ein Investment in IKT-Start-ups interessieren, sollten sie den folgenden Fragenkatalog beachten und im Hinblick auf das vorliegende Angebot prüfen.

Kernfrage:

Welches Problem kann mithilfe elektronischer Geschäftsprozesse besser gelöst werden als mit bereits bekannten realen und/oder elektronischen Lösungen und sind Kunden bereit, für eine solche Problemlösung von Anfang an zu bezahlen?

Problemlösung

- Wie innovativ ist die elektronische Problemlösung?
- Spricht die Problemlösung die kritische Online-Masse an?
- Ist die Problemlösung im elektronischen Netzeffekt skalierbar?

Informationsprozess

- Wie werden die problemrelevanten Daten gesammelt, verarbeitet und übertragen?

Elektronischer Mehrwert

- Welche elektronischen Mehrwerte werden angeboten?
- Wie werden die elektronischen Mehrwerte erzeugt?
- Sind die elektronischen Mehrwerte kommunizierbar?

Plattform

- Welche Plattform (E-Shop, E-Marketplace usw.) eignet sich für elektronischen Mehrwert?
- Welche Plattform erwartet die Zielgruppe für die Umsetzung?

Zielgruppe

- Wer gehört zur Online-Zielgruppe des elektronischen Angebotes?
- Welche Bedürfnisse hat diese Online-Zielgruppe?
- Welche User-Profile dominieren die Online-Zielgruppe?

Zielgruppenansprache

- Welche Aktivitäten im Online-Marketing sind einsetzbar?
- Wie sieht der Einsatz von Viral Marketing bzw. Social Media Marketing aus?
- Welche Marketing-Kooperationen können Reichweite schaffen?

Prozessebene

- Welche Kernprozesse sind für elektronischen Mehrwert abzubilden?
- Welche begleitenden Prozesse müssen abgebildet werden?
- Welche Schnittstellen/Abläufe müssen geschaffen werden?

Technologieebene

- Welche Plattformen (Internet/Mobil/ITV) können/müssen bedient werden?
- Werden die spezifischen Front-end-Besonderheiten beachtet?
- Wird der jeweilige Plattform-Nutzen für den Kunden bedient?

Einnahmenseite

- Kann die elektronische Kernleistung direkt monetarisiert werden?
- Gibt es vermarktbare Nebenleistungen?
- Wie ist die Zahlungsbereitschaft bei den Kunden?

Kostenseite

- Welche Basiskosten für Technologie/System fallen an?
- Welche laufenden Kosten für den Betrieb fallen an?
- Was kostet die Einwerbung eines zahlenden Kunden (Conversion Rate)?

Fazit

IKT-Start-ups bieten eine Menge Potenzial gerade für Business Angels. Dennoch ist das private Engagement zur finanziellen Unterstützung von IKT-Unternehmen in frühen Phasen der Entwicklung hierzulande noch verhältnismäßig gering ausgeprägt. In Deutschland werden bislang nur etwa 13% der jungen IKT-Unternehmen von Business Angels unterstützt (vgl. Monitoring-Report Digitale Wirtschaft 2012). In den USA dagegen zählt die IKT-Branche für die US-Business Angels zu den attraktivsten Branchen, und das nicht ohne Folgen, denn im Ergebnis werden Start-ups der IKT-Branche in den USA in der Hälfte der Zeit mit dem x-Fachen mehr an Startkapital ausgestattet als in Deutschland. Es gibt also Aufholbedarf!

Michael Friebe

Start-up Investments im Medizintechnik-Bereich – Für welchen Business Angel ist diese Branche geeignet – und für wen nicht?

Frei nach Wikipedia und angepasst vom Autor kann die Medizintechnik oder biomedizinische Technik als die Anwendung von ingenieurwissenschaftlichen Prinzipien und Regeln auf dem Gebiet der Medizin verstanden werden. Dabei werden die Technikkenntnisse mit der Sachkenntnis des medizinischen und pflegenden Personals zur Verbesserung von Vorsorge, Diagnose und Therapie kombiniert.

Investieren Sie nur, wenn Sie sich auskennen!

Ein typisches Universitätsklinikum hat zwischen 10.000 und 20.000 medizintechnische Systeme, verteilt auf fast 5.000 verschiedene Typen und über 1.000 Gerätekategorien. Die Medica in Düsseldorf als größte Medizintechnikmesse der Welt 2012 auf 116.000 m^2 Fläche in 20 Hallen über 4.600 Ausstellern Platz, wobei über die Hallenbelegung die Firmen in folgende Bereiche eingeteilt wurden: Labortechnik; Diagnostika/Physiotherapie; Orthopädietechnik/Bedarfs-/Verbrauchsmaterial; Textilien/Elektromedizin; OP-Technik/Krankenhauseinrichtung; Kommunikationssysteme; Informations- und Kommunikationstechnik. Zudem gab es in mehreren Hallen noch nationale und internationale Gemeinschaftsstände.

Warum liste ich das auf? Allein mit diesen Zahlen und Fakten soll die Komplexität und der Umfang der Medizintechnik aufgezeigt, aber auch eine grobe Einteilung der Medizintechnik-Segmente gegeben werden. Keiner kann einen wirklich guten Überblick über die Innovationen im Gesamtbereich der Medizintechnik haben, sondern ist nur dann in der Lage, neue Produkte und Dienstleistungsansätze zu beurteilen, wenn er/sie über einen bestimmten Spezialisierungsgrad verfügt. Das ist eigentlich die Kernbotschaft dieses Artikels: Investieren Sie nur in diesem Segment, wenn Sie oder ein mit Ihnen investierender Business Angel die spezielle Technologie oder eine innovative Dienstleistung wirklich beurteilen können – und wenn Sie etwas Zeit mitbringen.

Die Medizintechnik ist natürlich interessant, weil jeder von uns früher oder später einmal ein Patient sein wird und insgeheim hofft, dass bei einem entsprechenden Investment neben einem guten Return on Investment auch noch etwas Gutes für die Allgemeinheit herauskommt. Dabei ist es recht schwierig, mit Medizintechnik kurzfristig wirklich eine Dividendenrendite zu erzielen. Gerade bei Investments im Start-up-Bereich kann es aufgrund der komplexen Zulassung und der – teilweise zu Recht – konservativen Einstellung des medizinischen Personals recht lange dauern, bis ein Produkt tatsächlich erfolgreich verkauft wird. Aber es sprechen natürlich auch viele Gründe für Investments in Medtech-Produkte und -Dienstleistungen. Nachfolgend werden einige der Investitionshürden und möglichen Probleme beschrieben und natürlich auch die sogenannten Upsides erläutert, gefolgt von einer kurzen Checkliste.

Was ist so toll am Bereich Medtech und was ist die Realität?

Die Medizintechnik ist unter anderem deswegen so spannend, weil man mit einer ganzen Reihe von verschiedensten Personen und Gruppen (Krankenhausmanager, Mediziner, Krankenkassen, Patienten, Ingenieure/Naturwissenschaftler etc.) zu tun hat und gerade der Entwicklungsteil (aber auch der Vertrieb!) sehr interdisziplinär durchgeführt werden muss, um erfolgreich zu sein.

Der demografische Wandel wird immer anspruchsvollere Diagnostik verlangen – mit nachfolgender effizienterer und personalisierter Therapie. Gerade diese personalisierte Medizin wird in der Zukunft den Fokus viel mehr auf Prävention setzen, als dies bisher der Fall war. Allein in Zentraleuropa gibt es mehrere Hunderttausend Mitarbeiter im Medizintechnik-Segment. Der weltweite jährliche Umsatz beträgt mehr als 150 Mrd. EUR (davon ca. 30 Mrd. EUR für kardiovaskuläre bzw. 27 Mrd. EUR für orthopädische Produkte), wobei knapp die Hälfte davon in den USA umgesetzt wird. Auch für Investoren war die Medtech-Branche recht attraktiv, hatte sie doch im Vergleich zu dem S&P 500-Index eine um 70% höhere Investmentwertschöpfung.

Probleme liegen vor allem in den Unsicherheiten, die mit den geplanten oder bevorstehenden „Gesundheitsreformen" kommen könnten. Alle industrialisierten Länder haben große Probleme mit den Kosten der Gesundheitsversorgung. Die Auswirkungen sind allerdings noch nicht absehbar, könnten aber zu einer großen Investitionsverunsicherung der Medtech-Kunden führen. Ein vielleicht noch viel größeres Problem sind die mit der Zulassung von Medizintechnikprodukten verbundenen Auflagen und Regularien. Es soll in der nahen Zukunft möglicherweise Pflicht für eine Produktzulassung (Grundvoraussetzung für Patienteneinsatz und Krankenkassenrückerstattung) werden, langwierige klinische Studien durchführen zu lassen, die die klinische Effizienz im Vergleich zu schon zugelassenen Produkten und Verfahren aufzeigen. Als Patient mag das sicherlich auf den ersten Blick wünschenswert sein, andererseits heißt das auch, dass Innovationen mit einem großen Zeitverzug (bei onkologischen Fragestellungen fünf Jahre und mehr) auf den Markt kommen. Für Medizintechnik-Start-ups und ihre Investoren ist das gleichzusetzen mit einem viel längeren Zeitraum bis zum ersten Umsatz und vor allem mit der Tatsache, dass deutlich mehr Kapital zur Verfügung gestellt werden muss. Gerade für Business Angels ist das eine schlechte Nachricht, da dieses Mehr an Kapital natürlich auch mit entsprechenden zusätzlichen Finanzierungsrunden und damit einer hohen Verwässerung verbunden ist.

Allerdings sind die Zulassungsprobleme (CE Mark, US – FDA) immer noch einfach – verglichen mit den Kosten und der Zeitdauer von pharmazeutischen Produkten bis zur Markteinführung. Ein Patentschutz für ein Medtech-Produkt ist natürlich von der langen Dauer bis zum Markteintritt ebenfalls betroffen. Bei einem maximalen Patentschutz von 20 Jahren sind wahrscheinlich bis zur kommerziellen Markteinführung nur noch 13 Jahre übrig. Bei einer innovativen Firma sollte das allerdings kein Problem sein, da ja hoffentlich viele Patente ständig nachgeschoben werden.

In der Regel kann man mit relativ geringen Erstinvestitionen in den meisten Medtech-Segmenten aber recht viel erreichen und bei technologielastigen Firmen auch schon mal einen frühen Trade Sale durchführen. Zudem sind Komplettabschreibungen eher seltener als in anderen Investitionssegmenten.

Was sollte man beachten? – Investitionskriterien

Generell gelten natürlich für den Medtech-Bereich die gleichen Business Angel-Investmentkriterien wie in anderen Segmenten. Vor allem muss das Gründerteam überzeugen und das Produkt bzw. die medizintechnische Dienstleistungsinnovation sollte nicht nur neu sein, sondern – auch hier nichts Aufregendes – einen diagnostischen/therapeutischen Mehrwert liefern, am besten noch in Kombination mit einer einfacheren intuitiven Bedienung und einem nachweisbaren wirtschaftlichen Vorteil für den Nutzer. Das beurteilen zu können, ist natürlich nicht einfach – ein erneuter Hinweis darauf, dass man in der Lage sein sollte, die „Claims" und Alleinstellungsmerkmale bewerten und überprüfen zu können.

Wie schon erwähnt, ist der US-Markt für den Medtech-Sektor von besonderer Wichtigkeit. In diesem Zusammenhang ist auch ein entsprechender Patentschutz extrem wichtig. Es ist unwahrscheinlich, dass bei einem Start-up Patente vorliegen, maximal Patentanmeldungen. Es ist selbst für Experten sehr schwierig, Patente und Patentanmeldungen wirklich zu bewerten, aber ohne einen zumindest versuchten Schutz der Invention sollte man eine Investition sehr stark infrage stellen. Ausnahmen sind einige selektive Software-Themen und Produkte bzw. Dienstleistungen, die andere „Kopierhürden" aufweisen.

Da es sich um einen weltweit sehr regulierten Marktzugang handelt, wird das Thema Rückerstattung („Wie viel und woher bekommt der klinische Nutzer das Geld für die Nutzung des Produkts/der Dienstleistung?") sehr oft unterschätzt bzw. falsch eingeschätzt. Was in Österreich funktioniert, muss nicht notwendigerweise auch in Deutschland oder den USA funktionieren. Zur Regulierung gehört auch das Thema Zulassung. Ohne CE-Zulassung darf in Europa kein Medizinprodukt verkauft werden, und ohne FDA ist es sogar ein Verbrechen, eine Anlage in den USA im Patientenbetrieb einzusetzen. Es sollte also eine entsprechende Planung vorliegen, wie man diese Zulassungen erhalten wird. Im Zusammenhang mit der Zulassung und für überzeugende Verkaufsargumente ist es sehr oft notwendig, klinische Studien durchzuführen, bei bestimmten Produkten muss man aus nachvollziehbaren Gründen sogar zuerst Tierversuche erfolgreich abschließen. In der Regel werden die damit verbundenen Kosten und der notwendige zeitliche Aufwand massiv unterschätzt.

Wie kann man als Business Angel im Medtech-Bereich erfolgreich sein?

Neben den Standardbeteiligungskriterien (Team, Team, Team, Idee, ...) sollte man als Business Angel noch folgende Dinge beachten:

- Man sollte sich entweder in dem speziellen Segment sehr gut auskennen,
- oder nur mit einem Business Angel/Investor syndizieren, der das Thema und Geschäftsmodell bewerten kann.
- Es sollte eine plausible Erklärung zum Schutz des Produkts vorliegen (Patent etc.).
- Die Erstattungssituation sollte für einige Länder plausibel erklärbar sein.
- Das Netzwerk ist wichtig und eine Ansiedlung in einer Medtech-Hochburg schadet nicht!
- Es sollten bereits einige klinische Partner identifiziert worden sein, die das Produkt gut finden würden. Eine kooperierende Universitätsklinik wäre in diesem Zusammenhang ein klarer Pluspunkt.
- Man sollte die Zulassung des Produktes hinterfragen.
- Man sollte etwas Zeit mitbringen – ein Exit dauert in der Regel!

Fazit

Obwohl das jetzt in der Summe vielleicht ein wenig negativ klingt – Medizintechnik ist eine faszinierende und spannende Investition für Business Angels. Gerade branchenerfahrene Business Angels können den Wert einer Medtech-Beteiligung durch aktives Coaching und Mitarbeit in Gremien für alle beteiligten Investoren und Gründer sehr oft deutlich steigern. Dies mag auch mit ein Grund dafür sein, dass institutionelle Investoren wie Bayern Kapital oder der High-Tech Gründerfonds sehr gerne eine Person mit entsprechender Expertise mit an Bord haben wollen.

Michael Cortelletti

Business Angels und Gründer – Ethische Herausforderungen an eine vertrauensvolle Beziehung

Die Beziehung zwischen einem Business Angel und einem Start-up-Gründer ist sehr komplex, und es erfordert für beide Seiten viel Aufwand, um das nötige Vertrauen herzustellen. Der Aufbau einer starken und vertrauensvollen Beziehung lohnt sich jedoch, denn sie trägt für beide Teile dazu bei, ihre jeweiligen Ziele zu erreichen.

Problemaufriss

Ein Aspekt der Komplexität besteht in der schieren Menge an Informationen, die gegenseitig erwartet werden und ausgetauscht werden müssen. Der Business Angel will die Geschäftsidee des Start-ups genau kennenlernen, während dieses die Erfahrung und das Wissen des Business Angels für sein Geschäft nutzen will. Ein weiterer Grund für Komplexität ist die besondere Rolle des Business Angels, die sich im Begriff Business Angel widerspiegelt: Er ist sowohl „Engel" als auch Geschäftsmann. Denn er bietet einerseits kostenlosen Know-how-Transfer und Coaching und ist andererseits Geschäftsmann, der nach attraktiven Investitionsmöglichkeiten sucht, um letztlich eine attraktive Rendite zu erhalten.

Deswegen ist eine Reihe von schwierigen Fragen zu beantworten, wenn Business Angel und Gründerteam sich zusammentun wollen.

Auf der Seite der Gründer sind dies Themen wie:
- Hält der Business Angel meine Informationen über Geschäftsgeheimnisse vertraulich?
- Kann er wirklich einen Mehrwert einbringen?
- Ist er ein verlässlicher Investor?
- Ist er fair bei der Bewertung meines Unternehmens?
- Hat er seine Mittel aus legalen Quellen?
- Wird die Verbindung mit ihm auch langfristig von Nutzen sein?
- Ist sein Netzwerk und sind seine Kontakte von realem Nutzen für die Zukunft meines Unternehmens?

Umgekehrt stellen sich aufseiten des Business Angels u.a. folgende Fragen:
- Ist der Gründer offen und ehrlich?
- Setzt er sich voll und ganz für das Projekt ein?
- Will er wirklich ein Unternehmen aufbauen oder täuscht er dies nur vor, um Geld einzusammeln?
- Wird er Offenheit auch in der Zukunft gewährleisten?
- Sind die Mitglieder eines Gründerteams zueinander ehrlich?

Ethisches Verhalten als Lösung

Der Aufbau von Vertrauen zwischen Business Angel und Gründer ist der entscheidende Weg, um diese Probleme zu überwinden. Vertrauen hat deswegen eine besondere Qualität, weil es gleichzeitig Voraussetzung und Ergebnis ethischen und fairen Verhaltens ist.

Dem anderen mit Respekt und Offenheit zu begegnen heißt, Werte und Regeln zu beachten, die die Verfolgung der eigenen Interessen eingrenzen. Deswegen muss ich darauf vertrauen können, dass der andere dies als einen Vorschuss an Vertrauen durch mich wertet. Die meisten von uns brauchen eine derartige Anerkennung unseres Verzichts auf mögliche unmittelbare Vorteile durch den anderen. In manchen Fällen brauchen wir auch eine Verstärkung durch die Sanktion des unerwünschten Verhaltens. In Situationen, in denen die Möglichkeiten von Sanktionen begrenzt sind, ist die Entscheidung für ein ethisches Verhalten eine erhebliche Investition. Das erfordert ein hohes Maß an anfänglichem Vertrauen. Andererseits wird dadurch das Vertrauen zwischen Business Angel und Gründer verstärkt. Vertrauen verfestigt sich, wenn wiederholt gegenseitige Erwartungen erfüllt werden. An dieser Stelle wird Vertrauen der Grundstein für eine langfristige Beziehung. Interessant daran ist, dass ethisches Verhalten in einer Beziehung zum gegenseitigen Nutzen führen kann und dass dies auch dann gilt, wenn es sich um einen wirtschaftlichen Nutzen handelt.

Vertrauen zwischen Business Angel und Gründer

Im besonderen Verhältnis zwischen Business Angel und Gründer gibt es drei Elemente, die für die Bildung von Vertrauen maßgeblich sind: Engagement, Ansehen und ähnliche Wertvorstellungen.

Das Maß an Engagement für das Unternehmen ist ein Indiz für Vertrauenswürdigkeit. Wenn ein Gründer seine ganze Kraft in das Unternehmen investiert, bestätigt er damit sein Engagement und stärkt das Vertrauen des Business Angels. Der Business Angel stellt Kapital und Know-how zur Verfügung, ohne eine Mehrheit am Unternehmen oder Rechte haben zu wollen, obwohl ihm dies die volle Kontrolle über das Unternehmen verschaffen würde, und zeigt dadurch Vertrauen in den Gründer. Der Business Angel sitzt eigentlich am längeren Hebel und könnte, wenn er dies will, seine formalen Rechte durchsetzen. Aber dies sollte dann durch die Gründer als Signal verstanden werden müssen, dass es dem Business Angel an Engagement für das Unternehmen fehlt.

Das Ansehen einer Person spiegelt ihr Verhalten in der Vergangenheit und wird deswegen auch als Zeichen für künftiges Verhalten gewertet. Hat der andere den Ruf, ehrlich und zuverlässig zu sein, ist dies wertvoll für beide Seiten, sowohl für den Business Angel als auch für den Gründer. Ein hohes Ansehen kann für den Business Angel von Vorteil beim Aushandeln besserer Beteiligungsbedingungen sein. Umgekehrt kann der Gründer aufgrund seines Ansehens einen Vorteil bei der Einwerbung von Kapital haben oder erreichen, dass ihn Meilensteinregeln oder Kontrollrechte nicht allzu sehr einengen. Daher ist es ein negatives Signal, wenn einer der beiden versucht, das Ansehen des anderen herabzuwürdigen. Offenheit im Hinblick auf die Vergangenheit und sogar die Darstellung eigener begangener Fehler haben hingegen positive Wirkungen.

Schließlich wirken ähnliche Wertvorstellungen auch als Kitt in schwierigen Situationen. Business Angel und Gründer sollten sich daher bemühen, die gegenseitigen Wertvorstellungen und Prioritäten besser zu verstehen. Durch gegenseitige Vertrautheit und eine gemeinsame Perspektive sind sie besser in der Lage, den Anforderungen während ihres gemeinsamen Engagements gerecht zu werden. Und wenn Krisen auftreten, was unvermeidlich ist, hilft ihnen die Basis gemeinsamer Wertvorstellungen, die Lösung auch gemeinsam zu finden, anstatt jeder für sich den Ausweg zu suchen.

Vertrauensbruch und Sanktionen

Die Interessen, die Business Angel und Gründer zusammenbringen, sind also auch der Ausgangspunkt für ethisches Verhalten und schaffen gegenseitiges Vertrauen. Dadurch entsteht ein System der freiwilligen Selbstkontrolle. Wie reagiert dieses auf Vertrauensbrüche? Z.B. wenn seitens des Business Angels die anfänglich schwache Verhandlungsposition der Gründer für kurzfristige Vorteile übermäßig ausgenutzt wird? Oder wenn der Gründer seinen Informationsvorsprung zulasten des Business Angels missbraucht? Wie bei jedem System der freiwilligen Selbstkontrolle gibt es unmittelbare Sanktionen, die aus dem Vertrauensbruch selbst folgen. Ganz allgemein besteht die klare Sanktion für beide, dass sie den Zugang zu einer Beziehung verlieren, die das Potenzial für große Vorteile hatte. Die abschreckendste Sanktion für den Gründer ist, den Zugang zu Business Angel-Kapital zu verlieren. Noch bedeutsamer ist jedoch die Rufschädigung, weil sie die Finanzierung weiterer Runden beeinträchtigt oder den Start neuer Projekte. Am stärksten ist der Effekt bei Serial Entrepreneurs. Viele serielle Unternehmer leben buchstäblich von ihrem Ruf. Das Vertrauen ihrer Investoren gebrochen zu haben, ist für sie wesentlich schlimmer, als einmal unternehmerische Fehler gemacht zu haben. Somit wird der Gründer meist vor einem Vertrauensbruch zurückschrecken, weil dieser seine berufliche und finanzielle Zukunft stark belastet, zumindest innerhalb der Start-up Community. Verletzt der Business Angel das Vertrauen des Gründers, wird es schwieriger. Die Sanktion ist dann der Verlust der Teilhabe am Gründungsprojekt. Allerdings ist diese Sanktion schwer durchzusetzen. Grund ist zum einen, dass es einen Mangel an Risikokapital gibt, und zum anderen, dass die gravierendsten Vertrauensverstöße des Business Angels nach der Investition erfolgen. Im besten Fall könnte die Folge sein, dass der Business Angel keinen Zugang zu Investitionen bei anderen Gründungsunternehmen mehr findet. Aber der Schaden für das Unternehmen, dem gegenüber der Vertrauensbruch stattfand, ist in jedem Fall gegeben und die Möglichkeiten, sich gegen dieses Risiko abzusichern, sind minimal.

An diesem Punkt können Business Angels-Netzwerke eine entscheidende Rolle spielen. Sie können eine Sanktion mit starkem Signalwert verhängen: den Ausschluss eines Business Angels aus dem Netzwerk. Dies bedeutet den Verlust der Vertrauenswürdigkeit, den die Mitgliedschaft in einem Netzwerk verleiht. Die durch den Netzwerkausschluss eingetretene Rufschädigung dürfte im Allgemeinen dafür sorgen, dass der Betreffende kaum mehr Chancen hat, interessante Projekte zu finden.

Fazit

Die wachsende Bedeutung von freiwilligen Selbstbeschränkungen zeigt sich an der Formulierung von Ehrenordnungen und Codes of Conduct bei vielen Business Angels-Netzwerken. Die Business Angels sollten durch ihr Verhalten die Wirksamkeit solcher Verhaltenskodizes beweisen. Schließlich geht es auch darum, regulatorische Beschränkungen zu vermeiden, die den so wichtigen Finanzierungsmarkt für Start-ups ersticken könnten.

(Kürzung und deutsche Übertragung aus dem Englischen: Roland Kirchhof)

Friedrich von Diest

Ansätze einer optimalen Kommunikation zwischen Business Angels und Portfoliounternehmen

Allein die Frage nach einer „optimalen Kommunikation" zwischen Business Angels und Portfoliounternehmen weist schon darauf hin, dass diese „Kommunikation" anscheinend besonderen Rahmenbedingungen, Gesetzmäßigkeiten und Anforderungen unterliegt und in der Praxis häufiger eine „nicht optimale" Kommunikation vorkommt.

Herausforderung „Umfeld"

In der Tat wird man bei näherer Betrachtung häufig zu hören bekommen, dass im Fall eines problematischen Verhältnisses die Zusammenarbeit zwischen Business Angels und ihren Portfolio-Unternehmen sich zuvorderst an – gefühlt oder tatsächlich – unzulänglicher Kommunikation entzündet hat – mit teilweise weitreichenden negativen Folgen für die Entwicklung des gemeinsamen Vorhabens. Warum ist das so? Zunächst einmal bewegen sich Business Angel und Unternehmer mit ihrem gemeinsamen Unternehmen üblicherweise in einem Umfeld, welches sich extrem unvorhersehbar, schnell und dynamisch darstellt. Ein solches Umfeld stellt naturgemäß an das Unternehmen höchste Anforderungen in Bezug auf Reaktionsschnelligkeit, Flexibilität, Entscheidungen unter Unsicherheit und „Biss", sich unter solchen Bedingungen durchzusetzen. Dementsprechend sollte idealerweise die interne Kommunikation und damit auch die interne Information, Abstimmung und Entscheidungsumsetzung so ausgestaltet sein, dass sie obige Herausforderungen optimal meistern kann. Das kann jedoch nur dann ansatzweise gelingen, wenn das Verhältnis aller Beteiligten am Unternehmen von derselben Offenheit, Schnelligkeit, Flexibilität und von Vertrauen geprägt ist. Sinn der „optimalen Kommunikation" muss demnach sein, die jeweiligen Business Angels mit ihrem Portfoliounternehmen und dessen Management bestmöglich einzubinden.

Weiterhin muss „optimale Kommunikation" die jeweiligen – leider selten explizit ausgesprochenen – „Ängste" beider Partner berücksichtigen sowie die unterschiedlichen Stärken-Schwächen-Profile und Informationsasymmetrien ausgleichen. Schließlich ist üblicherweise der Unternehmer der Insider, aber der wirtschaftlich Schwächere, wohingegen der Business Angel, der Outsider, aber der wirtschaftlich Stärkere ist. Dies schafft deutlich unterschiedliche, aber unbedingt zu berücksichtigende individuelle „Ängste, Sicherheitsbedürfnisse" und somit Anforderungen an die Ausgestaltung der Kommunikation. Je umfassender beide Beteiligte den Eindruck haben, dass ihre jeweiligen „Ängste" berücksichtigt werden und sie sich auf den jeweils anderen Partner verlassen können, desto besser ist das Unternehmen in der Lage, den oben erwähnten schwierigen Umfeldbedingungen gerecht zu werden. Zudem ist es intuitiv, dass beispielsweise das Verschleiern von Problemen seitens des Unternehmers oder ein „Powerplay" seitens des Business Angels ganz sicher das gemeinsame Fortkommen nicht fördert, sondern erschwert und verzögert.

Schließlich muss „optimale Kommunikation" dem spezifischen Informations- und Austauschbedürfnis beider Parteien Rechnung tragen, denn hier geht es schließlich nicht um einen allgemeinen Meinungsaustausch, sondern letztlich um eine besondere Variante eines Management-Informationssystems, auf dessen Basis ein gemeinsames Verständnis und eine ebensolche Abstimmung über Situation, Ausblick und Strategie des gemeinsamen Unternehmens erreicht werden sollen.

Gründliches Einstiegsvertragswerk

Es stellt sich nun zunächst die Frage nach geeigneten Grundlagen bzw. „Gerüsten" für eine solche Kommunikation. Schließlich haben beide beteiligten Parteien üblicherweise nur äußerst knappe Zeit und Ressourcen zur Verfügung, um sich gegenseitig zu informieren und abzustimmen. Es bietet sich demnach als Basis aller Kommunikation – recht formell – der ursprüngliche Businessplan an. Sorgfältig vorbereitet und auf dem aktuellen Stand gehalten, war er schließlich – neben den persönlichen Treffen und einer entsprechenden Due Diligence – die Entscheidungsgrundlage für das „Zusammengehen" von Business Angel und Unternehmer. Idealerweise sollten in ihm sämtliche groben Strategien (Roadmaps), Kennzahlen (Milestones) sowie Sensitivitätsaspekte enthalten sein. Gemeinsam mit den konstitutiven Verträgen des Einstiegs (Satzung des Unternehmens, Gesellschaftervereinbarung, gegebenenfalls Beiratsordnung und Geschäftsführungsordnung samt den gegebenenfalls darin festgelegten groben Erfolgskriterien, wie z.B. Bewertungsregelungen, Wettbewerbsregelungen, Regelung zu Aufgabenverteilung, Mitspracherechten, unternehmerischer Konzentration etc.) bilden sie ab, unter welchen Prämissen und mit welchen Zielen die beiden Partner ursprünglich einmal „gestartet sind". Ohne Abfassung der oben erwähnten soliden und tunlichst beiderseitig fairen Vertragsbasis wird eine entsprechend „Ängste-" und „Hidden Agenda"-freie Kommunikation bereits wesentlich erschwert. Dementsprechend sollte von Beginn der Zusammenarbeit an lieber etwas mehr Zeit und Gründlichkeit auf das Einstiegsvertragswerk verwandt werden.

Im laufenden Betrieb und der laufenden Kommunikation sind grundsätzlich die Hauptanforderungen nicht stark abweichend zum oben dargestellten ursprünglichen Businessplan und Vertragswerk: Wahrheit, Klarheit, Vollständigkeit, Einfachheit, Kürze und Schnelligkeit. Sowohl der ursprüngliche Businessplan als auch die laufende Kommunikation und das laufende „Reporting" sind also keinesfalls „Marketinginstrumente", „Beschäftigungstherapie" oder „persönliche Interessenlagenbekundung", sondern eine spezielle Form von Management-Informationssystem zum Nutzen beider Parteien. Letztendlich wünscht sich schließlich der Unternehmer weder, dass der Business Angel andauernd unstrukturiert „anruft" – also sich unzulässig und unerwünscht in das operative Tagesgeschäft einmischt –, noch allerdings, dass der Business Angel „gar nicht mehr anruft" – also den Spaß und das Interesse am Unternehmen verloren hat und sich schlimmstenfalls sogar getäuscht fühlt.

Kommunikation des Unternehmers

Auf Jahressicht bietet sich in „technischer Hinsicht" demnach am Jahresende an, die grundsätzliche Entwicklung des Unternehmens für das kommende Jahr mithilfe einer Plan-Gewinn-und-Verlust-Rechnung (GuV) (monatsfein), einer Planbilanz (halbjahres- oder jahresfein) und einer Plan-Cashflow-Rechnung darzustellen. Wichtig ist, dass auch hier der gegenseitige Nutzen nur dann gegeben ist, wenn sorgfältig und realistisch geplant wird sowie die wichtigsten Annahmen – beispielsweise solche zu Investitionen, gegebenenfalls Zahlungszielannahmen für Debitoren und Kreditoren, „Sales Cycles und Conversion Rates" – offengelegt und erläutert bzw. ständig überprüft werden. Insbesondere bei Start-up-

Unternehmen sind – neben den zuletzt erwähnten „Verkaufskennzahlen" – die Cashflow-relevanten Annahmen extrem wichtig, da sie die Burnrate und damit die „Reichweite" sowie die daraus resultierende gegebenenfalls nächste Finanzierungsrunde determinieren. Zusätzlich sollten – aus dem Businessplan in einfacher Form fortgeführt – die wesentlichen Annahmen und Ziele der „Roadmaps" aufgeführt sein: Es bieten sich hier – sofern relevant – die groben Entwicklungen der Bereiche Technologieentwicklung und Schutzrechtssituation, Produkte bzw. Produktentwicklung, Markt- und Marktposition, Wettbewerbspositionierung, Sales, Personal und Finanzen an.

Unterjährig ist in „technischer Hinsicht" ein monatlicher Soll-Ist-Vergleich (inklusive der Jahreskumulierung) der oben erwähnten Themen GuV, Bilanz und Cashflow sinnvoll sowie ein jeweiliger „Prosa-Teil" zu erwähnenswerten Entwicklungen/Vorkommnissen bezüglich der oben erwähnten „Roadmaps". Beispielhaft seien hier Patentthemen, Rechtsstreitigkeiten, Abhängigkeits- und Sensitivitätsanalysen bezüglich Zulieferern, Kunden, Technologien genannt sowie selbstverständlich auch Zielerreichungsgrade, Entwicklungsstände, wesentliche Marktveränderungen oder wichtige Kunden. Insbesondere im „Prosa-Teil" ist es wichtig, sich kurz und präzise auf die wichtigsten Entwicklungen/ Informationen zu beschränken.

Zieht man an dieser Stelle ein kurzes Zwischenfazit, ist rein „technisch" eine vergleichsweise zielgerichtete und damit optimale Kommunikation nicht besonders anspruchsvoll oder zeitaufwendig, sofern sie auf einer guten Einstiegsvertragsbasis, sinnvoller Auswahl und Umfang mit relevanten Informationen sowie einer einigermaßen kaufmännischen Sorgfalt fußt.

Organisatorisch lässt sich zwar keine absolute Richtlinie festlegen, jedoch hat es sich – je nach Mentalität und Engagement beider Parteien – sehr bewährt, neben dem oben erwähnten monatlichen Austausch „technischer Dokumente" die persönliche Kommunikation zu forcieren. Regelmäßige „Jours fixes" – mindestens mit monatlichem Abstand – sowie wöchentliche kurze Telefonate verbessern das gegenseitige persönliche wie fachliche Verständnis und stellen sicher, dass Informations- und Austauschbedürfnisse gedeckt werden. Persönliche Treffen, insbesondere zu besonderen Anlässen (besonders negative oder positive Entwicklungen, besondere Finanzierungsanlässe wie z.B. Finanzierungsrunden, M&A-Aktivitäten sowohl im Bereich Zu- als auch Verkauf, Abschluss von wesentlichen Verträgen, besondere sonstige Vorkommnisse) sind normalerweise unabdingbar – ebenso wie eine etwas weniger zahlenlastige, vierteljährliche strategische Information und Abstimmung.

Fazit

Selbstverständlich wird sich die Frequenz sowohl der technischen Berichte als auch der persönlichen Treffen im Laufe der Zusammenarbeit auf die individuellen Bedürfnisse der Beteiligten und des Unternehmens einpendeln und kann zudem im Zeitablauf stark variieren, abhängig von der Entwicklung des Unternehmens, seines Umfeldes und besonderer Ereignisse. Allerdings sollte letztendlich immer der Tatsache Rechnung getragen werden, dass mangelnde oder fachlich schlechte Information bzw. Kommunikation häufig zu gegenseitigen Irritationen, Ängsten, Misstrauen und dann irrationalen Reaktionen führt – was den Erfolg des gemeinsamen Unternehmens infrage stellt.

Max Reindl, Benedikte Hatz

Tipps, Tricks und Fallstricke im Angels-Alltag

Im Interesse der zu finanzierenden Unternehmen bringen Business Angels vor allem umfangreiche Lebens- und Unternehmererfahrung, wenn möglich im gleichen Branchensegment, mit. Idealerweise hat ein aktiver Engel etliche Jahre als Unternehmer vorzuweisen und hat aktuell Zeit für ein Engagement als Business Angel übrig. Neben der Freude an der Übernahme von neuen Aufgaben und Verantwortung und einem Interesse an neuen Entwicklungen sollte ein Business Angel insbesondere Spaß daran haben, sich mit den Herausforderungen des Marktes auseinanderzusetzen, da den jungen Unternehmern die ausreichende Markterfahrung häufig fehlt und dieser Erfahrungsschatz essenziell für den Erfolg ist und Fehler vermeiden hilft.

Der Faktor Mensch

Eine der wichtigsten Grundvoraussetzungen für ein Investment sind Sympathie für das Unternehmerteam und das Produkt, Vertrauen sowie die Möglichkeit, sich in das jeweilige Unternehmen einbringen und insbesondere erforderliches Wissen weitergeben zu können. Jeder potenzielle Business Angel sollte im Rahmen der Vorgespräche klären, welchen Input das Unternehmerteam benötigt und tatsächlich auch möchte, sowie für sich abstimmen, ob eine gemeinsame „Wellenlänge" mit dem Unternehmerteam vorhanden ist. Tatsächlich gibt es später nur sehr wenige Optionen, rechtzeitig korrigierend einzugreifen, wenn das Unternehmerteam keine Unterstützung annimmt oder fundamental andere Vorstellungen hat als ein beteiligter Business Angel. Dennoch ist auch ein starkes und verlässliches Auftreten des Managements sehr wichtig, da es auch ein Indikator ist, wie das Unternehmerteam sich für Firmenbelange einsetzen und durchsetzen kann.

Beiratssitz ist Pflicht!

Bei jedem Investment sollte der Business Angel im eigenen Interesse fordern, dass ein Beirat installiert wird. Mit einem Platz im Beirat kann der Business Angel sicherstellen, dass er in regelmäßigen Abständen über aktuelle Entwicklungen und Probleme informiert und einbezogen wird. Ein guter Mix der Kompetenzen in einem Beirat – idealerweise unternehmerische Erfahrung, technisch inhaltliche Expertise, Branchen- und Vertriebskenntnisse kombiniert mit juristischem und kaufmännischem Know-how – trägt dazu bei, fundierte richtungsweisende Entscheidungen für das Unternehmen professionell und mit dem erforderlichen Weitblick zu fällen. Achtung, im Gegensatz zu einem beratenden Beirat ist ein Beirat mit Kontroll- und Aufsichtsfunktion (ähnlich wie der Aufsichtsrat einer AG) haftbar für sein Handeln! Besonders wenn sehr viele Gesellschafter an Bord sind, kann letztere Variante hilfreich sein, um das Unternehmen in seinen Entscheidungen flexibel zu halten. In diesem Fall ist es empfehlenswert, dass das Unternehmen für die Geschäftsleitung und auch den Beirat einen geeigneten Rechtsschutz abschließt.

Einfach nur Geld geben reicht in der Regel nicht. Man muss sich aktiv einbringen. Und das nicht nur ein paar Monate lang, sondern durchaus über mehrere Jahre hinweg – bis ein erfolgreicher Ausstieg aus dem Unternehmen beispielsweise durch Verkauf der Anteile realisiert werden kann. Zum erforderlichen Zeitaufwand für die Betreuung eines Unternehmens gibt es keine konkreten Angaben, er variiert von Fall zu Fall. Es gibt durchaus

Investments, die in Abhängigkeit von der Kompetenz des Business Angels ein bis zwei Tage pro Woche erfordern – zumindest in wichtigen Unternehmensphasen wie z.B. der Verhandlung von Finanzierungsverträgen oder dem Start von Markteintrittsphasen. In anderen Fällen sind auch nur ein paar Stunden pro Monat ausreichend, um als Business Angel am Unternehmen dran zu bleiben und über wichtige Entwicklungen informiert zu sein. Je nach vorhandenem persönlichem Zeitbudget sollte man auch die Auswahl der Unternehmen danach treffen, wie viel Unterstützung notwendig sein wird.

Netzwerke nutzen!

Business Angels stehen in der Regel nicht unter Zeitdruck, um zu investieren, und können/sollten daher bei der Auswahl der Unternehmen sehr sorgfältig vorgehen. Auf der Suche nach Investmentmöglichkeiten ist jedem Business Angel – gerade den „Anfängern" – zu empfehlen, Teil eines erfahrenen Business Angels-Netzwerks zu werden. Wer auf der Suche nach geeigneten Start-up Investments ist, bekommt in einem Business Angels-Netzwerk auf die jeweiligen Interessen abgestimmte Deal-Vorschläge. Darüber hinaus haben die verantwortlichen Netzwerke in der Regel eine Prüfung und Vorauswahl der kapitalsuchenden Unternehmen getroffen und die Gründerteams bei der Ausarbeitung eines sorgfältigen und aussagekräftigen Businessplans unterstützt.

Ein gemeinsames Invest mit anderen Financiers kann aus vielen Gründen Sinn machen. Zum einen ist der Kapitalbedarf von vielversprechenden Unternehmen oft zu hoch für einen einzelnen Business Angel. Darüber hinaus sind Know-how und Kontakte von verschiedenen Beteiligten hilfreich für das schnelle Vorankommen eines Start-ups, und gerade auch neue Business Angels können im Syndikat viel von erfahrenen Lead Angels lernen. Für viele Business Angels ist es auch sehr interessant, gemeinsam mit öffentlichen Finanzierungs- und/oder Förderorganisationen oder auch Venture Capital-Investoren gleich von Anfang an zusammenzuarbeiten. Partner für Business Angels mit Investments in Bayern sind beispielsweise die LfA Förderbank Bayern, die BayBG, Bayern Kapital, der High-Tech Gründerfonds, die KfW oder regionale Investoren wie die S-Refit. Oftmals kann man sich so bei professionellen Venture Capital-Investoren auf etablierte Prozesse und eine gemeinsame Due Diligence stützen. Manche Business Angels bevorzugen generell diese Art von Finanzierungen und steigen grundsätzlich nur als Co-Investor ein. Insgesamt entsteht dadurch mehr Kapitalkraft, und es kommt verschiedenartigstes Know-how zusammen. Daher bemühen sich Business Angels-Netzwerke darum, Syndizierungsprozesse anzustoßen und so weit wie möglich für alle Beteiligten zu vereinfachen.

Achtung, Fallstricke!

Jeder Unternehmer weiß, dass sich auch die besten und seriösesten Geschäftspläne in der Praxis ganz anders entwickeln können. Wer also als Engel durchstarten will, sollte für das kapitalsuchende Unternehmen eine relevante Beteiligungssumme frei zur Verfügung haben und darüber hinaus idealerweise für sich selbst das Risiko auch auf mehrere Unternehmen verteilen können. Außerdem ist es wichtig, zusätzlich über einen ausreichenden Puffer mindestens in der Höhe des bereits selbst investierten Kapitals pro Unternehmen zu verfügen, damit man im Bedarfsfall auch nachschießen kann. Dennoch darf man sich nichts vormachen: Bei Weitem nicht alle Projekte verlaufen erfolgreich, und das bedeutet dann unter Umständen den Totalverlust des eingesetzten Kapitals. Jeder angehende Business Angel muss sich daher fragen – gegebenenfalls auch seine Familie –, ob diese Rahmenbedingungen akzeptabel sind. Start-ups, die zu lange in der Entwicklungsphase verharren und nur schleppend zur Marktreife kommen, laufen Gefahr, Ehrgeiz und Begeisterung für das Unternehmen und die Produkte zu verlieren. Hier ist der Business Angel gefordert, rechtzeitig einzugreifen und den Markteintritt bestmöglich zu forcieren.

Fazit

Eine Garantie, dass man ausschließlich erfolgreiche und sich auszahlende Investitionen als Business Angel erreicht, gibt es natürlich bei aller Umsicht und allem Engagement nicht. Dennoch möchten wir Mut machen, dieses Risiko einzugehen, hat es doch das Potenzial, sich auch jenseits von monetären Aspekten zu lohnen: Als Business Angel unterstützt man den Unternehmernachwuchs, die nächsten wichtigen Meilensteine im Markt in Angriff zu nehmen. Das sorgt immer wieder aufs Neue für Freude und Zufriedenheit – kann man doch einen wesentlichen Beitrag zum Erfolg eines jungen Unternehmens leisten und die so überaus spannende Frühphase mitgestalten.

Ingo Weber

Seien Sie nicht naiv! – Erfahrungen aus der Praxis

„Die sind aber nett!", so denkt man gerne einmal über ein Gründerteam. Oder auch: „Die kommen aus dem gleichen Ort wie ich, haben gemeinsame Freunde oder haben an der gleichen Universität studiert." Gerade Business Angels mit keinen oder geringen (negativen) Erfahrungen neigen dazu, Risiken aus dem Investment oder Mindestanforderungen keine ausreichende Beachtung zu schenken. Auch bestimmte vertragliche Formalien sollten eingehalten werden, die dem Business Angel zumindest gewisse Rechte zugestehen und so das Risiko des Investments reduzieren. Sicherlich sollte eine persönliche Sympathie zum Gründerteam gegeben sein, darüber darf aber nicht außer Acht gelassen werden, dass es sich um eine renditegetriebene Finanzinvestition handelt.

Wir sind die einzigen am Markt!

Eine häufige Aussage von Gründerteams ist, dass es keine Wettbewerber gibt. Die Gründe für diese Aussage können sehr unterschiedlich sein. Der leider häufigste Grund ist schlichtweg eine nicht ausreichende Marktrecherche. Häufig gibt es Wettbewerber, die aktuell noch im Ausland, einer Nische, unter dem Radar oder in einem verwandten Markt tätig sind. Im schlimmsten Fall sind die Wettbewerber den Gründern sogar bekannt, werden aber dem potenziellen Investor vorsätzlich verschwiegen, um zu vermeiden, dass dieser vor dem Investment zurückschreckt. Soweit es tatsächlich keinen Wettbewerber gibt, sollte man sich durchaus die Frage stellen, was der Grund dafür ist. Gibt es in diesem Falle überhaupt einen relevanten Markt bzw. warum ist bisher noch niemand in diesem Markt aktiv? In Summe wird es lediglich bei sehr neuen innovativen Technologien keinen Wettbewerb geben. Aber genau hier tritt dann die Schwierigkeit auf, dass der Markt bisher noch nicht existiert bzw. noch entwickelt werden muss. Ergänzend sei an dieser Stelle noch erwähnt, dass die Definition eines gigantischen Multi-Milliarden-Marktes kombiniert mit dem Anspruch, hiervon nur einen Marktanteil von 1% zu erlangen, leider noch immer sehr beliebt ist. Auch hier gilt es, den Markt bzw. die schnelle Entwicklung des Marktes kritisch zu hinterfragen.

Der Faktor Mensch

Das geeignete Gründerteam ist wohl der entscheidende Grund für oder gegen ein Investment. Erstaunlicherweise beschränkt sich die Einschätzung des Gründerteams häufig neben dem vorgenannten Sympathiefaktor auf einen Check des Lebenslaufs (und hier vorzugsweise mit Augenmerk auf Big Names). Referenzen oder Reference Calls, wie im normalen Berufsleben bei der Einstellung von Führungskräften üblich, oder sogar eine zumindest rudimentäre HR Due Diligence unterbleiben. Wichtig in diesem Kontext ist auch die ausreichende Bindung der Key Player an das Unternehmen. Es reicht nicht, wenn diese Personen am Gesellschaftskapital beteiligt sind – entsprechende Bindungsregelungen für Key Player sind unumgänglich. Diese regeln, wie zu verfahren ist, wenn sie innerhalb einer bestimmten Zeit aus dem Unternehmen ausscheiden (sogenanntes Vesting) und welche Gründe („Good Leaver"/„Bad Leaver") dafür ausschlaggebend sind.

Immer wieder trifft man in der Gründerszene auf Künstler, Bastler und Kreative sowie – ganz schwierig – auf Weltverbesserer. Sie sprühen vor Ideen – scheitern aber genauso oft an deren Umsetzung. Besteht das Gründerteam ausschließlich aus solchen Charakteren oder sind die Key Player Teil dieser Gruppe, dann sollte man von einem Investment in den meisten Fällen Abstand nehmen, auch wenn die Personen und deren Ideen zur Begeisterung anstecken. Folgt man diesem Ratschlag nicht, kann man sich – im besten Fall – auf sehr betreuungsintensive Personen und Investments einstellen. Eine weitere Herausforderung sind Hobby-Gründer: Personen, die eine tolle Idee haben, sich jedoch nicht trauen, ihren festen Job (einschließlich der regelmäßigen Geldzuflüsse) zugunsten der Unternehmensgründung aufzugeben. Diese Risikoscheu sollte den Business Angel vorsichtig werden lassen. Wenn der Unternehmer selbst sich nicht traut, mit dieser Geschäftsidee in das Risiko der Selbstständigkeit zu gehen, warum sollte man das dann als Business Angel tun? Von Investitionen in Hobby-Gründungen ist daher grundsätzlich abzuraten. Das gilt auch für Gründerteams, die aufgrund ihrer eigenen Berufshistorie oder ihres familiären Hintergrunds über solide finanzielle Mittel verfügen, aber davor zurückschrecken, diese in ihr Gründungsvorhaben zu investieren. Auch hier sollte man zögerlich hinsichtlich eines Investments sein. Warum sollte man als „fremder Dritter" in ein Projekt investieren, wenn der Gründer oder seine Familie selbst davor zurückschrecken? Ein finanzielles Commitment der Gründer sollte daher auf jeden Fall erfolgen. Die Höhe sollte man von der finanziellen Situation der Gründer abhängig machen.

Das liebe Geld und die Finanzen

„Unsere Planung ist seriös und konservativ." Diesen Satz hört man von nahezu jedem Gründerteam. Natürlich, wer mag auch kommunizieren, dass die Planung unseriös und überzogen ist, nur um eine möglichst hohe Bewertung darzustellen? Bei den meisten Unternehmensgründungen kommen die Umsätze später und die Kosten sind höher als geplant. Die Korrekturformel für das dritte Planungsjahr (in welchem häufig der berühmt-berüchtigte Hockey Stick einsetzt) mit Umsatz dividiert durch und Kosten multipliziert mal zwei führt häufig zu realistischeren Ergebnissen. Des Weiteren ist dringend von Zahlungen ohne Eintritt von Bedingungen abzuraten. Dabei kann es sich zum einen um sogenannte Closing Conditions handeln, d.h. bestimmte Bedingungen, die erfüllt sein müssen, damit das Geld initial fließt (z.B. Umwandlung von Darlehen der Altgesellschafter in Eigenkapital). Zum anderen bieten sich Meilensteine an, d.h. Zahlungen erfolgen nur bei Erreichung bestimmter Kriterien wie Fertigstellung eines Prototyps oder Erreichen einer bestimmten Umsatzschwelle. Ebenfalls in diesem Kontext sind Überlegungen anzustellen, was passiert, wenn Meilensteine nicht erreicht werden, die Gesellschaft aber dennoch das Geld benötigt (was natürlich sehr häufig der Fall ist). Abhilfe können hier Anpassungsregeln für die Einstiegsbewertung leisten, die den Einstiegspreis beim Nichterreichen von bestimmten Zielen reduziert. Generell sollte man sich jedoch als Investor die grundsätzliche Frage stellen, inwieweit gutem Geld noch schlechtes hinterhergeworfen werden soll, wenn bestimmte Ziele nicht erreicht werden. Eine generelle Aussage ist hier nicht möglich, gehört doch die Entscheidung zur Nachfinanzierung nach der Entscheidung zur Erstfinanzierung zu einer der schwersten überhaupt.

Die Motivation von Menschen ist sicherlich eine der schwierigsten Aufgaben für Führungskräfte. Ähnlich verhält es sich mit der Zusammenarbeit von Business Angels und Gründern. Ein Mindestmaß an Mitsprache- und Kontrollrechten sollte sich jeder Business Angel im Rahmen von Term Sheet oder Beteiligungsvertrag einräumen lassen, um im schlimmsten Fall rechtlich eingreifen zu können. Die wesentlich anspruchsvollere und größere Aufgabe ist jedoch die motivierende Begleitung des Gründerteams, für jeden Business Angel eine zentrale Aufgabe, die nicht selten den großen Spaß an seinen Beteiligungen bringt.

Andreas Rüter, Andy Beyer

Erfolgreich wachsen – erfolgreich schnell gegensteuern

*ACHTUNG *** Dieser Artikel beschreibt potenzielle Nebenwirkungen einer Investition *** Er kann Euphorie dämpfen und ist daher mit Vorsicht zu genießen *** ACHTUNG*

Die beiden häufigsten Ursachen für Insolvenzen sind fehlendes Controlling und Finanzierungslücken. Oft hängen die beiden Faktoren zusammen: Fehlende Transparenz, wie z.B. durch ein 13-Wochen-Rolling Cash Forecast, führt zu einer späten, oft zu späten Erkenntnis von Liquiditätsengpässen – und Finanzierungen lassen sich heute kaum kurzfristig auf die Beine stellen. In Verbindung mit den typischen Wachstumsproblemen – wie ausbleibendes Mitwachsen der erforderlichen Organisations- und Governance-Strukturen, ineffektive Standardprozesse sowie fehlende Kompetenz für neue Größenordnungen und damit verbundene Anforderungen – können auch offensichtlich erfolgreiche, stark wachsende Unternehmen plötzlich existenzgefährdende Probleme bekommen.

Strukturen aufbrechen und Erfahrung anwerben

Beispiel: Bei einem Start-up hat der Geschäftserfolg zu sehr schnellem Wachstum geführt. Während das Unternehmen umsatzmäßig innerhalb kürzester Zeit vom Start-up zum mittelgroßen Unternehmen gewachsen ist, sind Organisationsstrukturen nicht angepasst, kein adäquates Controlling und Reporting eingeführt sowie keine erfahrenen Manager eingestellt worden. Der Wandel von „Jugend forscht" zu einem „richtigen" Unternehmen hat nicht funktioniert. Die alte Führung, das Gründungsteam, hat zu lange am Modus operandi festgehalten und damit eine erhebliche Schieflage des Unternehmens erzeugt. Nur durch radikales Aufbrechen der gewachsenen Strukturen und Rekrutierung von erfahrenen Managern mit echter Entscheidungsgewalt konnte der Trend gestoppt werden.

Ursachen für diese typische Entwicklung gibt es viele, die schon früh adressiert werden müssen. Im Prinzip schon, wenn Business Angels und andere Frühphaseninvestoren sich eine Idee, ein Produkt, einen Unternehmer hinsichtlich eines potenziellen Investments anschauen. Im Folgenden beschreiben wir Voraussetzungen für erfolgreiches, d.h. profitables Wachstum und geben Anleitungen für ein erfolgreiches Gegensteuern, sollten erste Schatten auf der Wachstumsstory liegen.

Walter Isaacson hat in seiner Biografie über Steve Jobs vom „Reality Distortion Field" geschrieben: Manche Unternehmer sind so überzeugt von ihrer Mission, dass sie auch offensichtliche Barrieren und Warnhinweise nicht sehen wollen und ihre eigene Wahrheit der Lage definieren. Gerade wenn in den ersten Jahren immer alles irgendwie geklappt hat, obwohl man hart am Wind gesegelt ist, dann stellt sich ein Gefühl der Unverwundbarkeit ein. Bei der Due Diligence des Unternehmerteams muss daher auch die Möglichkeit aufkommender Probleme antizipiert werden und beurteilt werden, ob schnell und zielführend gegengesteuert werden könnte.

Typische Wachstumsprobleme

Grundlage jedes Investments eines Business Angels ist, vom potenziellen Markterfolg und schnellen Wachstum überzeugt zu sein. Stellt sich dieser Erfolg ein, kommt zusätzliches Kapital von weiteren Investoren, dann nimmt die Wachstumsgeschwindigkeit weiter zu: rasanter Aufbau des Mitarbeiterstammes, Erweiterung der Produktpalette und schnelle Expansion ins Ausland. Erfolgt dieses Wachstum nicht koordiniert, dann fallen einem später die typischen Wachstumsprobleme vor die Füße – zum Beispiel internationale Expansion: Während in den meisten Fällen der jeweilige Markt und die Konkurrenz vor Ort detailliert analysiert werden, wird das Risiko anderer standortspezifischer Faktoren – wie beispielsweise sehr viel längere Zahlungsziele und schlechtere Zahlungsmoral der Kunden – oft unterschätzt.

Die Komplexität eines Unternehmens mit Multi Channel-, Multi Country-, Multi Product-Strukturen kann nicht mit den Fähigkeiten und Strukturen eines Start-ups adressiert werden. Aber viele Unternehmer wehren sich genau dagegen, weil entsprechende Veränderungen als Einschnitte in die DNA des Start-ups wahrgenommen werden. An den raketenartig gewachsenen Solar- oder E-Commerce-Unternehmen der späten 90er- und frühen 2000er-Jahre ließ sich das gut beobachten.

Beispiel: Schnell wachsendes Handelsunternehmen erhält substanzielle finanzielle Mittel von Private Equity-Unternehmen, expandiert noch schneller international, erweitert die Produktpalette sowie die Verkaufskanäle. Während der Umsatz weiterhin wächst, bricht plötzlich das Ergebnis dramatisch ein. Shareholder werden überrascht, da ein Frühwarnsystem bzw. entsprechende Reporting-Instrumente nicht existent sind. Externe Hilfe wird an Bord genommen, um ein radikales Kostenreduktionsprogramm umzusetzen sowie ein leistungsfähiges Management Dashboard einzuführen, das jederzeit volle Transparenz über Status sowie vorausschauende Analysen liefert.

Herausforderungen von außen

Stellen sich in einem Wachstumsunternehmen Krisensymptome ein, dann folgt typischerweise eine starke Verunsicherung der Belegschaft, manchmal hektische Betriebsamkeit und oft auch kollektives Verdrängen. Werden die ersten Anzeichen einer Krise von Investoren und anderen Stakeholdern wahrgenommen, dann wird sich das Unternehmen unterschiedlichsten Herausforderungen von außen gegenübersehen: Gesellschafter werden schnell Restriktionen verlangen, Maßnahmenpläne sowie zusätzliche Informationen und Berichte, Banken schalten interne Spezialabteilungen ein, Kunden verlagern Aufträge auf alternative Quellen, Kreditversicherer verringern oder streichen Limits, Lieferanten schränken Lieferbedingungen ein.

Wird in solchen Krisensituationen dringend Kapital benötigt, dann kommen möglicherweise auch neue Investoren an Bord, die eine grundsätzlich andere Investment-Philosophie verfolgen als ein Business Angel oder andere Frühphaseninvestoren. Die Prioritäten der Unternehmensleitung können sich durch diese Entwicklungen dramatisch verschieben: Standen in der Vergangenheit noch marktstrategische Überlegungen, Wachstumsoptionen und das operative Tagesgeschäft im Vordergrund, so findet sich das Management jetzt in einer Vielzahl von „Feuerwehr"-Aktionen wieder. Meetings, Gespräche und Verhandlungen mit verschiedenen Anspruchsgruppen bestimmen den Tagesablauf und sind eine neue Erfahrung für das Management. Bei den Anspruchsgruppen trifft das Management zudem auf spezialisiertes und erfahrenes Personal: den Workout-Banker, den Spezialbetreuer beim Kreditversicherer oder den Distressed-Investor. Diese Spezialisten spielen sich die Bälle zu, während das Management meist nur noch reagieren kann und mangels Erfahrung oft eine schlexhte Figur macht.

Präventiv oder wenn die Krisensituation eintrifft, kann der Business Angel eine wichtige Rolle einnehmen: die Gründer bzw. das Management von der Notwendigkeit zu überzeugen, erfahrene Unterstützung von außen zuzulassen, die mit einer Restrukturierungssituation und den Protagonisten darin vertraut ist. Wichtig sind zum einen ein erfahrener Treasury Manager, der die Liquiditätssituation transparent macht und zusätzliche Liquidität sicherstellt, zum anderen ein Restrukturierer, der eine Sanierung parallel zum operativen Geschäft durchführt.

Einsatz eines CROs

Häufig erweist sich der Einsatz eines Chief Restructuring Officer (CRO) als sinnvoll. Dabei wird mit dem Begriff gemeinhin eine temporäre (Organ-)Verantwortlichkeit bezeichnet, die von einem auf Restrukturierungen spezialisierten Interimsmanager übernommen wird. In dessen Funktion sind sämtliche Aufgaben gebündelt, die ein gesamtheitliches Krisenmanagement umfassen – von der Realisierung der strukturellen und operativen Maßnahmen bis hin zur Verhandlung einer Refinanzierung. Seine übergreifende Aufgabe ist es, den Restrukturierungsprozess zu steuern und mit den relevanten Stakeholder-Gruppen Einigung über deren Beitrag zur Restrukturierung des Unternehmens sowie über die zukünftige Kapitalstruktur zu erzielen. Der Fokus des CRO liegt auf der Umsetzung der im Konzept definierten operativen und finanziellen Restrukturierungsmaßnahmen. Die Shareholder/Investoren müssen im Schulterschluss mit den Unternehmern und Managern diese Maßnahmen beschließen und beherzt umsetzen.

Anstatt ein Bündel von Maßnahmen erst dann einzufordern, wenn die Krisensituation da ist, kann der Business Angel schon in einer frühen Lebensphase des Unternehmens wichtige Stellschrauben implementieren, um dann bei aufkommenden Problemen frühzeitig gegensteuern zu können. Zum einen gilt es, auf ein effektives Controlling- und Reportingsystem zu bestehen und die Kennzahlen entsprechend der Unternehmensentwicklung anzupassen. Transparenz und Kontrolle insbesondere des Cashflows und der Liquiditätssituation sind die Basis, um rechtzeitig Fehlentwicklungen zu erkennen und mit Investoren und Banken zu diskutieren bzw. Lösungen abzuleiten. Ein rollierender, wöchentlicher Forecast der Liquidität für die nächsten 13 Wochen sowie ein langfristiger Ausblick sollten Standard in jedem Unternehmen sein, um einen Blindflug zu vermeiden.

Zum anderen kommt es gerade in Zeiten stürmischen Wachstums darauf an, das Cash-Potenzial des Unternehmens zu maximieren, um ausreichend eigene Mittel für Investitionen zu haben. Hierzu sind standardisierte und effektive Prozesse für das Management von Forderungen und Verbindlichkeiten im Unternehmen unerlässlich, um Zahlungsziele, Zahlungsläufe, Mahnwesen usw. im Hinblick auf die Liquidität zu optimieren. Um einmalig die Liquidität zu erhöhen, sollten auch die Konditionen von Factoring geprüft werden – nicht erst dann, wenn das Unternehmen in die Krise läuft. Um die laufenden Auszahlungen zu optimieren, sollte jedes Unternehmen zudem frühzeitig professionelle Sourcing-Prozesse für Material und Leistungen sowie größere Investitionen einführen. Hier lässt sich ohne erheblichen Aufwand bares Geld einsparen.

Nachhaltige Einsparungen

Beispiel: Start-up im Internetumfeld wächst rasant, expandiert schnell im europäischen Ausland und fokussiert alles auf die Topline. Das Team wird kontinuierlich verstärkt, allerdings hauptsächlich um Marketing-Experten und jüngere Kollegen aus dem Online-Bereich. Obwohl die Zahlen noch in Ordnung sind, dringt ein neuer Investor auf die Rekrutierung eines erfahrenen Einkaufsexperten als Chief Procurement Officer (CPO) mit direkter Berichtslinie an den CEO. Der CPO implementiert Regeln für den Einkauf (IT, Gebäude, Kommunikation, Reisekosten usw.) und führt zentral die Verhandlungen mit den Lieferanten. Bereits im ersten Jahr werden über 20% nachhaltige Einsparungen im Einkauf erzielt mit unmittelbarer Erhöhung der Liquidität.

Der Business Angel sollte durchaus den Spiel- und Spaßverderber spielen, dem Management rechtzeitig die Bremse setzen und strukturierte Prozesse rund um Cash einfordern. Cash ist „King“, wichtig für die Finanzierung des weiteren Wachstums und letztlich der entscheidende Treiber für die Bewertung des Unternehmens. Schon bei der Due Diligence vor der Erstinvestition ist die Sensibilität des Gründers und Managements hinsichtlich Liquiditätsthemen sowie der Bereitschaft zur Umsetzung von Rat von außen zu bewerten.

Fazit

„Schwierig wird es mit Unternehmern nicht nur im Krisenfall, sondern oft auch bei außerordentlichem Erfolg, und zwar dann, wenn die Verantwortlichen vor lauter Euphorie den Boden unter den Füßen verlieren“. Diesen Satz des erfahrenen Investors Alec Rauschenbusch, „Business Angel des Jahres 2001“, sollte sich jeder Business Angel vor Augen halten und Vorsorge treffen für den Fall der Fälle.

Kai-Henrik Barth

Warnzeichen für Business Angels – Wann ist mein Investment in Gefahr?

Sie investieren in Unternehmen, die gerade mal einen Prototypen oder eine statische Website vorweisen und nun finanzielle Mittel zum Unternehmensaufbau suchen? Sie sind an sechs bis zehn Unternehmen dieser Art beteiligt? Sie investieren jeweils zwischen 25.000 und 150.000 EUR in diese Unternehmen? Sie sind daran interessiert, einen Exit zu realisieren? Dann sind Sie der klassische Frühphasen-Business Angel. Sie begleiten das Unternehmen eine vergleichsweise lange Zeit. In der überwiegenden Anzahl der Fälle werden Sie Ihr Investment komplett oder teilweise verlieren. Dafür gibt es zahlreiche quantitative Gründe, die nicht Gegenstand dieser Betrachtung sind. Uns interessiert, welche Frühindikatoren wahrgenommen werden können, die es erlauben, rechtzeitig gegenzusteuern und Handlungsalternativen Zeit zum Wirken geben, um die hohe Ausfallrate deutlich zu senken. Eine Auswahl typischer Frühindikatoren soll Sie dabei unterstützen und Sie für weitere, ähnlich gelagerte Fälle sensibilisieren.

„Wir haben ein tolles Produkt und der Markt wird begeistert sein"

Sicher, dies ist der Ausgangspunkt für jedes Investment. Euphorie gehört seitens des Business Angels dazu. Auch wenn er weiß, dass entgegen der vorgestellten Pläne die Nettorendite in Jahr 3 (es ist immer Jahr 3) nicht bei 80% vom Umsatz liegen wird. Aber das wird schon werden. Hingegen, Produktüberzeugung ist das eine, Kunden zu finden, die das genauso sehen und dafür Geld zahlen, ist das andere. Die Gründer sind fast immer „Produktmenschen" und von ihrer Technologie und Problemlösung begeistert. Meist verfügen sie über persönliche Erfahrungen, wie ihnen dieses Produkt in der Vergangenheit geholfen hätte. Oftmals haben die Gründer einen technischen Hintergrund. Dies ist im Regelfall auch notwendig, um ein gutes Produkt zu erstellen. Es ist jedoch auch der Keim für die hohe Ausfallwahrscheinlichkeit von Investments! Schafft es „Ihr" Unternehmen nicht, nachhaltige, überzeugende, durchdachte und entsprechend fein eingestellte Maßnahmen für Vertrieb und Marketing aufzubauen, diese personell überzeugend auszustatten und sich damit abzufinden, dass solche Ansätze ständig weiterentwickelt werden müssen, dann sollten Sie ernsthaft über Ihr Investment nachdenken. Geben Sie sich nicht damit zufrieden, dass man irgendwie „viral" seine Kunden erreichen wird. Es reicht nicht, einen Prozentsatz des Budgets als „Marketing" zu kennzeichnen. Die Zielgruppe „Alle" sollte bei Ihnen die Alarmglocken klingeln lassen. Penetrationsideen von 5% und mehr in einer gewählten Zielgruppe, zumal im ersten Jahr, sind ebenfalls dazu geeignet, erste Sorgenfalten auf Ihr Gesicht zu zaubern. Die Liste ließe sich beliebig weiterführen. Technik- und lösungsbegeisterte Gründer müssen grundsätzlich immer davon überzeugt werden, dass Unternehmensaufbau zu allererst den kontinuierlichen Ausbau von Marketing und Vertrieb fordert. Ein erfolgreicher Ausbau dieser Fähigkeit, Zielkunden zu erkennen, zu penetrieren und genau zu verstehen, ist darüber hinaus für einen Exit eines der wichtigsten Bewertungselemente überhaupt. Gründern diesen Wandel der Erfolgsanforderungen vor Augen zu führen, kann eine wichtige Aufgabe für den Business Angel sein.

„Die ganzen Pläne lassen uns keine Zeit, operativ zu arbeiten!"

Es ist wahr: Business Angels mit all ihren Informationsanforderungen können die Gründer gehörig irritieren. Wieso will er wissen, wie viele Angestellte wir Ende des Jahres haben? Was soll eine Umsatzprognose für die nächsten drei Jahre? „Pläne sind doch in die Zukunft gerichtet. Die kann ich doch nicht genau vorhersagen!" Es ist immer das Gleiche. Zum Zeitpunkt des Einstieges gibt es wunderbare, vierfarbige Pläne, detaillierte Excelsheets, ein motiviertes und überzeugendes Gründerteam. Und irgendwie verschwinden diese Pläne dann im Nebel der Anforderungen des Tagesgeschäfts. Gerade bei sehr jungen Unternehmen, so könnte man argumentieren, ist die Vorhersagbarkeit der Geschäftsentwicklung und ein ständiger Soll-Ist-Vergleich eine brotlose Kunst. Allerdings, es geht gar nicht so sehr darum, Zielmarken tatsächlich auch zu erreichen. Es geht in aller erster Linie darum, dass die Gründer sich die Mechanik ihres Geschäfts vor Augen führen und sich jeweils so früh wie möglich bewusst werden, wann diese Mechanik nicht (mehr) funktioniert, und erkennen, welche Gründe (systematischer/unsystematischer Natur) dafür verantwortlich sind.

Pläne, gerade in Frühphasen, dienen weniger der Kontrolle, sondern der Selbsterkenntnis der Gründer. Ideal ist ein monatlicher Soll-Ist-Vergleich: Obwohl die Anzahl der Besucher auf unserer Website um 50% gestiegen ist, ist der Umsatz mit ihnen nur um 2% gestiegen. Was sagt uns das über die Qualität der gewonnenen Besucher (Zielgruppendefinition), was sagt es uns über unsere Kundenakquisitionsfähigkeit auf unserer Seite und inwiefern – entscheidend – beeinflusst dies unsere Handlungen in der Zukunft? Statt der erwarteten 10% müssen wir unseren Vertriebspartnern 30% vom Umsatz abgeben. Jedem zusätzlichen Euro an Marketinggeld stehen nur 10 Cent an Umsatzwachstum gegenüber. Die Akquisition eines Neukunden kostet uns 30 EUR, bringt aber nur 10 EUR Umsatz. Bombardieren Sie die Gründer mit zielgerichteten Fragen, erzeugen Sie Verständnis für gute Planung und schaffen Sie eine Kultur, in der offene Analyse und Verhaltensänderung vor negativer Incentivierung steht. „If you don't know where to go, why start?"

„Ein Investor ist so gut wie jeder andere!"

Im Normalfall werden alle Unternehmen, die ein Frühphaseninvestment erhalten haben, über kurz oder lang weitere Finanzmittel benötigen (es gibt Ausnahmen, die sind jedoch selten). Regelmäßig werden schnellere Wachstumsaussichten, Internationalisierungen oder wichtige Produktentwicklungen angeführt. Dabei entscheidend ist, woher das Geld kommt. Mit jedem zusätzlichen Investor, der meist dann auch noch kapitalstärker ist als man selbst und unter Risiko-Chancen-Aspekten mehr investieren kann, verschiebt sich das Machtgefüge im Unternehmen (meist ist der Business Angel eingestiegen, als der Proof of Concept noch auf wackligen Beinen stand, von einem Proof of Business ganz zu schweigen), und noch viel wichtiger, die Investitionsmotivation! Mit jedem neuen Investor ist das kein Problem, solange Gründer und Investoren exitgetrieben sind. Was aber, wenn der neue Investor strategische Interessen hat, wie Zugang zu Märkten oder Technologien oder Know-how? Und dauerhaft vielleicht gar kein Interesse haben kann, das Unternehmen an Dritte, womöglich Konkurrenten von ihm, zu verkaufen? Und bei einem Exit etwaige Vorkaufsrechte verlangt? Oder die Kerntechnologie dauerhaft, unter Umständen sogar kostenfrei, nutzen darf? So attraktiv es für die Weiterentwicklung des Unternehmens im ersten Augenblick scheinen mag – verzichten Sie auf solche Investoren und machen Sie sich, bei der Vielzahl von möglichen Finanzierungswegen, immer genau

Gedanken darüber, aus welchen Gründen diese investieren – ansonsten haben Sie vielleicht ein schönes Investment, aber auf Dauer keine vernünftige Exitmöglichkeit mehr.

Weitere Frühindikatoren, denen Sie Ihr Augenmerk schenken sollten:

- Das Management ist mit Dingen beschäftigt, die nicht zum Unternehmen gehören (beruflich, z.B. eigene Investments, oder privat, z.B. Krankheiten).
- Das Management ist an Unternehmen beteiligt, die wichtige Produkte oder Dienstleistungen für „Ihr" Unternehmen bereitstellen.
- Die Gründer wandeln sich von Gründern zu Gehaltsempfängern (z.B. durch zu stark verwässernde Kapitalerhöhungen), Exitorientierung weicht Gehaltsmaximierung)
- Sie verstehen das Produkt nicht mehr (in der Dynamik der Frühphaseninvestments nicht selten). Wenn Sie potenziellen Investoren nicht mehr in drei Sätzen erklären können, was das Unternehmen macht, haben Sie ein Problem.
- Die Gründer harmonieren nicht mehr untereinander oder wollen dauerhaft alle alles bestimmen (alle sind „irgendwie" für alles verantwortlich – seien Sie versichert, dass keiner mehr Verantwortung trägt!)

Was tun?

- Der Business Angel muss sich in die Lage versetzen, in einer dynamischen Situation das Unternehmen, die Geschäftsprozesse und die Gründer zu verstehen. Haben Sie mehr als fünf bis sieben Investments, wird dies zunehmend schwierig. Aufgrund der hohen Totalausfallwahrscheinlichkeit investieren Sie dann besser in andere Anlageformen.
- Komplexe Milestone-Vereinbarungen sind gerade in Frühphasen sehr vorsichtig einzusetzen und anpassungsfähig zu halten. Sie setzen Anreize, die unter Umständen kontraproduktiv sind, da die „Business Magic" noch nicht klar und dauerhaft zutage tritt.
- Planen Sie viel Zeit ein, um sich mit den Gründern wirklich auseinanderzusetzen – alles andere ist sonst lediglich die Hoffnung, dass ein Investment irgendwann einmal fliegt, und hochgradig glücksabhängig („spray and pray").
- Freunden Sie sich damit an, als hartnäckiger Business Angel von den Gründern nicht unbedingt dauerhaft geliebt zu werden.

Fazit

Angel Investments sind langwierig, zeichnen sich durch hohes Risiko aus und unterliegen einer hohen Dynamik des Unternehmensgegenstandes sowie der Motivationsrichtung der Beteiligten. Neben quantitativen Überwachungsmethoden schützen letztlich nur Zeit, Konzentration auf Marketing- und Vertriebserfolge und wiederholtes, genaues Nachfragen im Sinne von Erkenntnisfortschritt vor überproportionalen Enttäuschungen hinsichtlich der eigenen Renditeerwartungen.

Parameter der Beteiligungsentscheidung

4

Norbert Linn

„Fliegt es oder fliegt es nicht?" – Marktpotenzialanalyse als Entscheidungsunterstützung bei der Auswahl eines geeigneten Start-ups

Ein typisches Problem von Business Angels ist die Unsicherheit über das Marktpotenzial. Natürlich ist das Gründerteam entflammt von seiner Idee. Da ist es leicht, sich von der Euphorie anstecken zu lassen, ohne die Marktrealität zu betrachten. Aber wie kann ein unbekannter Markt bzw. ein Markt, der erst noch entwickelt werden muss, eingeschätzt werden? Dieses Business Angel-Dilemma ist ein Paradebeispiel für asymmetrisch verteilte Informationen bei einer wichtigen Entscheidung. Selbst wenn das Start-up dazu bereit ist, vor der Beteiligungszusage sämtliche Informationen preiszugeben, kann der Business Angel deren Qualität nicht ausreichend bewerten. Gerade weil sich die Innovationen in einer Frühphase befinden, ist es immer eine Entscheidung unter großer Unsicherheit. Hinzu kommt, dass die Einschätzungen der Gründer in aller Regel systematisch verzerrt sind. Die – notwendige – Begeisterung für die eigene Geschäftsidee kann zu einer Überschätzung sowohl der Marktchancen als auch der eigenen Fähigkeiten führen. „Over confidence" ist ein Hauptgrund für das Scheitern von Start-ups. Hinzu kommt, dass es Menschen, die von der eigenen Idee überzeugt sind, notorisch schwer fällt, sich in andere Menschen (insbesondere potenzielle Kunden und Kapitalgeber) hineinzuversetzen, zumal diese in der Regel einen geringeren Informationsstand haben („Curse of Knowledge"). Wer etwas mag, überschätzt die Wahrscheinlichkeit, dass jemand anderes es ebenfalls mag. Bei allen Schwierigkeiten: Eine Marktanalyse mit der Definition von Zielmärkten und Zielkunden liefert wichtige Kriterien für die Entscheidung, sich an einem Start-up zu beteiligen oder nicht. Deshalb ist sie für den Business Angel unverzichtbar. Wie kann das gehen, welche Quellen sind zu nutzen, welche Methoden bieten sich an?

1. Offenlegung und Diskussion der Annahmen

Die Gründer haben allen Anlass, nur positive Fakten, die für ihr Geschäftsmodell sprechen, zu präsentieren. Eine ausführliche, offene und vertrauensvolle Diskussion führt zu einer zumindest teilweisen Beseitigung der Informationsasymmetrien zwischen Gründern und Business Angel. Spielen Sie den Teufelsadvokaten und lassen Sie die Gründer dagegen argumentieren. Dabei treten dann oft auch die gefährlichen impliziten Annahmen zutage und relativieren sich. Denken Sie auch daran, dass meist ungenügend berücksichtigt wird, welche Faktoren kumulativ erfüllt sein müssen, um zum Erfolg zu gelangen (Verknüpfungstäuschung). Lassen Sie sich daher vom Gründer(-team) erläutern, wie die Wahrscheinlichkeiten von Planungsannahmen eingeschätzt werden – Stichwort „kritische Masse". Es muss auch oft eine Schwelle überschritten werden, ab der mit dem Wachstum eines Netzwerks gerechnet werden kann. Stellen Sie daher bewusst Fragen zu diesem Mechanismus.

2. Intuition und Erfahrungswissen

Erarbeiten Sie sich Ihre individuell gewichtete Entscheidungsmatrix, um zu entscheiden, bei wem Sie einsteigen. Versäumen Sie nicht, zusätzlich zu allen Methoden auf Ihr Bauchgefühl zu hören. Es sind ja gerade Erfahrungen und unternehmerisches Know-how, die einen Business Angel auszeichnen. Oder anders formuliert: Meist wissen die Business Angels mehr, als sie zu sagen vermögen.

3. Marktpotenzialanalyse

Fragen Sie nicht nur Ihre Freunde und Ihre Familie, sondern nutzen Sie die Unterstützung von Dienstleistern, die rasch und pragmatisch Produkte auf Attraktivität und Nutzungsabsicht prüfen (z.B. feedbaxx). Lediglich ein kurzes inhaltliches Briefing ist erforderlich, die Gestaltung des Untersuchungsdesigns und Zusammenstellung der Ergebnisse übernimmt der Dienstleister. Gerade für B2C-Firmen und wenn bereits erste Darstellungen existieren, bieten sich solche Firmen an, um grundlegende Annahmen der Businesspläne zu stützen oder zu widerlegen. Bei den meisten Innovationen ist es auch wichtig, eine gewisse Geheimhaltung zu wahren, um nicht zu früh Nachahmer anzulocken. Hier bietet sich eine nicht öffentliche Befragung ausgewählter Nutzer an. Eine unmoderierte Facebook-Diskussion wäre riskant.

Achten Sie auf die folgenden vier Kernelemente bei der Marktpotenzialanalyse:

1. Kundennutzen und Alleinstellungsmerkmal der Geschäftsidee. Prüfen Sie sehr genau die Bedürfnisse am Markt und ob das Start-up auch tatsächlich ein existentes, relevantes Problem löst, unabhängig von Ihrer persönlichen Meinung.
2. Analysieren Sie die Antworten der Probanden aufmerksam nach Wettbewerbern. Konkurrenz aus der eigenen Branche wird oft überschätzt – aus anderen Bereichen jedoch unterschätzt. Möglicherweise kann der Bedarf ganz anders gedeckt werden.
3. Holen Sie die Meinungen über vielfältige Kundensegmente hinweg ein und überprüfen Sie somit die Zielgruppenanalyse. Möglicherweise war die Zielgruppe nicht präzise genug abgegrenzt, dann wird die künftige Ansprache viel genauer. Erfahrungen zeigen, dass die Zielgruppe oftmals viel größer ist als angenommen, unter Umständen sind lediglich leichte Produktveränderungen notwendig, um diese adressieren zu können. Viele Gründer haben sich so sehr auf ihre spitze Zielgruppe konzentriert, dass sie diese Chance nicht wahrnehmen.
4. Stellen Sie Fragen zur Kaufbereitschaft und schätzen Sie damit die Zahlungsbereitschaft der potenziellen Nutzer ab.

Praxisbeispiel „Beauty Locator“

Was war bisher und was soll erreicht werden? Die Firma und das Angebot Beauty Locator bestehen bereits seit 2011. Als iPhone-App sowie als Website lokalisiert der Beauty Locator nicht nur Parfümerien, Spas, Friseure, Nagelstudios etc. in der Nähe des Nutzers, sondern findet auch Kosmetikmarken oder den gewünschten Duft. 2013 steht eine neue Wachstumsphase mit Kooperations- und Finanzierungsgesprächen an. Gerade für Business Angels, die nicht aus dem Bereich Beauty kommen, ist eine Einschätzung des Marktpotenzials schwierig.

Wie kann das Informationsproblem gelöst werden? Die Beauftragung eines Dienstleisters, eine Online-Befragung von 1.000 Personen durchzuführen, lieferte bereits nach einer Woche aussagefähige Fakten zu Zielkunden und deren Erwartungen, zur Nutzungslogik und zu Präferenzen jeweils für die Website und die App. Das

Unternehmen Beauty Locator erhielt eine individuelle Übersicht über den grundsätzlichen Bedarf, konkrete Ideen für Verbesserungen und Kooperationspartner, und zwar jeweils aus Sicht der idealen Zielgruppe. Die Analyse führte sogar zu einer weiteren Zielgruppe als zunächst gedacht (mehr Männer und mehr ältere Frauen hatten Gefallen am Angebot). Die Befragung ergab auch, dass die Funktionalitäten für Website und App unterschiedlich genutzt werden und daher unterschiedliche Potenziale bieten. Bestätigt wurde Beauty Locator ihre Markt- und Innovationsführerschaft. Darüber hinaus wurde für die Website – basierend auf den Umfrageergebnissen – ein Ranking der neuen Ideen erarbeitet, um die Ressourcen optimal einzusetzen. Die konkreten Handlungsempfehlungen waren sehr hilfreich für die Priorisierung der nächsten Schritte und das Vereinbaren von Meilensteinen.

Fazit

Der Aufwand der Marktanalyse muss also nicht hoch sein, aber sichert die wichtige Entscheidung ab, bei einem Unternehmen einzusteigen. Verglichen mit den möglichen Kostenfolgen einer Fehleinschätzung sind zeitlicher Aufwand (ca. 1 Woche) und Kosten hierfür gering (ca. 2.000 bis 3.000 EUR). Somit vereinfacht der Einsatz von Marktpotenzialanalysen die Lösung des „Lemon Problems“: Business Angels können auf diese Weise Zitronen einfacher aussortieren und Perlen erkennen. Im Ergebnis gibt es im Markt mehr gute Unternehmen. Und in Deutschland noch mehr erfolgreiche Angel-Beteiligungen.

Nutzen Sie also bewusst sämtliche Informationsquellen und Methoden, die Ihnen zur Verfügung stehen:

- Die intensive Diskussion mit den Gründern,
- Ihre eigenen Erfahrungen und Expertise aus Ihrem Netzwerk sowie

eine

- Marktpotenzialanalyse.

Damit verschwindet natürlich das unternehmerische Risiko nicht vollständig, aber die Situation kann deutlich klarer beurteilt werden.

Frederik Hümmeke

Indikatoren für Marktchancen

Was macht Unternehmen und damit ein Investment erfolgreich? Die fast schon als Reflex ausgeprägte Reaktion ist der Verweis von Investoren darauf, dass Erfolgschancen erhöht werden, wenn man häufiger investiert. Hierbei hofft man – unter Zuhilfenahme des statistischen Konzepts der Wahrscheinlichkeit –, dass die Chancen, ein sehr gut performendes Unternehmen im Portfolio zu haben, dadurch höher sind, dass viele Unternehmen im Portfolio sind.

Unterschied zwischen Unsicherheiten und Ungewissheiten

Das beantwortet zwar nicht die Frage, was genau jedes einzelne Unternehmen im Portfolio erfolgreich macht, macht sie aber unwichtiger. Das Problem wird relativiert. Hierbei vergisst man aber, dass Wahrscheinlichkeit (Probabilität) hinreichend große Stichproben verlangt – ein Erfordernis, das meist nicht einmal die größten Investoren erfüllen. In der Ökonomie unterscheidet man Unsicherheit, für die Wahrscheinlichkeit gilt, und Ungewissheit. Ob ein Unternehmen Erfolg hat, ist ungewiss, also grundsätzlich möglich, aber nicht wahrscheinlich (weil man nicht weiß, ob der Erfolg jemals eintritt). Von Erfolgswahrscheinlichkeiten im Kontext von Gründungen zu reden, ist deshalb falsch. Ein Portfolio mit Verweis auf die genannte Argumentation zu vergrößern, um die Sicherheit der Investition zu erhöhen, ist nicht sinnvoll. Der Verweis auf die Quote von Investitionserfolgen, die es im Bereich der Business Angels gäbe, überzeugt ebenfalls nicht und hat mangels guter Untersuchungen kaum mehr Substanz als eine Bauernregel.

Das heißt nicht, dass es keinen Sinn macht, ein Portfolio aufzubauen, es gibt in der Tat einige gute Gründe, die dafür sprechen. Klar ist in jedem Fall aber, dass eine Portfoliobildung nicht davon entlastet, die Marktchance jedes einzelnen Unternehmens im Detail zu prüfen und zu optimieren.

Aktuelle Ansätze, die Marktchancen zu evaluieren

Es gibt einige Methoden, die sich für die Evaluation von Marktchancen von Produkten und Dienstleistungen anbieten. Zunächst stellt sich aber die Frage, welche der Methoden im Kontext von Gründungen möglich ist. Für ein junges Unternehmen ein Set von Marktforschungsmaßnahmen zu planen, das dann die Hälfte des Kapitalbedarfs aufzehrt, ist wenig sinnvoll. Für den Gründer darf es meist nicht viel kosten. Eine ausgedehnte Online-Recherche, die dann vielleicht um ein paar professionelle Marktanalysen ergänzt wird, ist meist das Maximum. Vielleicht wird noch eine eigene Studie erstellt, bei der nicht selten wahllos Passanten mit Fragen bombardiert werden.

Qualität und Substanz der Ergebnisse dieser Ansätze sind in ihrer Aussagekraft problematisch. Dabei muss man nicht meinen, dass professionelle Analysen unbedingt hilfreicher wären. Wir finden viel zu viele Produkte, die ein Flop waren, nachdem diese von großen Konzernen mit hohem Aufwand an Marktforschung zuerst untersucht und dann in die Märkte gedrückt wurden. Solche Fälle sind ein eindrucksvolles Indiz für die nur eingeschränkte prognostische Kompetenz der Marktforschung. Sagen wir es ganz deutlich, die Marktforscher haben auch nicht mehr Ahnung von dem, was demnächst passiert. Sie sehen vielleicht höchstens die Signale eher; manchmal sehen sie aber auch die falschen. Wie wir uns aber morgen verhalten werden, wissen wir doch selbst manchmal nicht. Der Kern des Problems liegt also darin, dass wir leider nicht in die Zukunft schauen können. Und das liegt daran, dass wir in einem komplexen und dynamischen sozialen System leben.

Was ein Unternehmen erfolgreich macht

Was bedeutet eigentlich Unternehmenserfolg aus Sicht des Investors? Der Erfolg der Investition orientiert sich am Wert des Unternehmens. Was macht nun ein Unternehmen wertvoll? Bis auf wenige Ausnahmen ist ein Unternehmen dann erfolgreich, also wertvoll, wenn es am Markt angenommen wird. Das ist der Fall, wenn Marktteilnehmer Transaktionen (Produkt gegen Geld) mit dem Unternehmen durchführen. Dies muss so passieren, dass am Ende Erträge erwirtschaftet werden. Damit Transaktionen stattfinden können – sozusagen als notwendige Grundlage – muss das Unternehmen in der Lage sein, Produkte zu fertigen und zu liefern.

Verkürzt kann man sagen: Schafft ein Unternehmen es, zum einen eine transaktionsfähige Leistung zu erbringen und zum anderen viele Transaktionen mit Marktteilnehmern zu generieren, dann wird es wertvoll und somit zu einem Investitionserfolg. Wir teilen das Problem damit in zwei Teile auf: Erstens muss ich dem Unternehmen, also dem Gründerteam, zutrauen, dass es in der Lage ist, eine Leistung mit entsprechenden Spezifikationen zu erstellen. Das ist zwar nie wirklich einfach, über einen Geschäftsplan können Gründer aber in der Regel gut nahelegen, wie plausibel es ist, dass die Leistung erbringbar ist. Branchenerfahrene und spezialisierte Investoren können kritische Stellen gut identifizieren und bewerten. Zweitens muss ich dem Unternehmen zutrauen, dass es viele Kunden findet, die bereit sind, eine Transaktion durchzuführen, also das Produkt zu kaufen. Im Folgenden geht es um diesen Punkt, der freilich sehr komplex ist. Woher soll man wissen, wie sich die Kunden entscheiden?

Ein neuer Ansatz

Die Kernfrage ist: Gibt es für das zukünftige Verhalten Dritter Indikatoren dafür, wie plausibel es ist, dass sich diese für eine Transaktion entscheiden? Um diese Frage näherungsweise zu beantworten, empfiehlt sich das Konzept der „narrativen Plausibilität hinsichtlich der Konstruktionskompetenz". Das Subjekt ist der Gründer, er ist also der Inhaber der Kompetenz.

Um an dieses Konzept heranzuführen, müssen wir verstehen, in welchem Kontext wir leben. Unser Verhalten orientiert sich an gewissen Mustern und Ordnungen, zum Beispiel moralischen Standards, gemeinsamen Meinungen sowie den Standards der sozialen Ordnung und so weiter. Diese Wertemuster bilden sich in unserer Gesellschaft durch Kommunikation, also soziale Interaktion, heraus. Sie beeinflussen zu wesentlichen Teilen das Verhalten Einzelner, genauso wie diese wiederum die Bildung der Wertemuster beeinflussen können. Vor einigen Jahrzehnten war Umweltschutz beispielsweise noch gar kein Thema, dieser Wert hat sich mittlerweile in unseren Wertemustern stabilisiert. Wertemuster besitzen also eine gewisse Stabilität, sind aber auch einer dynamischen Entwicklung, quasi einer Evolution, unterworfen. Es ist die Aufgabe des Unternehmers, und hoffentlich seine Kompetenz, neue Produkt- oder Leistungsideen zu entwickeln und derart im Markt zu platzieren, dass es aufgrund der Evolution der Wertemuster plausibel ist, dass diese am Markt angenommen werden.

Unternehmer füllen also Marktlücken, die durch sich ändernde Wertemuster entstehen. Dafür braucht der Unternehmer eine große Nähe und Empathie für die Dynamik der Musterentwicklung bezüglich der transaktionsrelevanten Werte im Markt. Das Charakteristikum des Unternehmers ist dann nicht unbedingt das finanzielle Risiko – das charakterisiert vor allem den Investor. Der Unternehmer trägt aber das soziale Risiko, dass das, was er neu am Markt anbietet, nicht angenommen wird. Denn der innovative Unternehmer liefert sich der Marktentwicklung aus, er ist darauf angewiesen, dass die anderen Marktakteure sein Produkt als attraktiv wahrnehmen und Transaktionen durchführen. Schlimmstenfalls wird er als „Idiot" gesehen, weil die Marktteilnehmer die Entwicklungsoption der Wertemuster und die daraus entstehenden Marktchancen, die der Unternehmer sah, nicht gesehen haben. In der Rückschau wirkt es dann als ein lächerlicher Versuch, der „doch nicht funktionieren konnte". Unternehmer brauchen folglich eine Theorie, welches Neue entsprechend der Entwicklung sozialer Systeme resonanzfähig ist, also Chancen auf Erfolg hat. Je besser diese Theorie ist, desto erfolgswahrscheinlicher die Gründung.

Narrative Plausibilität

Je mehr Neues logisch-konsistent an Bestehendes anschließt, desto höher die Möglichkeit der Resonanz dieses Neuen mit dem System. Und was resonant ist, gelangt in Aufmerksamkeit und Kommunikation, sodass vielleicht Transaktionen entstehen. Dabei ist es gleich, ob es sich um Werte, Ideen oder Produkte handelt. Narrativ meint dabei, dass es nötig ist, diese Konsistenz über Verknüpfungen auf der Ebene der Bedeutung herzustellen. Dabei ist es nötig, dass sich diese Konsistenz als richtig anfühlt, die emotionale Ebene wird damit auch berücksichtigt. Nur dadurch, dass wir an einen Treibhauseffekt glauben, macht es Sinn und fühlt es sich richtig an, dass wir die Treibhausgasemission zu reduzieren versuchen. In diesem Fall ist also die Handlung konsistent-narrativ mit dem Phänomen verknüpft.

Konstruktionskompetenz

„Unternehmer sind keine Realisten (die mögliche Wirklichkeit der Zukünfte ist in der Gegenwart Fiktion), sondern Realisatoren (‚Verwirklicher'): sie stellen Wirklichkeiten her, indem sie ihrer Imagination handlungspragmatisch folgen und alles mobilisieren, damit ihre Idee wahr wird. Sie sind pragmatisch veranlagte Idealisten. Idealisten sind sie, weil sie einer Idee folgen. Pragmatisch sind sie, weil sie die Idee pragmatisch zu realisieren versuchen, indem sie alles, was sie verfügen, in Bewegung setzen, dass ihre Idee erdet, wirklich wird." (Prof. Birger P. Priddat)

Die Akteure im sozialen System haben Einfluss auf die Wertebildung. Also haben Unternehmer einen gewissen Einfluss auf den Markt, können also Impulse geben. Dieser Einfluss kann auch nicht linear wirken, also – wie vom Schmetterlingseffekt bekannt – kann sich ein kleiner Impuls zu einem großen Wertediskurs aufschaukeln. Der Grund, warum man so gern in bereits erfolgreiche Unternehmer investiert, ist, dass sie einerseits bewiesen haben, dass sie dieses Gespür für Resonanzfähigkeit schon mal hatten. Andererseits haben diese Unternehmer eine größere Sichtbarkeit im sozialen System, sodass deren Einflussnahme größere Chancen hat, gesehen und im System verstärkt zu werden.

Was also tun?

Der Unternehmer hat seine Theorie der Wertemusterentwicklung. Er vertritt diese dann meist sehr intensiv, teilweise so weit, dass er sich nicht mehr vorstellen kann, dass es zu anderen Entwicklungen kommen könnte. Die eigene Annahme und psychologische Effekte, die diese verstärken, führen häufig dazu, dass fast schon neurotisch-absolute Annahmen über die Zukunft getroffen werden. Das geht so weit, dass es für ihn gar nicht mehr vorstellbar ist, dass Kunden das Produkt nicht kaufen könnten.

Um dem entgegenzuwirken, sollte sich eine differenzierte und stark segmentierte Zielgruppenanalyse der Frage widmen, ob erstens die Wertemuster sich potenziell in günstiger Weise entwickeln und ob zweitens die Produktnutzenargumentation als narrativ plausibel bei der Zielgruppe wahrgenommen wird. Daneben ist es wichtig, den Unternehmer zu bewerten. Es ist seine Aufgabe, soziale Interaktionsräume zu schaffen, indem er Aufmerksamkeit gewinnt und Kommunikation hervorruft. Das Ziel, Transaktionen entstehen zu lassen, wird am besten erreicht, wenn man über die Produkte oder Botschaften im Kontext der Produkte redet und auch gegebenenfalls von denen, die kauften, Empfehlungen gegeben werden. Den Markt betreffend sollte bewertet werden, welchen Einfluss der Unternehmer durch welche Mittel auf die Wertemusterbildung haben könnte. Der Marketingteil des Businessplans muss also hinreichend klären, was getan wird, um Kommunikation und Transaktionen in sozialen Systemen zu schaffen. Einfach nur den Marketingmix durchzudeklinieren, ist bei Weitem nicht ausreichend.

Fazit

Bei der Analyse von Gründungskonzepten eine saubere Zielgruppenanalyse durchzuführen und den Unternehmer wie vorgeschlagen zu bewerten, muss nicht mit den ausgefeilten Tools passieren, mit denen spezialisierte Beratungen herangehen. Es ist schon ein wichtiger Schritt, sich detailliert und fundiert dieser Themen anzunehmen und zu einer persönlichen Bewertung zu kommen. Damit ist zwar nicht garantiert, dass das Unternehmen ein Erfolg wird – es wird aber ein ganzes Stück plausibler.

Christian Hellbardt, Maximilian Egger

Due Diligence für Business Angels

Due Diligence (engl. „gebotene Sorgfalt“; nachfolgend DD) ist die Untersuchung eines Unternehmens „auf Herz und Nieren“. Dem Business Angel dient sie zur Sammlung valider Informationen, um seine Beteiligungsüberlegungen in gesundem Maße zu fundieren. Dabei interessieren ihn Stärken und Schwächen sowie Risiken und Chancen des Zielunternehmens sowie die Möglichkeiten zu deren Absicherung. Im schlechtesten Fall können die Feststellungen der DD zum Abbruch des Beteiligungsvorhabens führen (sogenannte Dealbreaker, z.B. zu große oder nicht quantifizierbare Risiken, welche nicht abgesichert werden können).

Nehmen bei der DD eines etablierten Unternehmens die Vergangenheitsanalyse der Vermögens-, Finanz- und Ertragslage (Teil der sogenannten Financial DD) sowie steuerliche Sachverhalte (Teil der sogenannten Tax DD) einen größeren Raum ein, stehen im Hinblick auf das üblicherweise junge Alter eines Zielunternehmens von Interesse für einen Business Angel vor allem Untersuchungen zur umfassenden Einschätzung und Beurteilung des Produkts und des Unternehmenskonzepts (Teil der Commercial DD und gegebenenfalls einer Technical DD), der Qualifikation und sonstigen Eignung der Gründer und/oder Manager (Teil der Human Resource DD) und zur rechtlichen Kontrolle über die erfolgskritischen Ressourcen des Zielunternehmens (Teil der Legal DD) im Vordergrund. Sofern für die Vorbereitung der Beteiligungsentscheidung nur wenig Zeit zur Verfügung steht oder soweit der Business Angel selbst nicht ausreichend branchen- und methodenkompetent ist, empfiehlt es sich, externe Spezialisten hinzuzuziehen. Angesichts der Besonderheiten junger und innovativer Unternehmen ist die für den konkreten Einzelfall einer Beteiligungsmöglichkeit sachgerechte Zusammenstellung von Untersuchungsfeldern und Detailanalysen sowie deren Maß entscheidend, sowohl für die Güte entscheidungsrelevanter Erkenntnisse aus der DD als auch für deren effiziente Durchführung. Mit anderen Worten: Für die Business Angel DD ist kein neuer Werkzeugkasten notwendig. Man greift lediglich aus dem unter DD Professionals anerkannten Werkzeugkasten das geeignete Werkzeug heraus und bearbeitet damit die relevanten Sachverhalte. Im Folgenden wird in diesem Sinne auf ausgewählte Untersuchungsfelder eingegangen.

Commercial Due Diligence

Eine zentrale Grundlage des künftigen Geschäftserfolgs des Zielunternehmens, d.h. künftiger Erträge und Wertsteigerungen, sind die Geschäftsidee bzw. das Geschäftsmodell und das Marktumfeld. Daher stehen zunächst Commercial-Aspekte im Mittelpunkt der DD. In diesem Rahmen wird der Business Angel nach einer detaillierten Darstellung des (geplanten) Produkts und Geschäftsmodells sowie dessen Märkte durch die Gründer kritische Fragen zur Umsetzbarkeit der Geschäftsidee stellen. Im Einzelnen beinhaltet die Commercial Due Diligence drei Bereiche

1) Markt und Wettbewerb (externe Analyse)
    - Untersuchung der politischen und gesetzlichen Rahmenbedingungen
    - Analyse der Absatz- und Beschaffungsmärkte, z.B. Verfügbarkeit von Rohstoffen/Mitarbeitern/Analyse des Wettbewerbs hinsichtlich
        - Preis- und Kostenniveau
        - Marktauftritt
        - Innovations- und Substitutionskraft

- Analyse der (potenziellen) Kundenstruktur, u.a. Anzahl, Qualität und Kaufkraft der Kunden
- Quantifizierung des künftigen Marktpotenzials

2) Analyse der Stärken und Schwächen (interne Analyse)
   - Beschaffung: Käufer-/Verkäufermarkt?
   - Produkt: u.a. Entwicklungsstadium: Besteht bereits ein Prototyp? Proof of Concept? Erfolgten bereits Markttests? Diese Aspekte haben Folgewirkungen für die Einschätzung weiterer Investitionsbedarfe und -horizonte.
   - Distributionswege
   - Innovationspotenzial des Unternehmens (siehe hierzu auch Human Resource DD)
3) Abgleich der internen und externen Analyse mit der Unternehmensplanung: Zu prüfen ist, ob
   - die Ausnutzung der Stärken zur Realisierung von Chancen dienen kann,
   - die Ausnutzung der Stärken zur Verminderung von Schwächen und Risiken eingesetzt werden kann,
   - das Bedrohungspotenzial durch Schwächen und Risiken angemessen berücksichtigt wurde.

Technical Due Diligence

Abhängig von der Geschäfts- bzw. Produktidee des Unternehmens kann die Beurteilung der technologischen Grundlagen des Produkts oder eines Verfahrens durch einen Experten (gegebenenfalls den Business Angel selbst) ebenfalls zentrale Bedeutung haben. Neben der technischen Realisierbarkeit und der Qualität des Produkts/Verfahrens im Wettbewerbsvergleich sollte eine Technical DD u.a. folgende Fragen beantworten:

- Risiken des Produkts/Verfahrens für den Kunden
- Risiken des Produktionsverfahrens (z.B. Stabilität, Ausschuss, Verletzungsgefahr)
- Entwicklung des technologischen Umfelds
- Enthalten die Planungen angemessene Kosten bezüglich der vorstehenden Risiken?

Etwaige Kostenvorteile sind auf deren Beständigkeit (technischer Fortschritt) und Schutz gegen Imitation (Patente und andere Schutzrechte; siehe hierzu auch Legal DD) hin zu untersuchen.

Human Resource Due Diligence

Neben Potenzial und Realisierbarkeit der Geschäftsidee sind Qualifikation und sonstige Eignung sowie Motivation der Gründer/Manager entscheidend für den Erfolg des Zielunternehmens und daher Gegenstand entsprechender Untersuchungen und Befragungen des Business Angels. Hierbei interessieren Beweggründe der Gründer/Manager, deren Werdegang, persönliche Eigenschaften und, nicht zuletzt, deren persönliche Lebenssituation. Letztlich lassen sich die wesentlichen Untersuchungen mit dem Begriff der Potenzialanalyse zusammenfassen. Insoweit soll durch die Human Resource DD festgestellt werden, ob das Unternehmerteam des Zielunternehmens, gegebenenfalls ergänzt um das Engagement des Business Angels, in der Lage ist, das Geschäftsmodell wie geplant zu entwickeln. Die Human Resource DD sollte sich über die Mitarbeiter des Zielunternehmens hinaus auch in angemessenem Rahmen auf externe Mentoren und Berater (Steuerberater, Rechtsanwälte u.a.) erstrecken, um deren Nutzen für das Unternehmens beurteilen zu können.

Financial Due Diligence

Sehr jungen Unternehmen fehlt regelmäßig eine Finanzhistorie, deren Analyse dem Business Angel relevante Erkenntnisse für Zwecke eigener Finanzprognosen für das Zielunternehmen oder seine Plausibilitätsbeurteilung vorliegender Planungen bringen könnte. Daher reduziert sich eine Vergangenheitsanalyse meist auf ausgewählte punktuelle Untersuchungen abhängig vom Einzelfall. In vielen Fällen fehlt es dem Zielunternehmen auch noch an einem kaufmännischen Vertreter im Management. Liegt eine Planung vor, ist sie infolge dieser Umstände besonders kritisch zu überprüfen. Hierbei werden die Absatz- bzw. Rohertrags-, Ergebnis- und Finanzierungsplanung des Unternehmens auf rechnerische und planungslogische Richtigkeit (Konsistenz) sowie die Plausibilität der zugrunde liegenden Annahmen hin untersucht. Dies geschieht unter Berücksichtigung der Erkenntnisse der Commercial DD. Erfahrungsgemäß empfiehlt sich aus Effizienzgründen eine relativ frühe Diskussion der Annahmen und Berechnungen mit geeigneten Ansprechpartnern des Zielunternehmens. Im Einzelnen sollten untersucht werden:

- Planungsprozesse und -technik (u.a. Integration der Teilpläne, Verknüpfungslogik und Verformelung, Teilaufgaben der Planungsbeteiligten, Feedback-Prozesse im Rahmen der Planungserstellung)
- Zerlegung der wertbestimmenden Größen (Umsatz, wesentliche Kostenpositionen) in ihre Mengen- und Preiskomponenten
- Vollständigkeit und Plausibilität der Planannahmen (z.B. Preis- und Mengenentwicklungen, Absatz- und Bezugsabhängigkeiten) vor dem Hintergrund der prognostizierten Marktentwicklung, historischer Trends, gegebenenfalls des Auftragsbestands, gegebenenfalls der Vergangenheitsentwicklung sowie weiterer Informationen wie Benchmarking und externen Marktstudien
- Notwendigkeit und Einfluss der Finanzierung

Zur Beurteilung der Plausibilität empfehlen sich Kennzahlenvergleiche zu Absatz- und Umsatz, Wachstum der ersten Jahre, Break-even-Zeiträumen und Ergebnis-Margen (EBITDA, EBIT, Jahresüberschuss, Cashflow) auf Basis von Branchenvergleichen, Markt- und Start-up-Studien sowie eigenen Erfahrungswerten des Business Angels. Besteht keine Planung, sollte eine eigene Planungs- bzw. Prognoserechnung aufgestellt werden, die nach den vorgenannten Maßstäben ausreichend ist und damit jedenfalls auch Aussagen zum Kapitalbedarf zulässt. Wegen der grundsätzlich erhöhten Unsicherheiten von Annahmen bei jungen, innovativen Unternehmen sollten stets Szenarioanalysen vorgenommen werden, die die Folgewirkungen von wesentlichen Annahmenvarianten illustrieren. Dies soll eine Einschätzung des Business Angels darüber ermöglichen, wie robust das Geschäftsmodell ist.

Legal Due Diligence

Die Legal DD eines jungen Unternehmens ist naturgemäß meist weniger umfangreich als die eines etablierten Unternehmens, da weniger Rechtsverhältnisse und -sachverhalte bestehen. Ist das Zielunternehmen gesellschaftlich organisiert, gehören Untersuchungen der gesellschaftsrechtlichen Grundlagen (Gründung und Rechtsverhältnisse, die die Gesellschaft und deren Gesellschafter betreffen) zum Standardumfang der DD. Daneben werden üblicherweise Rechte am geistigen Eigentum, „Ankerverträge", d.h. für das Geschäft wichtige Verträge (z.B. Partner- oder Kooperationsverträge), Gesellschafterfinanzierungen sowie gegebenenfalls für den Erhalt von Fördermitteln relevante Sachverhalte geprüft. Die Überprüfung der Rechtssituation bezüglich des geistigen Eigentums dient dazu, einen hinreichenden, gegebenenfalls unbelasteten Zugriff des Unternehmens auf die für das Geschäftsmodell erfolgskritischen Ressourcen sicherzustellen. Hierunter können beispielsweise Schutzrechte an Technologien, Produkten, Verfahren, Marken und Domains gehören, Patente, Geschmacksmuster, Lizenzen u.a. Sofern derlei Rechte außerhalb des Unternehmens liegen, wird ein Beteiligungskandidat deren Einbringung in das Unternehmen zur Voraussetzung für seine Beteiligung machen. Regelmäßig werden die Anstellungsverträge der Geschäftsführer oder anderer Schlüsselpersonen mit dem Ziel geprüft, gegebenenfalls durch Anpassung eine Balance zwischen deren Incentivierung, Rechten und Pflichten zur nachhaltigen Motivation und Bindung sicherzustellen. Bezüglich der Gesellschafterfinanzierungen und Fördermittel interessieren Konditionen und insbesondere Pflichten und Risiken.

Im Hinblick auf die saumlose Verwertung von DD-Erkenntnissen kann es von erheblichem Zeit-, Kosten- und gegebenenfalls Qualitätsvorteil sein, sich von dem Rechtsexperten, der die DD durchgeführt hat, auch in den Kaufvertragsverhandlungen beraten zu lassen. Da junge Unternehmen oft einen Großteil der für die Umsetzung ihres Geschäftsmodells und den laufenden Betrieb nötigen Verträge, wie z.B. mit Mitarbeitern, Lieferanten und Kunden, noch nicht abgeschlossen haben und z.B. noch Genehmigungen o.ä. Rechte fehlen, wird der Business Angel daran interessiert sein, dass das Unternehmen nachhaltig durch einen für die Besonderheiten der Branche u.a. Aspekte des Unternehmens qualifizierten Rechtsberater betreut wird (siehe auch Human Resource DD).

Tax Due Diligence

Schwerpunkt der Tax Due Diligence ist in der Regel die Untersuchung vergangener Geschäftsjahre mit dem Ziel, Risiken aufzudecken, die zu finanziellen Verpflichtungen gegenüber den Finanzbehörden führen. Oft entfällt dies für Business Angel DDs aus Gründen des jungen Unternehmensalters oder ist unbedeutend. Eine Ausnahme kann die Prüfung der steuerlichen Nutzbarkeit von aufgelaufenen oder planmäßig auflaufenden Verlustvorträgen sein. Wichtig ist es dagegen, im Rahmen der Due Diligence steueroptimierende Überlegungen zur Erwerbsstruktur für den Business Angel anzustellen.

Fazit

Obgleich sich die Durchführung einer Business Angel Due Diligence von stets jungen und in der Regel noch kleinen Unternehmen in Umfang und Ausgestaltung von der DD bei einem etablierten Unternehmen (z.B. Entfall bzw. starke Reduzierung von Vergangenheitsanalysen) oder einem großen Unternehmen unterscheidet, sollte ein Business Angel den Umfang einer DD nicht unangemessen reduzieren, geschweige denn vollständig auf sie verzichten. Vielmehr ist es notwendig, aber auch lohnenswert, mehr Energie in die sorgfältige Festlegung geeigneter Due Diligence-Schwerpunkte zu stecken. Im Mittelpunkt steht dabei das Ziel einer zutreffenden Einschätzung der kommerziellen und gegebenenfalls technischen Umsetzbarkeit des Geschäftsmodells, der Eignung und Motivation der Unternehmensgründer/Manager sowie der Erreichbarkeit der geplanten Ziele und der dafür notwendigen Maßnahmen. Zu den wesentlichen Maßnahmen gehört auch die Finanzierung des Unternehmens, deren Höhe und Entwicklung sich aus einer ausreichend detaillierten Planung bzw. Prognose des Unternehmens ergeben sollte. Die Due Diligence-Erkenntnisse dienen dem Business Angel zudem zur Kaufpreisableitung und zur Verhandlung weiterer Kaufvertrags- und anderer Vertragsregelungen.

Rolf K. Sparing, Volker Mann

IP für Business Angels

Immaterielle Vermögensgegenstände (Intangible Assets) gehören im Besonderen bei jungen Unternehmen zu den wichtigsten Gütern, die die Basis des Geschäftsbetriebs bilden und sichern. Zu den immateriellen Vermögensgegenständen gehören nach dem Handelsgesetzbuch (§ 248 HGB) gewerbliche Schutzrechte, Ansprüche an ungeschützten Erfindungen, Lizenzen an solchen Rechten und Werten sowie Software. Zum Schutz eines Unternehmens vor Vermögensverlusten ist es eine wichtige Aufgabe eines Business Angels darauf zu achten, dass der Wert der immateriellen Vermögensgegenstände gesichert wird.

Was sind immaterielle Vermögensgegenstände?

Immaterielle Vermögensgegenstände (Intellectual Property (kurz: IP)) ist ein Sammelbegriff für geistige und gewerbliche Leistungen, die dem Sonderrechtsschutz zugänglich sind. Zu den immateriellen Vermögensgegenständen gehören u.a. technische Schutzrechte, wie Patente, Gebrauchsmuster und Sortenschutz, ästhetische Schutzrechte, wie Geschmacksmuster, und nicht technische Schutzrechte (Marken). Die gewerblichen Schutzrechte sind Eigentumsrechte gemäß Artikel 14 GG. Nicht zum gewerblichen Rechtsschutz gehören das Urheberrecht und das Wettbewerbsrecht. Der Wert der immateriellen Vermögensgegenstände für ein Unternehmen bestimmt sich in erster Linie dadurch, inwieweit sie das Geschäft des Unternehmens, besonders die Produkte und Dienstleistungen, direkt betreffen.

Erlangung der immateriellen Vermögensgegenstände und Sicherung ihres Werts

Bei der Erlangung der immateriellen Vermögensgegenstände und zur Sicherung ihres Werts sollte der Business Angel gemeinsam mit dem Unternehmen Folgendes beachten:

Technische Schutzrechte

Diese Schutzrechte schützen neue technische Erfindungen. Sie verleihen ihrem Inhaber das räumlich und zeitlich befristete Privileg, allein über die Erfindung zu verfügen. Der Schutzrechtsinhaber erhält damit ein Exklusivrecht für die Verwertung seiner Erfindung. Eine nicht autorisierte gewerbliche Nutzung des Schutzrechts kann er verbieten. Das Gebrauchsmuster ist ein ungeprüftes Schutzrecht, das hinsichtlich der Schutzvoraussetzungen und seiner Wirkung dem Patent sehr ähnlich ist. Der Sortenschutz ist ein dem Patent vergleichbares Ausschließlichkeitsrecht und schützt das geistige Eigentum an Pflanzenzüchtungen. Der Sortenschutz dient somit der Pflanzenzüchtung und dem züchterischen Fortschritt in Landwirtschaft und Gartenbau.

Zur Sicherung des Wertes dieser Schutzrechte ist zuerst festzustellen, wer als Anmelder in dem Register der Behörden eingetragen ist. Die Eintragung in das Register hat aber nur einen deklaratorischen Charakter. Für den Fall, dass das Unternehmen als Anmelder des Schutzrechts genannt wird, ist daher zu überprüfen, ob Rechte Dritter den Anmelder in der Nutzung des Schutzrechtes beschränken. Beschränkungen können beispielsweise Mitbenutzungsrechte (z.B. aus einer Kooperationsvereinbarung mit einem Dritten), Lizenzen des Anmelders an Dritte, aber auch Bürgschaften oder Pfändungen sein. Für den Fall, dass ein Unternehmen nicht als Anmelder des Schutzrechts genannt wird, sondern ein Dritter, ist zu überprüfen, ob der unbeschränkte Rechtsübergang von dem Dritten auf das Unternehmen stattgefunden hat. Falls Beschränkungen vorliegen, sind diese zu dokumentieren. In jedem Fall ist sicherzustellen, dass der Rechtsübergang von dem oder den Erfindern (gegebenenfalls Arbeitnehmererfinder) auf den Berechtigten dokumentiert ist. Für den Fall, dass die Eigentums- bzw. Nutzungsrechte der betroffenen Schutzrechte nicht eindeutig gesichert sind, ist eine umgehende Klärung erforderlich.

Rechtsbestand feststellen

Im nächsten Schritt ist der Rechtsbestand der Schutzrechte festzustellen. Ein technisches Schutzrecht ist rechtsbeständig, wenn es gegenüber dem Stand der Technik neu ist und eine erfinderische Tätigkeit aufweist. Der Stand der Technik umfasst alle Kenntnisse, die vor dem für den Zeitrang des Schutzrechtes maßgeblichen Tag durch schriftliche oder mündliche Beschreibung, durch Benutzung oder in sonstiger Weise der Öffentlichkeit zugänglich gemacht worden sind (§ 3 PatG). Die Prüfung der Rechtsbeständigkeit erfolgt zuerst in einem Prüfungsverfahren vor den entsprechenden Behörden (z.B. DPMA oder EPA) und auf Antrag Dritter in einem Einspruchs- oder Nichtigkeitsverfahren. Diese Verfahren können sich über viele Jahre in den einzelnen Ländern hinziehen, bevor eine endgültige Aussage über die Rechtsbeständigkeit gemacht werden kann.

Für einen Business Angel ist es wichtig darauf zu achten, dass in den Unternehmen vor Aufnahme einer kostenaufwendigen kommerziellen Nutzung der Stand der Technik eingehend recherchiert und festgestellt wird, ob überhaupt Schutz für die beabsichtigte Benutzung zu erlangen ist. Im Rahmen einer unten beschriebenen umfassenden Freedom to Operate-Analyse (Ausübungsfreiheitsanalyse) wird in der Regel neben dem Rechtsbestand Schutzrechte Dritter auch der Rechtsbestand der eigenen Schutzrechte untersucht.

Ästhetische Schutzrechte (Geschmacksmuster)

Diese Schutzrechte schützen die zwei- oder dreidimensionale Erscheinungsform eines Teils oder eines ganzen Erzeugnisses. Geschützt werden kann die Gestaltung einer Fläche, zum Beispiel einer Tapete oder eines Print-Designs, oder die Gestaltung eines dreidimensionalen Gegenstandes, zum Beispiel von Möbeln, Maschinen oder Haushaltsgegenständen.

Der Inhaber eines eingetragenen Geschmacksmusters besitzt das ausschließliche Recht, das Design zu benutzen. Er kann Dritten verbieten, das Design bei der Herstellung, Veräußerung oder Ein- und Ausfuhr von Produkten zu verwenden. Für den Rechtsübergang von dem Entwerfer auf das Unternehmen gelten grundsätzlich die gleichen Regeln wie bei den technischen Schutzrechten. Auch hier ist zu überprüfen, ob Rechte Dritter das Unternehmen im Gebrauch dieser Schutzrechte einschränken.

Als Geschmacksmuster wird ein Muster geschützt, das neu ist und Eigenart hat (§ 2 GeschmMG). Dritte können durch Löschungsverfahren gegen ein Geschmacksmuster vorgehen. Bezüglich des Rechtsbestandes des Geschmacksmusters empfiehlt sich eine ähnliche Vorgehensweise wie bei den technischen Schutzrechten.

Nicht technische Schutzrechte (Marken)

Eine Marke dient der Kennzeichnung von Waren oder Dienstleistungen eines Unternehmens. Schutzfähig sind Zeichen, die geeignet sind, Waren oder Dienstleistungen eines Unternehmens von denjenigen anderer Unternehmen zu unterscheiden. Das können z.B. Wörter, Buchstaben, Zahlen, Abbildungen, aber auch Farben und Hörzeichen sein. Dritte können durch Widerspruch bzw. Löschungsklage gegen eine eingetragene Marke vorgehen. Bezüglich des Rechtsbestandes einer Marke empfiehlt sich eine ähnliche Vorgehensweise wie bei den technischen Schutzrechten.

Know-how

Unter Know-how wird nach der Definition in Art. 1 Abs. 1 EU TT-GVO eine Gesamtheit nicht patentierter praktischer Kenntnisse verstanden, die durch Erfahrungen und Versuche gewonnen werden und die

- geheim, d.h. nicht allgemein bekannt und nicht leicht zugänglich sind,
- wesentlich, d.h. für das Unternehmen von Bedeutung und nützlich sind, und
- identifizierbar sind, d.h. umfassend genug beschrieben,

sodass geprüft werden kann, ob sie die Merkmale „geheim“ und „wesentlich“ erfüllen. Für einen Business Angel ist es wichtig darauf zu achten, dass in dem betreffenden Unternehmen das Know-how dokumentiert ist und nachvollzogen werden kann. Es ist wichtig darauf zu achten, dass in dem betreffenden Unternehmen das Know-how nur internen und externen Personen weitergegeben wird, die sich schriftlich zur Geheimhaltung verpflichtet haben. Sobald das Know-how öffentlich wird, ist es ungeschützt und kann von jedermann ungehindert benutzt werden. Für das betroffene Unternehmen hat es damit erheblich an Wert verloren.

Lizenzen

Im Gegensatz zur quasidinglichen Rechtswirkung der ausschließlichen Lizenz verleiht die einfache Lizenz dem Lizenznehmer lediglich ein schuldrechtlich wirkendes Benutzungsrecht gegen den Patentinhaber. Für den Fall, dass sich herausstellt, dass ein Unternehmen nicht in der Lage ist, bestimmte Entwicklungen durchzuführen, die für den geplanten Geschäftszweck erforderlich sind, oder wenn sich beispielsweise Abhängigkeiten von Schutzrechten Dritter ergeben, ist es möglich, Rechte an einem Ergebnis Dritter durch Lizenz zu erwerben. Für viele Unternehmen kann es auch sinnvoll sein, den eigenen finanziellen Spielraum durch Vergabe von Lizenzen an Dritte zu vergrößern.

Software

Software ist eine zusammenfassende Bezeichnung für die Rechenprogramme (Algorithmen), die auf einem Computer ausgeführt werden können. Ohne Software ist der Computer (Hardware) nicht betriebsfähig. Unterschieden wird zwischen Anwendungsprogrammen und Systemprogrammen. Der direkte Schutz von Software selbst ist im Patentgesetz ausgeschlossen. Ein Schutz kommt ihm nur durch das Urheberrecht zu. Es ist aber möglich, Schutz für Verfahren durch Anwendung von Software zu erlangen.

Abhängigkeit der immateriellen Vermögensgegenstände von Schutzrechten Dritter

Die Inhaberschaft eines Unternehmens an Vermögensgegenständen sichert ihm das Recht, dass nur sie den Gegenstand nutzen dürfen, bedeutet aber nicht, dass die beabsichtigte Nutzung in Schutzrechte Dritter eingreift und gegebenenfalls unmöglich macht.

Bevor ein neues Produkt entwickelt oder auf den Markt gebracht wird oder eine neue Dienstleistung angeboten wird, ist es sehr wichtig, mögliche Schutzrechte zu recherchieren, die dem zu entwickelnden Produkt oder der Dienstleistung entgegenstehen. Der Inhaber eines entgegenstehenden Patents, Gebrauchsmusters oder auch Geschmacksmusters kann neben Schadensersatz auch eine Unterlassung des Vertriebs des Produktes oder des Anbietens der Dienstleistung fordern. Falls dem Wettbewerber von einem Gericht der Unterlassungsanspruch zugestanden wird, wurden sämtliche Aufwände für Entwicklung und Marketing vergeblich getätigt.

Im Rahmen einer Freedom to Operate-Analyse wird ermittelt, ob die geplante Nutzung gegen eingetragene Schutzrechte Dritter verstößt, inwieweit also eine Ausübungsfreiheit des Unternehmens besteht. Nach der eingehenden Recherche wird in der Regel der Patentanwalt im Rahmen eines Gutachtens mögliche Abhängigkeiten meistens länderspezifisch untersuchen. Bei der Beratung eines Unternehmens durch einen Business Angel sind diese Untersuchungen sehr wichtig, weil das Unternehmen auf diese Weise vor Schaden geschützt wird, der unter Umständen die Existenz des Unternehmens gefährdet.

Bestimmung des Wertes immaterieller Vermögensgegenstände

Zur Bestimmung des Wertes immaterieller Vermögensgegenstände gibt es grundsätzlich drei Methoden: Bei der ersten Methode wird bestimmt, um wie viel höher die Erlöse für ein neues Produkt oder eine neue Dienstleistung sind im Vergleich zu auf dem Markt befindlichen Produkten oder angebotenen Dienstleistungen. Bei der zweiten Methode wird bestimmt, um wie viel günstiger sich ein neues Verfahren oder eine neue Dienstleistung im Vergleich zu auf dem Markt angebotenen Verfahren oder Dienstleistungen durchführen lässt. Bei der dritten Methode geht man bei der Bestimmung des Wertes von den Entwicklungskosten aus. Die Methoden lassen sich durch betriebswirtschaftliche Rechenmethoden erfassen und werden in der Regel länderspezifisch durchgeführt.

IP Due Diligence-Verfahren

In einem sogenannten IP Due Diligence-Verfahren wird im vorliegenden Fall ein Patentanwalt anhand von bewährten Prüflisten den Bestand an immateriellen Vermögensgegenständen erfassen und eine individuelle Beurteilung unter Berücksichtigung aller Belastungen und Probleme vornehmen. Eine IP Due Diligence ist oft in eine allgemeine Due Diligence eingebettet, sodass die Schnittstellen genau definiert werden müssen. Die IP Due Diligence wird in der Regel wirtschaftlich bedeutsame Probleme aufzeigen, die detaillierte Maßnahmen erfordern.

Axel Witte, Doris Zur Mühlen

Praxisorientierte Unternehmensbewertung bei Venture Capital-Finanzierungen

Die klassische Bewertung von Unternehmen hat üblicherweise auf der Basis der in Theorie, Praxis und Rechtsprechung entwickelten Grundsätze zur Durchführung von Unternehmensbewertungen zu erfolgen (vgl. auch Institut der Wirtschaftsprüfer, IDW S 1 i.d.F. 2008). Die Diskussion über die „richtige" Bewertungsmethode kann somit als abgeschlossen gelten, da heute der Ertragswert als der Wert des Unternehmens als anerkannt gilt. Damit ist ein Unternehmen unter finanziellen Aspekten so viel **wert**, wie es **zukünftig an entnahmefähigen Gewinnen erwarten lässt**. Allerdings können spezielle Bewertungsanlässe auftreten, die darüber hinaus situationsspezifische Bewertungsverfahren notwendig werden lassen, die nur für diesen ganz bestimmten Bewertungsanlass und deren spezifische Anforderungen geeignet sind. Dies trifft beispielsweise für den Spezialfall der Unternehmensbewertung im Rahmen einer Venture Capital-Finanzierung zu.

Erhebliche Unsicherheiten

Die Bewertung junger, wachstumsstarker Unternehmen in einer frühen Phase ihres Lebenszyklus bedeutet besondere Herausforderungen, denen sich ein Investor (Venture Capitalist, Business Angel) zu stellen hat, da die Ableitung zukünftiger Zahlungsüberschüsse deutlich schwieriger ist als bei Unternehmen, die sich schon seit langer Zeit am Markt etabliert haben. Zum einen liefert die kurze Historie des jungen Unternehmens, mit in aller Regel hohen Verlusten in der Aufbauphase, nur unzureichende Anhaltspunkte für die Prognose zukünftiger Entwicklungen. Zum anderen ist das Unternehmen häufig durch hohe Investitionen in Human- und Sachkapital, erhebliche Vorleistungen im Entwicklungsbereich, dynamische Veränderungen der Unternehmensorganisation und (hoffentlich) progressiv steigende Umsätze (sofern überhaupt schon Umsätze generiert werden) geprägt. Dies führt zwangsläufig zu erheblichen Unsicherheiten und Risiken hinsichtlich der Einschätzung der nachhaltigen Markt- und Wettbewerbsfähigkeit des Produkt und Leistungsspektrums.

Die Dynamik junger Unternehmen ist häufig so groß, dass in der Praxis, neben dem allgemein anerkannten Ertragswert- oder Discounted Cashflow-Verfahren, weitere Methoden parallel zur Anwendung kommen, um Fehlallokationen durch die Anwendung nur eines Verfahrens zu vermeiden. Häufig werden verschiedene Szenarien mit verschiedenen Bewertungsmethoden eingesetzt, um eine Bandbreite für den gesuchten Unternehmenswert als Ausgangspunkt für sich anschließende Verhandlungen zwischen Unternehmen und Investor festzulegen. Dabei wird in der Regel auf die Anwendung folgender Methoden zurückgegriffen:

- Unternehmensbewertung nach der Ertragswertmethode/ Discounted Cashflow-Methode (DCF)
- Multiplikatormethode (marktpreisorientierte Bewertung)
- Venture Capital-Methode (Exit-Wert-Methode)
- Scoring-Methode

Unternehmensbewertung nach der Ertragswertmethode/ Discounted Cashflow-Methode (DCF)

Grundsätzlich kann der Wert eines Unternehmens als Zukunftserfolgswert nach dem Ertragswertverfahren oder nach dem Discounted Cashflow-Verfahren (DCF) ermittelt werden. In beiden Fällen wird der Barwert zukünftiger finanzieller Überschüsse ermittelt. Das Ertragswertverfahren ermittelt den Unternehmenswert durch Diskontierung der Gewinne. Die DCF-Verfahren (Entity-Ansatz, Equity-Ansatz) bestimmen den Unternehmenswert durch Diskontierung von Cashflows. Alle Methoden führen bei konsistenten Annahmen zum gleichen Unternehmenswert.

Kerngedanke der DCF-Methoden ist, dass der Wert eines Unternehmens durch die in Zukunft erwirtschafteten **Cashflows** bestimmt wird. Dies sind die finanziellen Überschüsse, die den Kapitalgebern des Unternehmens letztlich zur Verfügung stehen. Zur Bestimmung des Unternehmenswerts werden die freien Cashflows in einer ersten Phase (üblicherweise ein Zeitraum von fünf Jahren) detailliert prognostiziert. Für die zweite Phase (der sich anschließende Zeitraum in der Regel unendlich) wird ein **Restwert** gebildet. Dabei wird unterstellt, dass der Wert einer Zahlung (eines Cashflows) umso größer ist, je früher sie anfällt und je sicherer sie ist. Diesem Grundsatz wird bei den DCF-Methoden insoweit Rechnung getragen, als dass die ermittelten zukünftigen Cashflows mit einem Zinssatz, der dem jeweiligen Risiko angemessen ist und der der **Renditeerwartung** des Investors (vgl. Tabelle 2) entspricht, auf den heutigen Zeitpunkt diskontiert werden.

Jahr	**1**	**2**	**3**	**4**	**5**	**ab 6 (∞)**
Freie Cashflows (in EUR)	-1.500	-500	-100	400	800	1.000
Restwert						9.000
Diskontierungssatz	60%	50%	40%	30%	20%	20%
Diskontierungsfaktor	0,625	0,444	0,364	0,350	0,402	0,402
Einzelbarwerte (in EUR)	-938	-222	-36	140	322	3.617
Wert des Gesamtkapitals (Entity Value) (in EUR)	2.882					
./. Wert des Fremdkapitals (in EUR)	0					
Wert des Eigenkapitals = Unternehmenswert (in EUR)	**2.882**					

Tabelle 1

Im obigen Beispiel beträgt der Unternehmenswert, ausgehend von den prognostizierten Cashflows, 2.882 EUR. Er ergibt sich aus der Summe aller diskontierten Cashflows des Detailprognosezeitraums **zuzüglich des diskontierten Restwerts** (Summe der Einzelbarwerte), abzüglich eines eventuell vorhandenen Fremdkapitals. Die dabei ermittelten Diskontierungsfaktoren werden mit folgender Formel berechnet:

$$\text{Diskontierungsfaktor} = \frac{1}{(1 + r)^n}$$

Mit r = Diskontierungssatz
n = Jahr, in dem der Cashflow zufließt

Für die Cashflows, die nach dem Detailprognosezeitraum berücksichtigt werden müssen, ist ein Restwert zu bestimmen, der anschließend ebenfalls zu diskontieren ist. Der Restwert lässt sich über folgende Formel errechnen:

$$\text{Restwert} = \frac{DF_{\infty} * (1 + g)}{r - g}$$

Mit r = Diskontierungssatz
g = jährliche Wachstumsrate der Cashflows (im Beispiel = 8%)

Wesentlicher **Werttreiber** und Diskussionspunkt bei der Ermittlung des Unternehmenswerts im Rahmen der DCF-Methode ist neben der Einschätzung der **Cashflows** selbst die **Cashflow-Wachstumsrate** und der **Diskontierungssatz**. Dieser hängt von der Renditeerwartung des Investors und von den Risiken des Zielunternehmens ab. Begründet werden die geforderten hohen Diskontierungssätze mit dem **hohen Ausfallrisiko** der Beteiligung, einer Prämie für die geringe Liquidität der Unternehmensanteile und der Kompensation für die Managementunterstützung durch den Investor.

Empirische Untersuchungen zeigen ferner eine Abhängigkeit der erwarteten **Rendite** je nach **Unternehmensphase**:

Phase	**ungefähre Renditeerwartung p.a. (Diskontierungssatz)**
Seed/Start-up Überprüfung, ob eine Idee weiter verfolgt werden sollte/ Prototyp bauen und testen, Produktionsentwicklung, Suche und Zusammenarbeit mit Erstkunden, Marktstudien, Management zusammenstellen, nur Aufwendungen	50% bis 75%
First Stage Beginn der Produktion und des (regulären) Verkaufs, langsame Markterschließung, hohe Verluste	40% bis 60%
Second Stage Auswertung von Erfahrungen über das Marktverhalten, eventuelle Modifizierung der Geschäftspolitik, steigendes Working Capital, Verluste	35% bis 50%
Third Stage hohes Umsatzwachstum, Kapazitätserweiterung, Produktverbesserung, Marketing, Gewinnzone wird erreicht, erste Bankkredite wegen vorhandener Sicherheiten möglich	30% bis 45%
Fourth Stage/Bridge Wachstum erfordert nach wie vor eine Kapitalzuführung von außen, aber bevorzugte Abdeckung durch Fremdkapital/ Überbrückung bis zum absehbaren Verkaufstermin	25% bis 40%

Tabelle 2; Vgl.: Henselmann, Kniest, Unternehmensbewertung: Praxisfälle und Lösungen

Über die konzeptionelle Richtigkeit dieser Methode besteht in Theorie, Praxis und Rechtsprechung weitgehende Einigkeit. Die Praktikabilität der DCF-Methode wird im Rahmen von VC-Bewertungen insbesondere durch die Prognose zukünftiger Cashflows eingeschränkt. Denn je dynamischer ein Unternehmen sich entwickelt, umso schwieriger wird eine exakte Prognose zu erstellen sein. Trotz dieser Problematik findet die DCF-Methode zu Recht in der Praxis eine sehr breite Anwendung, da der Investor gezwungen wird, sich konzeptionell mit dem Unternehmen in der Tiefe auseinanderzusetzen.

Multiplikatormethode (marktpreisorientierte Bewertung)

Die Bewertung eines Unternehmens kann überschlägig auch auf Basis von Vergleichswerten – sogenannten Multiples – mit bereits am Markt etablierten Unternehmen oder mit Branchenvergleichswerten durchgeführt werden. Das Grundprinzip des Multiplikatorverfahrens vollzieht sich üblicherweise in drei Schritten:

(1) Suche nach Vergleichsunternehmen, die am Markt tätig sind und dem Zielunternehmen ähneln.

(2) Bewertung eines vergleichbaren bestehenden Unternehmens (üblicherweise auf Basis der Marktkapitalisierung = Anzahl der Aktien * Preis der Aktie) und Bildung von Multiples, indem man die Marktkapitalisierung (Börsenwert) in Relation zu entscheidenden Kennziffern, z.B. Umsatz, Gewinn, EBIT, setzt.

(3) Anschließend ist die vergleichbare (evtl. erwartete) Kennzahl des zu bewertenden Unternehmens mit diesem Multiple zu multiplizieren. Man erhält den **Unternehmenswert** (Equity Value) zum **Exit-Zeitpunkt**. Dieser Wert ist anschließend auf den heutigen Zeitpunkt mit der Renditevorstellung des Investors zu **diskontieren**.
In der Praxis wird häufig auf die Schritte (1) und (2) verzichtet, da auf öffentlich zugängliche branchenübliche Multiplikatoren zurückgegriffen wird.

In einer Formel ausgedrückt, ergibt sich der Multiplikator wie folgt:

$$U_B = \frac{U_V}{B_V} * B_B$$

Mit U_B = Wert des zu bewertenden Unternehmens (= gesuchte Größe)
U_V = Wert des Vergleichsunternehmens
B_V = Ausprägung der Bezugsgröße beim Vergleichsunternehmen
B_B = Ausprägung der Bezugsgröße beim zu bewertenden Unternehmen
U_V/B_V = Multiplikator

Für die Berechnung des Unternehmenswertes eines Beteiligungsunternehmens werden beispielweise durch den Investor folgende Kennzahlen von am Markt bestehenden Vergleichsunternehmen ermittelt:

	Unternehmen A	Unternehmen B	Unternehmen C	Durchschnitt
Umsatz (in EUR)	130.000	86.000	54.000	90.000
EBIT (in EUR)	15.600	6.900	5.400	9.300
Marktwert (in EUR)	221.000	120.400	64.800	135.400
Berechnete Multiplikatoren:				
Kurs-Umsatz-Verhältnis (= Marktwert/Umsatz)	**1,70**	**1,40**	**1,20**	**1,50**
EBIT-Multiple (= Marktwert/EBIT)	**14,17**	**17,45**	**12,00**	**14,56**

Tabelle 3

Liegen nun der (evtl. erwartete) Umsatz des Zielunternehmens bei 70.000 EUR und das (evtl. erwartete) EBIT bei 7.000 EUR, so ergeben sich nach dem Multiplikatorverfahren folgende Unternehmenswerte zum Exit-Zeitpunkt:

- Wert nach Kurs-Umsatz-Verhältnis rd.: U_B = 70.000 EUR * 1,5 = 105.000 EUR
- Wert nach EBIT-Multiple rd.: U_B = 7.000 EUR * 14,56 = 101.900 EUR

Diese Werte sind noch mit der **Renditeerwartung des Investors,** die das gesamte Risiko über den Zeitraum abdeckt, **auf den aktuellen Wert zu diskontieren**. Ist die Renditeerwartung des Investors 55%, so ergibt sich bei einem erwarteten Exit in fünf Jahren ein Diskontierungsfaktor von 0,112. Mithin für den aktuellen Unternehmenswert rd.

U_B = 105.000 EUR * 0,112 = 11.760 EUR
U_B = 101.900 EUR * 0,112 = 11.400 EUR

Die marktorientierten Verfahren sind einfach, schnell anwendbar und liefern innerhalb kürzester Zeit einen groben Anhaltspunkt für eine Bewertung. Auch sind Branchenmultiplikatoren vielfach öffentlich zugänglich, sodass die Bewertung weiter vereinfacht wird. Das Grundproblem der Arbeit mit Multiples ist jedoch, dass die zukünftige individuelle Entwicklung eines jeden Unternehmens nicht hinreichend abschätzbar ist.

Venture Capital-Methode (Exit-Wert-Methode)

Die Venture Capital-Methode (auch Exit-Wert-Methode) gehört zu den situationsspezifischen Verfahren, die ausschließlich für den Fall der Venture Capital-Finanzierung anzuwenden ist. Die Bewertung erfolgt aus der Sichtweise eines Investors, der sich an einem Unternehmen beteiligen möchte und nach einem gewissen Zeitraum – in der Regel fünf bis sieben Jahre – den **Verkauf seiner Anteile (Exit)** anstrebt. Über diese Methode wird neben dem Unternehmenswert auch der prozentuale Unternehmensanteil für die eingebrachte Investitionssumme bestimmt. Die VC-Methode umfasst in ihrer Grundform drei Bewertungsschritte (ein vierter Bewertungsschritt zur Vermeidung von Verwässerungseffekten kann sich anschließen).

(1) Bestimmung des zukünftigen Unternehmenswerts
Zunächst wird der zukünftige Wert des Unternehmens zum angestrebten Zeitpunkt des **Exits (Future Value)** bestimmt. Für die Ermittlung des Future Values stehen klassische Bewertungsverfahren (DCF-Verfahren) oder auch Multiplikatorverfahren zur Verfügung. Aufgrund der einfachen Handhabung und der frühen Phase des Lebenszyklus des Unternehmens wird häufig auf Multiplikatoren zurückgegriffen. In der Praxis werden üblicherweise **vier bis fünf verschiedene Erfolgsszenarien** (Insolvenz, Trade Sale, MBO, Börsengang usw.) mit unterschiedlichen Exit-Werten berechnet und mit einer Wahrscheinlichkeit gewichtet, sodass sich daraus der erwartete Exit-Wert für den Investor ergibt.

$$U_{Exit} = M \times K$$

Mit U_{Exit} = Unternehmenswert zum Exit-Zeitpunkt
M = branchenüblicher Multiplikator, z.B. EBIT-Multiplikator
K = Kennzahl des Unternehmens, z.B. EBIT

(2) Bestimmung des gegenwärtigen Unternehmenswerts
In einem zweiten Schritt wird der heutige Unternehmenswert **(Present Value)** durch Diskontierung des ermittelten Zukunftswerts mit der Renditevorstellung des Investors ermittelt. Je nach Unternehmensphase der Investition werden die Renditeforderungen unterschiedlich hoch sein. In einer frühen Phase sind durchschnittliche Renditeforderungen von 60% keine Seltenheit.

$$U_0 = \frac{U_{Exit}}{(1 + r)^n}$$

Mit U_0 = heutiger Unternehmenswert
r = Zielrendite des Investors
n = Anzahl der Jahre bis zum Exit (i.d.R. fünf bis sieben)

Zu beachten ist, dass dieser Wert eine **Post-Money-Betrachtung** darstellt, d.h., es sich beim Present Value um den heutigen Unternehmenswert inklusive der Investitionssumme durch den Investor handelt. Die **Pre-Money-Bewertung** ergibt sich, indem die Investitionssumme vom Present Value subtrahiert wird.

(3) Berechnung des Unternehmensanteils
In einem dritten Schritt wird der Unternehmensanteil berechnet, den der Investor für die Investition in das Unternehmen erhält, um seine Zielrendite zu erreichen. Hierzu wird die Investitionssumme durch den Present Value nach der Post-Money-Bewertung dividiert.

$$S = \frac{I}{U_0}$$

Mit S = Beteiligungsanteil des Investors
I = Investitionssumme des Investors

Die VC-Methode wird insbesondere in der Seed-Phase als eine Art Faustregel zur Bestimmung erster Wertvorstellungen eingesetzt, da durch die frühe Unternehmensphase eine Aussage über zukünftige Entwicklungen nur schwer möglich ist. Die Güte der Ermittlung des Unternehmenswerts auf der Grundlage von Multiplikatoren hängt insbesondere davon ab, inwieweit die Kennzahlen der Vergleichsgruppe denen des zu bewertenden Unternehmens entsprechen.

Scoring-Methode

Die Scoring-Methode ist ein systematisches Punktebewertungsverfahren zum Vergleich und zur Bewertung von Kriterien, die der Investor für die Beurteilung qualitativer Merkmale an ein Zielunternehmen anlegt. Damit wird versucht, qualitative Faktoren des Unternehmens zu quantifizieren und sie vergleichbar zu machen. Im Rahmen einer Unternehmensbewertung haben sich für das Scoring-Modell fünf Kriterien (mit Unterkriterien) herausgebildet, deren entscheidungsrelevante Merkmale aufgelistet und gewichtet werden. Die jeweiligen Ausprägungen der Merkmale werden mithilfe von Punkten bewertet, wobei ein Punkt eine niedrige Ausprägung und fünf Punkte eine sehr starke Ausprägung darstellt.

Kriterien / Punkte	1	2	3	4	5	Gewichtung	Maximalwert	erreichter Wert
Gründerteam - Technische Qualifikation - Kaufmännische Qualifikation - Führungsfähigkeit - Teamfähigkeit - ...				4		30	150	120
Unternehmensstrategie - Strategie - Unternehmenskonzept - Organisation - Planung - ...			3			15	75	45
Produkt und Produktion - Forschung und Entwicklung - Patente - Alleinstellungsmerkmale - Vertrieb - ...					5	25	125	125
Markt und Wettbewerb - Marktvolumen - Markteintrittsbarrieren - Wettbewerbsintensität - Substitution - ...				4		25	125	100
Finanzierungs- und Ertragssituation - Finanzierung - Kapitalstruktur - Verlustvorträge - Umsatzrendite - ...	1					5	25	5
Summe						**100**	**500**	**395**

Tabelle 4

Mithilfe einer solchen Bewertungsmatrix lassen sich Stärken und Schwächen eines Zielunternehmens aus Sicht des Investors abbilden. Gleichzeitig lässt sich aus seiner Sicht die Frage beantworten, ob eine Mindestpunktzahl erreicht wurde und ob insoweit überhaupt ein Beteiligungsinteresse seinerseits besteht. Auch kann aus dieser Matrix ein grober Ansatz für eine Unternehmensbewertung abgeleitet werden. Wenn der Investor bei einer vollen Punktzahl bereit wäre, 3.000 EUR zu zahlen, dann berechnet sich für eine Punktzahl von 395 ein Wert von rd. 2.400 EUR.

Letztlich kann eine Bewertung nach dem Scoring-Modell keine quantitative Bewertung ersetzen, es kann aber ergänzende Aufschlüsse zur Beurteilung des Unternehmens und der Geschäftsidee liefern.

Fazit

Zusammenfassend lässt sich festhalten, dass es „den Unternehmenswert“ an sich, als unantastbare Größe, nicht geben kann. Jede Bewertung ist von subjektiven Einflüssen des Bewertenden geprägt, auch wenn dieser bemüht ist, einen „objektivierten Wert“ zu ermitteln. Auch liefern verschiedene Methoden üblicherweise unterschiedliche Unternehmenswerte. Für den Spezialfall der Bewertung junger Unternehmen im Rahmen einer VC-Beteiligung hat es sich als sinnvoll erwiesen, neben den klassischen Modellen zur Unternehmensbewertung weitere Verfahren parallel anzuwenden. Durch die Kombination der Verfahren, gegebenenfalls noch verfeinert um verschiedene Szenarien, lässt sich für den Unternehmenswert eine solide Bandbreite ermitteln, die für weitere Verhandlungen als Argumentationsfunktion und Diskussionsgrundlage dienen kann.

5 Beteiligungsvertragswerk

Nikolaus Uhl

Das Term Sheet als Grundlage für den Beteiligungsvertrag

Trotz aller Unkompliziertheit in manchen Gründerszenen sollten die ersten Schritte in Richtung einer Beteiligung mit Bedacht gesetzt werden. Dies bedeutet, dass nach dem anfänglichen Informationsaustausch mit den Gründern im Falle einer gewünschten Beteiligung die Kerndaten dieses avisierten Investments zunächst in einem Eckdatenpapier (Term Sheet) festgehalten werden sollten. Dieses wird dann Grundlage für die später abzuschließenden Verträge sein, so dass das Term Sheet aufmerksam verhandelt werden sollte. Beteiligte des Term Sheets sollten Gründer, die Zielgesellschaft und – wenn vorhanden – eventuelle Mitinvestoren sein.

Das Term Sheet als wichtiger Grundstein

Die Verhandlungen zum Term Sheet sollten von allen Beteiligten dazu genutzt werden, sämtliche Fragen von Interesse zu stellen und die avisierte Zusammenarbeit durch besondere Offenheit und Transparenz positiv zu beginnen. Dies schließt nicht aus, dass Investoren ohne Einbeziehung der Gründer miteinander kommunizieren können, was nicht dem Aufbau von gegnerischen Fronten, sondern dem freien Austausch von Vorstellungen und Ideen dient.

Die Auswahl und Einschaltung von Beratern sollte spätestens bei der Erstellung und Verhandlung des Term Sheets erfolgen, um die qualifizierte und effiziente Umsetzung der individuellen Vorstellungen in die Verträge zu gewährleisten. Fehler im Term Sheet sind in den nachfolgenden Verträgen schwer zu korrigieren. Zu beachten ist zudem: Business Angels sind in den allermeisten Fällen vor institutionellen Investoren an den Start-ups beteiligt, sodass bereits jetzt dem Umstand Rechnung getragen werden sollte, dass weitere Investoren hinzukommen können!

Sinn und Zweck, Abgrenzungen

Der Abschluss eines Term Sheets ist zwar nicht zwingend erforderlich, aber bei mehreren Beteiligten, einem größeren Umfang bzw. höherer Komplexität der avisierten Transaktion und schließlich auch als Erinnerungsstütze für oft länger andauernde Verhandlungen empfehlenswert.

Ziel des Term Sheets ist es, die wesentlichen wirtschaftlichen und juristischen Eckpunkte der Beteiligung und der avisierten Zusammenarbeit zu regeln. Ein Vorteil eines Term Sheets ist, dass durch Gespräche über Art und Umfang der aufzunehmenden Regelungen bereits im Vorfeld geprüft werden kann, ob sich die jeweiligen Interessen bündeln lassen oder ob die unterschiedlichen Vorstellungen eine gemeinsame Investition ausschließen. Langwierige und im Ergebnis fruchtlose Verhandlungen können also vermieden werden. Wer andererseits das Term Sheet unterzeichnet, wird den nachfolgenden Beteiligungsvertrag erfahrungsgemäß ebenfalls unterzeichnen.

Der richtige Zeitpunkt für den Abschluss eines Term Sheets ist gegeben, wenn eine Übereinkunft über Konditionen, gemeinsame Ziele und weitere Vorgehensweise erreicht worden ist, Detailfragen aber noch zu klären sind.

Vom Term Sheet unterscheidet sich der ansonsten inhaltlich sehr ähnliche Letter of Intent dadurch, dass er meist eine einseitige Erklärung ist. Ein Vorvertrag hingegen ist aufgrund der damit verbundenen Verpflichtung zum Abschluss des Hauptvertrages weitergehender als ein Term Sheet. Interessenlage, Verhandlungsstand und Bindungswille entscheiden daher darüber, welche Vereinbarung unterzeichnet werden soll.

Da ein Term Sheet üblicherweise Absichtserklärungen enthält und keine formbedürftige Pflicht zur Abtretung von Geschäftsanteilen, § 15 Abs. (3), (4) GmbHG, sind keine besonderen Formvorschriften zu beachten. Trotz Wirksamkeit eines mündlichen Vertrags sollte das Term Sheet zur besseren Nachvollziehbarkeit und späteren Umsetzung der getroffenen Absprachen schriftlich vereinbart werden.

Rechtlicher Charakter, Bindungswirkung

Grundsätzlich sind Term Sheets rechtlich nicht bindend, allerdings werden üblicherweise die Punkte Vertraulichkeit, Exklusivität und Kosten als verbindlich erklärt.

Zur Vermeidung von vergeblichem Aufwand ist die Regelung der Exklusivität, die ein paralleles Verhandeln der Gründer mit anderen Investoren untersagt, für den Investor wichtig. In der Kostenregelung sollte festgehalten werden, ob der Investor die Kosten der Due Diligence und/oder der Vertragserstellung von der Zielgesellschaft erstattet bekommt sowie ob beim Abbruch der Verhandlungen eine Breakup Fee zu zahlen ist. Aber: Auch ohne eine solche Fee sind bei einer willkürlichen Beendigung der laufenden Vertragsverhandlungen Schadensersatzansprüche möglich.

Darüber hinaus können weitere Regelungen für verbindlich erklärt werden. Dies geschieht insbesondere dann, wenn wirtschaftliche Eckpunkte oder aber besondere Rechte auf jeden Fall mit den bereits konkret vereinbarten Inhalten im Vertrag enthalten sein sollen.

Aufgrund der grundsätzlichen Unverbindlichkeit des Term Sheets besteht keine Pflicht, die darin enthaltenen Punkte im nachfolgenden Vertrag umzusetzen. Die Bedeutung des Term Sheets für die weitere Verhandlung sollte aber nicht unterschätzt werden: Bei der Weigerung der Übernahme von im Term Sheet enthaltenen bzw. der Aufnahme wesentlicher, bislang nicht erörterter Punkte in den Beteiligungsvertrag entsteht regelmäßig ein Vertrauensverlust, sodass der Start der gemeinsamen Unternehmung erschwert wird.

Inhalte

In das Term Sheet aufgenommen werden sollten die für die Parteien wichtigen Regelungen, so etwa die Höhe der Beteiligung, Sicherung der Gesamtfinanzierung, Unternehmensbewertung und Nachbewertung. Zu achten ist darauf, dass das Dokument inhaltlich nicht überfrachtet wird, Selbstverständlichkeiten also nicht aufgenommen und Einzelfragen nicht zu detailliert erörtert werden.

Grundsätzlich gilt: Was nicht im Term Sheet aufgeführt ist, wird meistens nicht in den Beteiligungsvertrag aufgenommen. Und umgekehrt: Was im Term Sheet enthalten ist, kann in der Regel nicht mehr wegverhandelt werden.

Üblicherweise ist für die Parteien besonders bedeutend,

- ob die Finanzierung im Wege einer Kapitalerhöhung oder ganz/teilweise über eine Mezzanine-Finanzierung erfolgen soll,
- ob und unter welchen Voraussetzungen eine Möglichkeit zur Wandlung von Darlehen in offenes Kapital besteht,
- ob die Zahlung der Finanzmittel an die Erreichung von Meilensteinen gebunden ist,
- wie im Falle der Veräußerung der Mehrheit der Anteile und/oder der Assets der Gesellschaft der erzielte Erlös zwischen den Beteiligten verteilt werden soll,
- ob und wenn ja welche Gesellschafterbeschlüsse und Geschäftsführungsmaßnahmen von der Zustimmung des Investors abhängig sein sollen,
- wie weit ein Verwässerungsschutz reicht,
- ob und wenn ja unter welchen Bedingungen Anteile der Gesellschafter eingezogen werden können,
- ob und zu welchen Konditionen Vorerwerbs- und Mitverkaufsrechte sowie gegebenenfalls Mitverkaufspflichten bestehen,
- ob es besondere Informationsrechte geben soll.

Sollte avisiert sein, dass der Investor zukünftig der Zielgesellschaft beratend zur Seite stehen oder durch andere Unterstützungsleistungen an der wirtschaftlichen Entwicklung mitwirken soll, so sollten die diesbezüglichen Eckpunkte angesprochen werden. Auch gegebenenfalls vereinbarte strategische Konzepte sollten aufgenommen sein, damit diese bei den nachfolgenden Verträgen berücksichtigt und eingearbeitet werden können. Insbesondere wenn der oder die Gründer mehrere Projekte bearbeiten, ist die Aufnahme einer Regelung ratsam, dass die für die Entwicklung der Gesellschaft wichtigen Gründer ihre unternehmerischen Tätigkeiten auf die Gesellschaft konzentrieren.

Hinsichtlich weiterer Punkte kann durchaus auf branchenübliche Regelungen verwiesen werden, diese sollten dann allerdings tatsächlich üblich und nicht überraschend sein. Möglich ist z.B. die Aufnahme von Schutzrechts- und Erfindungsklauseln, die der Gesellschaft den ungehinderten Zugriff auf die für den Geschäftsbetrieb und die wirtschaftliche Entwicklung notwendigen Schutzrechte sichern. Hier reicht der Hinweis auf die spätere Aufnahme solcher Klauseln aus.

Fazit

Bei einem ernsthaften Interesse an einer Beteiligung ist stets zu empfehlen, ein aussagekräftiges, aber schlankes Term Sheet mit allen beteiligten Parteien abzuschließen. Bereits bei der Erstellung des Term Sheets sollten dessen Regelungen als zukünftig bindend betrachtet und entsprechend verhandelt werden, spätere Abweichungen davon führen zu vermeidbarem Vertrauensverlust. Daher sollten die eigenen Ziele von Anfang an mit Ernsthaftigkeit und realistischer Einschätzung der Machbarkeit verfolgt und die Absprachen fixiert werden, ehe weiterer Kostenaufwand für die Erstellung eines Beteiligungsvertrages veranlasst wird.

Wolfgang Weitnauer

Eckpunkte der Beteiligungsvertragsgestaltung

J. *P. Morgan* schob den ihm übergebenen Businessplan mit den Worten beiseite: *„The only thing which counts is character.*" Darin steckt die bittere Wahrheit, dass Planzahlen nicht zu trauen ist. Entscheidend ist das Vertrauen in die handelnden Personen. Aber heißt das auch, dass man es für ein Investment bei diesem Vertrauen belassen, also auch auf eine vertragliche Regelung verzichten kann? Kaufleute haben sich immer auf das gegebene Wort verlassen. Wozu dann noch komplexe Regelungen treffen? Die Standardantwort ist, dass das Regelwerk gerade für die Zeit bestimmt ist, in der die Interessen konträr auseinanderlaufen, um in dieser Situation streitentscheidend und stabilisierend zu wirken. Zur Befriedungswirkung gehört, dass sich alle Beteiligten mit ihren Interessen in diesem Regelwerk wiederfinden.

Veränderung von Interessen

Um welche Interessen es dabei geht, hängt maßgeblich von der Entwicklungsphase des Innovationsvorhabens ab. Hat es der Business Angel beim „Start" des Unternehmens zunächst nur mit den Gründern zu tun, dürfte es ihm primär darum gehen, eine akzeptable Bewertungsbasis zu finden sowie den Zusammenhalt eines funktionierenden Managementteams und den eigenen beratenden Einfluss zu gewährleisten. Kommen später institutionelle Finanzinvestoren hinzu, wird der Business Angel, der nicht nur sein eigenes Geld auf dieses konkrete Unternehmen setzt, sondern überdies auch noch zu weitergehender Unterstützung des Managements bereit ist, darauf zu achten haben, dass er nicht, frei nach Schiller, mit den Worten *„Der Mohr hat seine Schuldigkeit getan, der Mohr kann gehen"* abgespeist wird. Was heißt dies nun alles konkret?

Gestaltungselemente der Seed-Runde

a) So einfach wie möglich

Am Anfang bedarf es sicherlich noch keiner „überzüchteten" Vertragsstruktur. Weniger ist hier, auch im Hinblick auf Kosten, mehr. Auch aus diesem Grunde hat der *High-Tech Gründerfonds (HTGF)*, der sich in Deutschland zum *„Treiber"* der Seed-Phase entwickelt hat, ein Standardvertragswerk entwickelt, in das sich Business Angels unschwer einpassen können. Ein hiermit kompatibles, aber eigenständiges Standardbeteiligungsvertragswerk, das alternativ eine Spiegelung des Business Angel Investments durch die KfW mit den ERP-Startfonds-Mitteln vorsieht, steht zur Verfügung in Weitnauer, Wolfgang, Handbuch Venture Capital, 4. Auflage 2011. Wenn sich die der notariellen Beurkundung bedürftigen Pflichten zum Verkauf von Geschäftsanteilen (§ 15 Abs. 4 GmbHG) in der Satzung finden, bleibt der Beteiligungsvertrag in seinen übrigen Bestandteilen formfrei.

b) Die Beteiligungsbewertung

Dem besonderen Einsatz eines Business Angels, von dem ein deutliches Mehr an „Venture Management" erwartet wird als von institutionellen Finanzinvestoren, kann durch einen Abschlag von der Basisbewertung des Unternehmens Rechnung getragen werden. Nach Ziff. 3.4.3 des Ländererlasses vom 14.03.2012 zu § 7 Abs. 8 ErbStG sind grundsätzlich die Bewertungsvorstellungen der Gesellschafter maßgeblich; bei einer Wertdifferenz von bis zu 20% kann die Ausgewogenheit der wechselseitigen Leistungen zur Vermeidung einer schenkungsteuerpflichtigen disquotalen Einlage belegt werden. Ohnehin freier ist man bei der Bemessung der Beteiligungshöhe im Rahmen des Standardbeteiligungsvertragswerks des HTGF, da dieses keine individuelle Einstiegsbewertung vorsieht, sondern eine 15%-Nominalbeteiligung des HTGF gegen Gewährung eines in Folgefinanzierungsrunden wandelbaren Nachrangdarlehens. Von Business Angels wird demgegenüber die Leistung „echten" Eigenkapitals, also eine Zuzahlung in die Kapitalrücklage, erwartet und nicht nur die Finanzierung des Unternehmens mit mezzaninem Kapital. Da die Einstiegsbewertung in der frühen Phase ohnehin meist niedriger sein wird, wird zu diesem Zeitpunkt eine typische Verwässerungsschutzregelung, also eine Nachbewertung des Investments auf Basis einer späteren *„Down Round"*, praktisch kaum geboten und daher nicht relevant sein.

c) Absicherung des Investments

Ähnliches gilt, da das Unternehmen gerade gegründet ist, für mögliche Garantien der Gründungsgesellschafter zum Stand des Unternehmens. Da das Geld im Zweifel schnell verbraucht sein wird und die Gründungsgesellschafter erfahrungsgemäß keine ausreichende Bonität ausweisen, gilt auch hier: *„Augen auf oder Geldbeutel auf."* Umfangreiche weitere Due Diligence-Prüfungen werden in der Frühphase meist nicht stattfinden. Wesentlich wird sein, dass sich der Business Angel von der „Idee" und ihrer Marktrelevanz und -akzeptanz überzeugt. Besonderes Augenmerk wird darauf zu richten sein, dass die für das Unternehmen erforderlichen Schutzrechte ordnungsgemäß in das Unternehmen eingebracht sind oder vertraglich, durch Abschluss einer Schutzrechteübertragungsvereinbarung, in das Unternehmen eingebracht werden. Ein zu großer Vertrauensvorschuss wird vermieden, wenn Zahlungen in das Eigenkapital, in der Regel Zuzahlungen im Sinne von § 272 Abs. 2 Nr. 4 HGB, an erfolgsorientierte Meilensteine gekoppelt werden.

d) Bindung des Gründerteams

Wichtig ist es aber sicherzustellen, dass das Team beisammenbleibt und niemand einfach aus dem gemeinsamen „Boot" aussteigen kann. Daher wird eine Verfügung über Geschäftsanteile üblicherweise von der Zustimmung der übrigen Gesellschafter abhängig gemacht (*Vinkulierung* gem. § 15 Abs. 5 GmbHG). Die wiederum üblichen Folgeregelungen, nämlich dass eine Zustimmungspflicht der übrigen Gesellschafter dann besteht, wenn der veräußerungswillige Gesellschafter die zugunsten der übrigen Gesellschafter eingeräumten Vorerwerbs- oder Mitveräußerungsrechte beachtet hat, führen allerdings dann zur Möglichkeit eines Ausstiegs des veräußerungswilligen Gesellschafters, wenn die übrigen Gesellschafter entweder nicht die Mittel haben, seinen Anteil selbst zu übernehmen, oder gar nicht daran denken zu verkaufen. Daher wird üblicherweise ein weitergehendes, zumeist befristetes Veräußerungsverbot für die Gründungsgesellschafter als Know-how-Träger vorgesehen. Aus Sicht der Gründungsgesellschafter kann es aber umgekehrt auch Sinn machen vorzusehen, dass der Business Angel seinen Anteil nicht ohne ihre Zustimmung an einen Wettbewerber verkaufen darf. Sind die Gründungsgesellschafter ihrerseits nicht persönlich, sondern über Beteiligungsvehikel, etwa in Form einer UG (haftungsbeschränkt), beteiligt, muss sichergestellt werden, dass sie nicht durch die Hintertür, also durch Veräußerung ihrer Beteiligung an dieser Beteiligungsgesellschaft, aussteigen. Davor schützt eine Einziehungsregelung in der Satzung, die für diesen Fall des eigenmächtigen mittelbaren Beteiligungswechsels die Einziehung des Geschäftsanteils der Beteiligungsgesellschaft an dem Start-up-Unternehmen vorsieht.

Als weiteres Mittel der Bindung des Gründerteams an das Unternehmen können auch Vesting-Regeln zumindest für den Fall eines „Bad Leaver" vorgesehen werden, also wenn ein Gründungsgesellschafter sein Beschäftigungs- oder Beratungsverhältnis zur Gesellschaft selbst kündigt oder ihm gekündigt wird. Für diesen Fall unterliegt dann seine Beteiligung einer Call Option oder einem Einziehungsrecht der übrigen Gesellschafter, wobei der hierfür zu bezahlende Kaufpreis bzw. die Abfindung unterschiedlich bemessen werden kann, üblicherweise je nach Dauer der Zugehörigkeit nach dem Buch- oder Verkehrswert. Eine solche Regelung mag hart klingen, führt aber zumindest dazu, dass ein funktionierender Gesellschafterstamm das Unternehmen ohne interne Querelen weiterführen kann.

e) Kontrolle

Über die gesetzliche Regelung des § 51 a GmbHG hinaus hat sich die Gesellschaft zu laufender Information (monatlich oder quartalsweise) an den Business Angel zu verpflichten. Ferner werden üblicherweise bestimmte außergewöhnliche Geschäftsführungsmaßnahmen, insbesondere die Verabschiedung des jährlichen Geschäftsplans, an die Zustimmung des Business Angels geknüpft. Beteiligen sich mehrere Business Angels, wird es sinnvoll sein, sie bei den Zustimmungsrechten zu bündeln. Also eine Geschäftsführungsmaßnahme nicht von der Zustimmung aller abhängig zu machen, sondern von der Zustimmung ihrer internen Mehrheit (nach Stimmen oder Köpfen). Dies kann gerade auch dann hilfreich sein, wenn sich neben den Business Angels noch der HTGF und zusätzlich beispielsweise ein Corporate VC beteiligen, denen jeweils auch derartige auf die Geschäftspolitik bezogene Zustimmungsrechte (vornehmlich Geschäftsplan, Bestellung und Wechsel der Geschäftsführer) eingeräumt werden. In diesem Fall kann nach der derzeitigen Praxis des BKartA eine Anmeldepflicht gemäß § 39 GWB wegen eines Kontrollerwerbs gem. § 37 Abs. 1 Nr. 2 GWB bestehen, da dann die maßgeblichen Umsatzschwellen des § 35 Abs. 1 GWB regelmäßig überschritten werden. Ein Kontrollerwerb liegt aber dann nicht vor, wenn wechselnde Mehrheiten bei mindestens drei zustimmungsberechtigten Gesellschaftern bzw. Gesellschafterkreisen möglich sind.

Gestaltungselemente von Folgerunden

a) Beratende Mittlerrolle

Im Fall des Beitritts weiterer Finanzinvestoren in Folgerunden wird der Einfluss des Business Angels abnehmen und werden die weiteren Finanzinvestoren mehr und mehr die Kontrolle übernehmen. In dieser Phase mag gerade aber dem Business Angel eine Schlüsselfunktion als Moderator zwischen Finanzinvestoren und Gründern zukommen. Auch werden sein Rat, seine Erfahrung und seine Expertise auch weiterhin gebraucht werden, weshalb er, um dies ausspielen zu können, bei Einrichtung eines (kontrollierenden) Beirats, typischerweise Mitglied des Beirats werden sollte.

b) keine Übernahme operativer Garantien

Garantien in Folgefinanzierungsrunden sollten vom Business Angel gegenüber den Neuinvestoren stets darauf beschränkt werden, dass seine Beteiligung frei von Rechten Dritter ist (*Legal Title-Garantie*). Insoweit sollte er, wie üblicherweise jeder Finanzinvestor, Garantien für das von ihm nicht direkt beherrschte operative Geschehen des Unternehmens ablehnen.

c) keine Übernahme eines Wettbewerbsverbots

Dies gilt auch gegenüber einem etwaigen Verlangen von Folgeinvestoren, sich einem Wettbewerbsverbot zu unterwerfen. Business Angels sind häufig auf einen bestimmten Innovationsbereich fokussiert. Daher werden sie sich in der Regel nicht dahingehend binden können, kein weiteres Engagement in einer bestimmten Branche mehr einzugehen. Business Angels sind nicht operativ aktiv (anders als die Gründungsgesellschafter, auf die das Wettbewerbsverbot abzielt), sondern Geldgeber. Unabhängig hiervon werden sich die Business Angels wie alle anderen Gesellschafter zur Geheimhaltung ihnen anvertrauter Gesellschaftsinformationen verpflichten.

d) Liquidationspräferenz

Was die Investitionsfreude von Business Angels ganz entscheidend hemmt, ist der Umstand, dass ihr finanzieller Einsatz in Folgefinanzierungsrunden dadurch unter die Räder zu geraten droht, dass im Falle eines Exits nicht etwa diejenigen, die sich als Erste beteiligt und am längsten das Risiko getragen haben (wie eben der Business Angel), als Erste ihren Einsatz wiedersehen, sondern aufgrund der üblichen Liquidationspräferenzen diejenigen, die als letzte investiert haben (*Last in, first out*-Prinzip). Dies führt dazu, dass Business Angels, ähnlich wie Gründungsgesellschafter, häufig erst auf der letzten, sich an der quotalen Beteiligung ausrichtenden Verteilungsebene beteiligt sind, nachdem alle weiteren Finanzinvestoren vorrangig ihr Investment, gegebenenfalls auch verzinst, abgeschöpft haben. Schutz hiergegen kann allenfalls der Einbau einer weiteren Zwischenebene für das Investment des Business Angels bieten („*Carve-out*"), über die er, vor der quotalen Verteilung, sein Investment als Erlös vorab zurückerhält. Wenn immer wieder die mangelnde Risikobereitschaft von Business Angels oder die (in der Tat verbesserungswürdige) VC-Kultur in Deutschland beklagt werden, so haben es an dieser Stelle die „*Player*" dieser Branche selbst in der Hand, etwas für den Einsatz von Business Angels zu tun, nämlich dadurch, dass sie die Usancen so ändern, dass auch der lange Einsatz und der persönliche Risikoeinsatz der Business Angels in der Kaskade der Liquidationspräferenzen angemessen berücksichtigt werden. Denn es ist in der Tat nicht einzusehen, weshalb etwa ein M&A-Berater seine Kosten aus einem Veräußerungserlös als Erster erhält, derjenige, der den „Zündfunken" setzte, aber als Letzter.

Fazit

Business Angels sind gut beraten, das Regelwerk einfach und überschaubar zu halten. Gerade im Bereich der Verteilung eines Exit-Erlöses sollte es aber künftig Standard werden, den Einsatz von Business Angels angemessen zu honorieren. Hier könnte die Branche selbst einen Anreiz für Business Angels setzen.

Sascha Leske

Co-Investitionsstrukturen – Instrumente zur projektbezogenen Bündelung von Investitionen

Wachstumsunternehmen sind oftmals bereits in einer sehr frühen Unternehmensphase auf erhebliche Finanzierungsmittel angewiesen, die von einem Business Angel allein nicht ohne Weiteres aufgebracht werden können. Hinzu kommt, dass Business Angels ein Interesse an einer Streuung ihres finanziellen Engagements haben, woraus Beschränkungen im Hinblick auf die Höhe der Einzelinvestition resultieren. Für kleinere Investoren besteht nicht selten das Risiko, dass sie ihre Interessen nicht ausreichend gegenüber den Mitgesellschaftern durchsetzen können. Dies ist insbesondere in der Krise der Gesellschaft oder bei Hinzutreten größerer Investoren zu beobachten. Umgekehrt besteht bei einem ausufernden Gesellschafterkreis für das Unternehmen leicht die Gefahr, dass erhebliche Ressourcen für Investor Relations gebunden und die Verwaltung und der Verkauf des Unternehmens erheblich erschwert werden. Es verwundert daher nicht, dass für Gestaltungen, mit denen Investoren ihre Interessen und Investitionen projektbezogen bündeln können (Co-Investmentstrukturen), eine Nachfrage besteht. Der folgende Beitrag skizziert ausgehend von der Interessenlage der Beteiligten die wesentlichen Vor- und Nachteile gängiger Strukturen, wie Unterbeteiligungen, Treuhandverhältnisse oder Personengesellschaften.

Interessenlage

Aus Sicht von Investoren sprechen für Co-Investmentstrukturen vor allem folgende Gründe:

(a) Bereits eingangs genannt wurde der Aspekt, dass sich mit Co-Investmentstrukturen die Interessen kleinerer Investoren bündeln und deren Abstimmungsverhalten koordinieren lassen. Die erhöhte Schlagkraft gebündelter Interessen kommt letztlich auch den einzelnen Beteiligten einer Co-Investmentstruktur zugute.

(b) Ferner profitiert der einzelne Investor in einer Co-Investmentstruktur von den Kompetenzen und Ressourcen anderer Investoren, die etwa über größeres Branchen-Know-how verfügen.

(c) Co-Investmentstrukturen reduzieren die Kosten jedes einzelnen Investors im Zusammenhang mit der Eingehung und der Verwaltung des Engagements. So muss beispielsweise eine Due Diligence-Prüfung nur einmal für alle beteiligten Investoren vorgenommen werden. Der einzelne Investor spart weitgehend die Kosten für eine individuelle Prüfung.

(d) Sodann können bei Investoren auch Geheimhaltungsinteressen eine erhebliche Rolle spielen. Gerade bei Investorennetzwerken, denen es gelingt, kleine Investitionen so zu kanalisieren, dass in Summe auch größere Investitionsbeträge aufgebracht werden können, spielt die Anonymität für die einzelnen Investoren oftmals eine erhebliche Rolle. Ferner haben die Beteiligten solcher Investorennetzwerke auch kein Interesse daran, die Verteilung etwaiger Erlöse im Innenverhältnis gegenüber ihren Beteiligungsunternehmen offenzulegen. Zu einer solchen Offenlegung könnte es aber kommen, wenn sämtliche Beteiligte des Investorennetzwerks unmittelbar an der betreffenden Zielgesellschaft beteiligt wären.

(e) Co-Investmentstrukturen können ferner auch steuerlich motiviert sein. Eine Bündelung der Beteiligungen kann etwa im Zusammenhang mit § 8 Nummer 5 Gewerbesteuergesetz (Gewerbesteuer bei Streubesitzdividenden) und § 13 b Abs. 1 Nr. 3 Erbschaftsteuergesetz (Erbschaftsteuerbefreiung von unternehmerischen Beteiligungen) zu erheblichen steuerlichen Vorteilen führen.
(f) Schließlich darf nicht unterschätzt werden, dass oftmals auch die Investoren der Gesellschaft ein Interesse daran haben, dass der Gesellschafterkreis nicht ausufert. Sie sind daher bisweilen bereit, eine Bündelung ihrer Interessen zu akzeptieren, wenn dies zu einer Vereinfachung der Prozesse und damit zu einer Beschleunigung der Entscheidungsfindung auf Gesellschafterebene führen kann.

Die einzelnen Modelle

1. Vorbemerkung

Co-Investmentstrukturen lassen sich zunächst unabhängig von ihrer konkreten rechtlichen Gestaltung grob in „Ad-hoc-Modelle" und „formalisierte Modelle" unterteilen. Diesen Modellen ist gemein, dass – anders als etwa bei einem als Blind Pool aufgesetzten VC-Fonds – für jedes einzelne finanzierte Projekt eine separate Investitionsstruktur geschaffen wird, über die sich die Investoren in teils auch wechselnder Zusammensetzung an der Zielgesellschaft beteiligen. Da sich eine Prospektpflicht, die sich an die Ausgabe von Beteiligungen knüpft, aus praktischen Gründen nicht projektbezogen erfüllen ließe und daher vermieden werden muss, stellen sich bei Co-Investmentstrukturen gewisse Anforderungen an die Höhe des einzelnen Investments oder die Zahl der beteiligten Investoren.

Formalisierte Modelle unterscheiden sich von Ad-hoc-Modellen dadurch, dass sie auf einer vorab geschlossenen Co-Investmentvereinbarung basieren, die das Innenverhältnis der Beteiligten regelt und auch Vergütungsregelungen beinhalten kann (z.B. Verwaltungsvergütung, disquotale Gewinnverteilungen zugunsten derjenigen Investoren, die die Beteiligung vermittelt oder betreut haben etc.) sowie grundlegende Fragen der rechtlichen Ausgestaltung der einzelnen Investitionsstrukturen klärt.

Typische Investitionsstrukturen, die im Folgenden kurz vorgestellt werden sollen, sind Unterbeteiligung, Treuhand sowie Personengesellschaften.

2. Unterbeteiligung

Eine typische Unterbeteiligung ist dadurch gekennzeichnet, dass der Unterbeteiligte am wirtschaftlichen Erfolg des Hauptbeteiligten im Hinblick auf den Anteil an der Gesellschaft anteilig teilnimmt, ohne selbst Gesellschafter zu sein. Die Unterbeteiligung weist eine Nähe zur stillen Gesellschaft auf. Im Unterschied zur stillen Beteiligung, die nur an einem Handelsgewerbe (also etwa an der eigentlichen Zielgesellschaft) begründet werden kann, wird die Unterbeteiligung an einem Anteil eingeräumt. Die Unterbeteiligung kann in der Form vorkommen, dass eine zu diesem Zweck gegründete Gesellschaft Anteile übernimmt und Unterbeteiligungen hieran an Investoren vermittelt. Die Unterbeteiligten haben im Verhältnis zum Hauptbeteiligten regelmäßig kein Stimmrecht, sodass sich ihr Interesse an der Gesellschaft auf ein reines Vermögensinteresse beschränkt. Mit der Unterbeteiligung lassen sich sowohl Geheimhaltungsinteressen als auch das Interesse an einem überschaubaren Gesellschafterkreis verwirklichen. Zudem sind auch die Beratungs- und

Verwaltungskosten im Hinblick auf die Unterbeteiligung vergleichsweise gering. Die typische Unterbeteiligung hat indes vor allem für Business Angels und Investoren, die in der Rechtsform einer GmbH investieren, den Nachteil, dass die Gewinne aus der Unterbeteiligung regelmäßig nicht unter § 8 b Abs. 1 und Abs. 2 des Körperschaftssteuergesetzes fallen und daher voll steuerpflichtig sind. Für Business Angels, die die Unterbeteiligung in ihrem Privatvermögen halten, sind die steuerlichen Unterschiede im Vergleich zu einer unmittelbaren Beteiligung demgegenüber gering.

3. Treuhandverhältnisse

Die Treuhand ist dadurch gekennzeichnet, dass der Treuhänder den Anteil an der Gesellschaft zwar im eigenen Namen, aber für Risiko und auf Rechnung des Treugebers hält, sodass der Anteil gemäß § 39 Abs. 2 Nr. 1 S. 2 der Abgabenordnung steuerlich dem Treugeber zuzurechnen ist. Mit der Treuhand lassen sich somit sowohl Geheimhaltungsinteressen im Hinblick auf die Person des wirtschaftlich Berechtigten als auch dem Interesse eines überschaubaren Gesellschafterkreises Rechnung tragen. Die Finanzverwaltung und die Finanzgerichte stellen indes hohe Anforderungen an eine steuerlich wirksame Treuhand. Im Kern geht es um folgende Voraussetzungen:

(a) Der Treugeber muss das Treuhandverhältnis beherrschen. Maßgeblich sind dabei nicht die mit dem Treuhänder getroffenen Absprachen, sondern auch deren tatsächliche Umsetzung.

(b) Wesentliches und im Grundsatz unverzichtbares Merkmal einer solchen Beherrschung ist die Weisungsbefugnis des Treugebers, und damit korrespondierend die Weisungsgebundenheit des Treuhänders in Bezug auf die Behandlung des Treuguts.

(c) Zudem muss der Treugeber berechtigt sein, jederzeit die Rückgabe des Treuguts zu verlangen, wobei die Vereinbarung einer angemessenen Kündigungsfrist unschädlich ist.

Sowohl Treugeber als auch Treuhänder müssen sich also im Treuhandvertrag Kündigungsrechte vorbehalten, um die steuerliche Wirksamkeit des Treuhandverhältnisses zu gewährleisten und um Risiken vorzubeugen. Damit eignet sich die Treuhand nicht, um im Interesse der Gesellschaft und der übrigen Gesellschafter eine stabile Bündelung von Gesellschafterinteressen im Rahmen von Co-Investmentstrukturen zu erreichen. Vielmehr kann der Treugeber das Treuhandverhältnis jederzeit unter Beachtung von Kündigungsfristen kündigen und vom Treuhänder die Herausgabe des Treuguts, also des vom Treuhänder verwalteten Anteils, verlangen. Ob Gestaltungen, bei denen sich der Treugeber zwar nicht gegenüber dem Treuhänder, jedoch (etwa im Rahmen einer Co-Investmentvereinbarung) gegenüber einem Dritten verpflichtet, das Treuhandverhältnis nicht aufzulösen, die Wirkungen der Treuhand unberührt lassen, ist nicht abschließend geklärt. Die Treuhand lässt sich jedoch mit einem Stimmpool verbinden, sodass Treugeber, die die Herausgabe des Anteils verlangen, sodann Teil des Stimmpools werden. So wird auch nach Auflösung der Treuhand eine gewisse Bündelungswirkung erreicht.

4. Personengesellschaften

Personengesellschaften kommen überwiegend in der Rechtsform der Gesellschaft bürgerlichen Rechts oder der Kommanditgesellschaft (GmbH & Co. KG) vor. Kennzeichnend ist, dass die Personengesellschaft als solche den Anteil an der Zielgesellschaft erwirbt und im eigenen Namen und für eigene Rechnung hält. Als Gesellschafter der Personengesellschaft treten wiederum die Co-Investoren auf. Der Vorteil der Personengesellschaft liegt darin begründet, dass sich sehr stabile Co-Investmentstrukturen schaffen lassen, aus denen sich der einzelne Co-Investor nicht gegen den Willen der anderen Co-Investoren lösen kann. In steuerlicher Hinsicht ist darauf hinzuweisen, dass Personengesellschaften je nach Gestaltung (vermögensverwaltend oder gewerblich bzw. gewerblich geprägt) entweder Bruchteilsgemeinschaften im Sinne des § 39 Abs. 1 Nr. 2 der Abgabenordnung sind oder Mitunternehmerschaften im Sinne des § 15 Abs. 1 Nr. 2 des Einkommenssteuergesetzes darstellen. Dem Vorteil der stabileren Bündelungswirkung steht regelmäßig der Nachteil einer gewissen Inflexibilität im Hinblick auf künftige Veränderungen gegenüber. Bei einer vermögensverwaltenden Personengesellschaft können der Aus- und Eintritt von künftigen Gesellschaftern, der gegebenenfalls im Rahmen einer künftigen Refinanzierung oder sonstigen Restrukturierung erforderlich sein kann, nachteilige Steuerwirkungen auch bei Gesellschaftern der Personengesellschaft, die an dem eigentlichen Ein- und Austritt nicht beteiligt sind, auslösen. Möchten sich die Co-Investoren etwa in einem von der Ursprungsfinanzierung abweichenden Verhältnis an einer Anschlussfinanzierung beteiligen, so muss hierfür oft ein separates Vehikel aufgesetzt werden. Personengesellschaften eignen sich insbesondere dann als Gestaltungmittel zur Bündelung von Gesellschafterinteressen, wenn abzusehen ist, dass die Struktur bis zum Verkauf des Unternehmens stabil bleiben wird. Dies erfordert eine Prognose, die im Zeitpunkt der Eingehung der Beteiligung oft nur schwer zu treffen ist.

Fazit

Keine der Gestaltungsalternativen erfüllt alle denkbaren Anforderungen, die sich im Hinblick auf Co-Investitionen stellen. In der Praxis wird es daher darauf ankommen, durch eine gezielte Kombination aus verschiedenen Gestaltungen ein optimales Ergebnis im Einzelfall zu erzielen.

Oliver Klerx

Auskunftsrechte des Business Angels als Gesellschafter

Die Auskunftsrechte des Gesellschafters sind wichtige Teilhaberrechte des Gesellschafters in praktisch jeder Rechtsform. Denn nur wenn der nicht geschäftsführende Gesellschafter Auskünfte über die Angelegenheit der Gesellschaft verlangen kann, ist eine angemessene Wahrnehmung seiner Interessen und gegebenenfalls Einflussnahme auf die Leitung des Unternehmens möglich. Auf der anderen Seite kann ein Unternehmen keine Betriebs- und Geschäftsgeheimnisse an einen Wettbewerber mitteilen müssen, nur weil dieser mit einer kleinen Beteiligung Gesellschafter ist. Nachfolgend wird zunächst ein Überblick zu den gesetzlichen Auskunftsrechten des Gesellschafters in den üblichen Rechtsformen gegeben. Danach folgt eine Darstellung von Grenzen der Auskunftsrechte sowie zur vertraglichen Gestaltung. Am Ende wird dann noch die gerichtliche Durchsetzung der Rechte behandelt.

Überblick zu gesetzlichen Informationsrechten

Das Informationsrecht des GmbH-Gesellschafters – und UG (haftungsbeschränkt) – ist in § 51a GmbHG geregelt. Danach haben die Geschäftsführer jedem Gesellschafter auf Verlangen unverzüglich Auskunft über die Angelegenheiten der Gesellschaft zu geben und die Einsicht der Bücher und Schriften zu gestatten. Gem. § 51a Abs. 3 GmbHG kann von diesen Vorschriften im Gesellschaftsvertrag nicht abgewichen werden. Die Gesellschafter können das Informationsrecht nicht ohne die Mitgliedschaft übertragen. Das Auskunftsrecht bezieht sich auf alle Angelegenheiten der Gesellschaft, also auf alles, was mit der Gesellschaft, ihrer Tätigkeit und Beteiligung des Gesellschafters zusammenhängt. Umstritten ist, ob auch Auskunft zu den eigenen Angelegenheiten von Tochtergesellschaften verlangt werden kann. Zumindest wenn die Angelegenheiten der Tochtergesellschaft von erheblicher wirtschaftlicher oder rechtlicher Bedeutung sind, kann dem Gesellschafter nicht nur ein Auskunftsanspruch über die Beziehungen zu dieser, sondern auch über die eigenen Angelegenheiten der Tochtergesellschaften zustehen. Zusätzlich besteht ein Einsichtsrecht, welches sich auf alle Bücher und Schriften der GmbH bezieht. Unter Büchern in diesem Sinne werden die Handelsbücher gem. § 238 HGB verstanden, und zwar unabhängig von der Art, wie diese gespeichert werden (als Bücher, elektronische Dateien etc.). Schriften sind die in § 257 Abs. 1 HGB genannten aufbewahrungspflichtigen Unterlagen sowie alle sonstigen vorhandenen Unterlagen und Aufzeichnungen. Die Gesellschaft ist dagegen nicht verpflichtet, solche Unterlagen eigens für die Zwecke der Einsichtnahme herzustellen, und der GmbH-Gesellschafter hat keinen Anspruch auf Übersendung von Kopien.

Auskunftsrecht für Aktionäre

Das Auskunftsrecht für Aktionäre ist im Wesentlichen in § 131 AktG geregelt und bezieht sich grundsätzlich auch auf alle Angelegenheiten der Gesellschaft. Allerdings ist es dadurch beschränkt, dass die Auskunft zur sachgemäßen Beurteilung eines Gegenstandes der Tagesordnung erforderlich sein muss. Das Aktiengesetz geht grundsätzlich davon aus, dass der Vorstand die täglichen Geschäfte des Unternehmens weisungsfrei erledigt. Entsprechend ist auch der Auskunftsanspruch des Gesellschafters im Gegensatz zum

GmbH-Gesellschafter zwischen den Gesellschafterversammlungen deutlich eingeschränkt. Im Rahmen der Hauptversammlung ist das Auskunftsbegehren des Aktionärs jedoch ein starkes Recht, das für bestimmte grundlegende Maßnahmen durch besondere Auskunftspflichten, Auslegungspflichten etc. ergänzt wird, die bis zur Offenlegung von Verträgen reichen können. Die Rechtsfolge einer Anfechtbarkeit der Beschlüsse aufgrund von unvollständigen oder falschen Auskünften hat zwischenzeitlich zu einem eigenen „Geschäftsfeld" der sogenannten „räuberischen Aktionäre" geführt.

Bei den Personengesellschaften kann sich der Gesellschafter einer Gesellschaft bürgerlichen Rechts (GbR) gem. § 716 BGB persönlich unterrichten und die Geschäftsbücher und Papiere einsehen. Dieses Recht kann nicht beschränkt werden, wenn ein Grund zur Annahme unredlicher Geschäftsführung besteht. Der stille Gesellschafter hat gegenüber dem Geschäftsinhaber praktisch die gleichen gesetzlichen Informationsrechte wie ein Kommanditist gem. § 166 HGB. Er kann die abschriftliche Mitteilung des Jahresabschlusses verlangen sowie die Richtigkeit unter Einsicht der Bücher und Papiere des Unternehmens prüfen. Wenn ein wichtiger Grund vorliegt, kann auf Antrag weitere Aufklärung gerichtlich angeordnet werden. Dagegen steht dem stillen Gesellschafter und auch dem Kommanditisten grundsätzlich nicht das Recht zur persönlichen Unterrichtung über die Angelegenheiten der Gesellschaft und zur Einsicht in ihre Bücher und Papiere zu. Diese Befugnis kann aber im Gesellschaftsvertrag eingeräumt werden. Das Informationsrecht wird daher insoweit zumindest bei einer aktiven Beteiligung vielfach als unzureichend angesehen. Es gibt Stimmen in der juristischen Literatur, die als Ausfluss der Mitgliedschaftsrechte auch in diesen Rechtsformen ein allgemeines Auskunfts- und Einsichtsrecht annehmen wollen. Um Klarheit und Sicherheit zu schaffen, bleibt derzeit aber nur eine vertragliche Regelung.

Grenzen der Informationsrechte

§ 51a Abs. 2 GmbHG sieht vor, dass die Geschäftsführer die Auskunft und Einsicht verweigern dürfen, wenn die Besorgnis besteht, dass der Gesellschafter sie zu gesellschaftsfremden Zwecken verwendet und dadurch der Gesellschaft oder einem verbundenen Unternehmen ein nicht unerheblicher Nachteil zugefügt wird. Die Verweigerung bedarf aber eines Beschlusses der Gesellschafter und steht nicht im freien Belieben der Geschäftsführer. Auch für die Aktiengesellschaft ist in § 131 Abs. 3 AktG eine Regelung zur Auskunftsverweigerung vorgesehen. Aus diesen Vorschriften im GmbHG und im AktG wird ein allgemeiner Grundsatz abgeleitet, dass einem Informationsbegehren nicht entsprochen werden muss, wenn die Erfüllung des Informationsrechts rechtsmissbräuchlich ist oder eine vorhersehbare Schädigung der Gesellschaft zur Folge hat. Auch für Personengesellschaften soll insoweit gelten, dass kein Gesellschafter sein Eigeninteresse vor das Interesse der Gesellschaft stellen darf. Allerdings muss die Gesellschaft im Rahmen eines Rechtsstreits beweisen, dass eine begründete Besorgnis bestand, dass der Gesellschafter die Informationen zum Nachteil der Gesellschaft verwenden werde.

Vertragliche Gestaltung

Für eine aktive Beteiligung und ein effektives Beteiligungscontrolling ist eine vertragliche Regelung der Informationsrechte sinnvoller Bestandteil des Beteiligungsvertrages, insbesondere eine Vereinbarung, in welchen Abständen, Umfang, Format und über welche Gegenstände die Gesellschaft berichtet. Dabei sollte grundsätzlich eine Gleichbehandlung der Gesellschafter beachtet werden. Durch vertragliche Regelungen kann auch die Informationserhebung auf andere Gremien verlagert werden, etwa auf einen Beirat, einen Aufsichtsrat oder einen Gesellschafterrepräsentanten. Es ist auch sinnvoll, das Verfahren beim Exit vertraglich zu regeln, z.B. ob die Gesellschaft einem möglichen Erwerber im Rahmen von dessen Due Diligence Auskünfte erteilen muss oder kann. Auch bei der vertraglichen Regelung sind jedoch immer die Grenzen aufgrund entgegenstehender Interessen der Gesellschaft, der Treuepflicht der Gesellschafter oder der gesetzlichen Verschwiegenheitspflicht von Organen zu berücksichtigen.

Gerichtliche Durchsetzung

Bei einer Verweigerung der Informationen verweist die Vorschrift des § 51b GmbHG weitgehend auf § 132 AktG. Danach entscheidet auf Antrag des GmbH-Gesellschafters bzw. des Aktionärs ausschließlich das Landgericht, in dessen Bezirk die Gesellschaft ihren Sitz hat, ob das geschäftsführende Organ die verlangte Auskunft zu erteilen hat. Das Verfahren wird bei Kapitalgesellschaften nach den Grundsätzen der sogenannten freiwilligen Gerichtsbarkeit durchgeführt. Die Gesellschaft hat insoweit die Beweislast, dass Verweigerungsgründe vorlagen. Bei der Aktiengesellschaft ist der Antrag innerhalb von zwei Wochen nach der Hauptversammlung zu stellen, in der die Auskunft abgelehnt worden ist. Diese Frist soll für die GmbH nicht gelten, das Antragsrecht kann jedoch verwirkt werden. Eine weitere Möglichkeit des Gesellschafters besteht darin, den Gesellschaftsbeschluss, der auf der rechtswidrigen Ablehnung des Informationsverlangens beruht, anzufechten. Die Informationsrechte der Personengesellschafter werden vor den ordentlichen Gerichten mit einem Antrag auf Gestattung der Einsicht geltend gemacht und dann gegebenenfalls im Rahmen einer Zwangsvollstreckung durchgesetzt.

Soweit eine Eilbedürftigkeit besteht, kann auch einstweiliger Rechtsschutz beantragt werden. Dies wird von den Gerichten jedoch zurückhaltend gehandhabt, da praktisch mit der Einsichtnahme schon das Begehren der Hauptsache erfüllt wird und der vorläufige Rechtsschutz daher in Wahrheit einen endgültigen Rechtsschutz darstellt.

Markus Rohner

Der Business Angel im Beirat – Chancen und Risiken

Der Business Angel hat ein großes Interesse, sein Investment in der Gesellschaft zu begleiten und zu kontrollieren. Häufig hat er aber keine Beteiligung, die ihm mehrheitsfähige Stimmrechte gewährt. Gleichwohl kann es sinnvoll sein, Einfluss auf die Geschäftsführung und auf die Gesellschaft und die Mitgesellschafter zu nehmen. Solche Rechte werden entweder über Shareholder Agreements und ähnliche Vereinbarungen ausgestaltet oder sie werden statutarisch, also in der Satzung, geregelt. Eine weitere Variante kann darin bestehen, dass der Investor seine Einflussnahme über eine Beiratsregelung sichert. Neben der Gesellschafterversammlung und der Geschäftsführung ist der Beirat als „drittes" Organ in der GmbH und grundsätzlich auch für Personengesellschaften anerkannt. Allerdings fehlen gesetzliche Regelungen, sodass es möglich, aber auch erforderlich ist, genaue Regularien aufzustellen. Der Beirat in der Aktiengesellschaft, in der die Gesellschafter bereits obligatorisch ihre Kontrolle über den Aufsichtsrat ausüben, darf keine Kompetenzen des Aufsichtsrates übernehmen. Insofern ist er hier von geringer praktischer Relevanz.

Funktion des Beirats

Der Beirat kann verschiedene Funktionen erfüllen. So kann der Beirat lediglich als Beratungsgremium installiert werden. Über diesen Weg kann der Investor der Gesellschaft sein Know-how oder Geschäftsbeziehungen zur Verfügung stellen. In diesem Fall wird er in der Regel nicht über die Satzung implementiert, sondern der oder die Beiräte werden auf der Grundlage eines Geschäftsbesorgungsvertrages tätig, wobei eventuell damit verbundene Vergütungsbestandteile zu regeln sind. Sollen auch repräsentative Aufgaben übernommen werden, sollte ein Beirat aus mehreren Mitgliedern bestehen, wobei auch in diesem Fall eine schuldrechtliche Regelung ausreichend ist.

Mehr Gewicht hat der Beirat in der Gesellschaft, wenn er die Geschäftsführung überwachen soll und Gesellschafterrechte wahrnimmt. Besondere Sorgfalt ist daher bei der Ausgestaltung des Beirates geboten. Der organschaftliche Beirat wird dabei neben der Verankerung in der Satzung häufig mit einer Beiratsordnung ausgestattet, die – ähnlich wie eine Geschäftsordnung für die Geschäftsführung – zusätzliche Rechte und Pflichten regelt. Eine Kernkompetenz des Beirates kann die Überwachung der Geschäftsführung sein. Die Überwachung der Geschäftsführung unterliegt grundsätzlich gemäß § 46 Nr. 6 GmbHG dem Aufgabenkreis der Gesellschafter und kann auf den Beirat übertragen werden. Die Ausübung dieser Aufgabe setzt voraus, dass der Beirat sich Informationen beschaffen kann bzw. die Geschäftsführung dem Beirat gegenüber informationspflichtig ist. Dies sollte detailliert in der Satzung geregelt werden. Fehlt eine solche Regelung, wird das Informationsrecht des Beirates aus der analogen Anwendung der §§ 52 Abs. 1 GmbH, 90 Abs. 3 AktG gefolgert.

Mögliche Überwachung der Geschäftsführung

Die Überwachung der Geschäftsführung kann mit der Wahrnehmung von bestimmten Geschäftsführungsaufgaben durch den Beirat über das Instrument zustimmungspflichtiger Geschäfte verbunden werden. Mit entsprechenden Zustimmungskatalogen können

Grundlagengeschäfte wie Personalentscheidungen, die Aufnahme, Änderung oder Aufgabe von Geschäftsaktivitäten, der Abschluss bestimmter Verträge oder Rechtsgeschäfte ab einem bestimmten Volumen von der Zustimmung des Beirates abhängig gemacht werden. Das kann die Geschäftsführung im Innenverhältnis entlasten, und der Investor kann aktiv Einfluss auf das operative Geschäft nehmen. Im Außenverhältnis bleibt es allerdings dabei, dass eine Beschränkung der Geschäftsführung nicht möglich ist. Wie umfangreich die Vorbehalte geregelt werden, hängt vom Einzelfall ab, wobei der Kontrolle durch den Beirat nicht die Funktionsfähigkeit der Geschäftsführung geopfert werden sollte.

Dem Beirat kann auch die Wahrnehmung weiterer Gesellschafterrechte übertragen werden. Das kann die Zuständigkeit für die Bestellung und Abberufung von Geschäftsführern ebenso betreffen wie zum Beispiel die Feststellung des Jahresabschlusses und die Gewinnverwendung. Auch die Möglichkeit zur Übertragung von Geschäftsanteilen kann in den gesellschaftsrechtlich zulässigen Grenzen von der Zustimmung des Beirates abhängig gemacht werden. Wichtig ist, die Abgrenzung zwischen den Kompetenzen des Beirates und der Gesellschafterversammlung eindeutig zu regeln. Grundlagenentscheidungen der Gesellschafter, zum Beispiel Satzungsänderungen und Kapitalerhöhungen, können dem Beirat nur dann übertragen werden, wenn der Gesellschafterversammlung das Recht vorbehalten bleibt, entsprechende Entscheidungen des Beirates aufzuheben.

Regelung von Kompetenzen

In der Praxis kommt es darauf an, eine für die Gesellschaft ausgewogene Balance zwischen den Kompetenzen von Beirat, Gesellschafterversammlung und Geschäftsführung zu finden. Haben sich der Investor und die Mitgesellschafter bzw. Mitinvestoren auf eine materielle Beiratsstruktur geeinigt, gilt es, die Details festzulegen.

Die Anzahl der Beiratsmitglieder ist ebenso zu bestimmen wie Fragen der Beschlussfähigkeit und der Stimmrechtsmehrheiten. Wie für die Gesellschafter in der Gesellschafterversammlung ist es für das einzelne Beiratsmitglied von erheblichem Interesse, wie die Beschlussfähigkeit und die Stimmrechtsmehrheit geregelt ist. Denn unter Umständen können Rechte, die dem Investor in der Gesellschafterversammlung zustehen, auf den Beirat verlagert und ausgehebelt werden. Bedarf es zum Beispiel für die Beschlussfassung im Beirat der Anwesenheit einer bestimmten Anzahl von Beiratsmitgliedern (Quorum), können wichtige Entscheidungen durch Fernbleiben blockiert werden. Um das zu vermeiden, muss – wie für die Gesellschafterversammlung – ein sicheres Instrumentarium zur Verfügung gestellt werden. Von der Anzahl der Beiratsmitglieder und den Mehrheitserfordernissen für die Beiratsentscheidungen hängt dann ganz entscheidend ab, wie und ob der Investor seinen Einfluss ausüben kann. Damit kann jede noch so kleine Beteiligung erheblich aufgewertet werden. Hat der Investor zum Beispiel nur einen Minderheitsanteil und sieht das Mehrheitserfordernis in der Gesellschafterversammlung keine Einstimmigkeit vor bzw. steht ihm kein Vetorecht zu, kann sein Stimmrecht in der Gesellschafterversammlung praktisch wertlos sein. Über die Mehrheitsverhältnisse für die Ausübung der Beiratsstimmen kann das geändert und dem Investor eine erhebliche Einflussnahme ermöglicht werden. Umgekehrt ist das natürlich genauso möglich: Durch Kompetenzverlagerungen auf den Beirat können Gesellschafterrechte über andere Stimmrechtsverhältnisse im Beirat ausgehebelt werden.

Gefahr vorzeitiger Abberufung

Die übliche Amtszeit des Beirates beträgt drei bis fünf Jahre. Die Satzung muss vorsehen, wie die Wahl des Beirates erfolgt und welche persönlichen Voraussetzungen ein Beirat mitbringen soll. Häufig werden für bestimmte Gesellschaftergruppen Entsenderechte geregelt. Eine Beiratskonstellation könnte so gestaltet werden, dass Altgesellschafter und Investoren jeweils ein Entsenderecht für ein Beiratsmitglied haben und ein drittes Beiratsmitglied von der Gesellschafterversammlung gewählt wird. Wird allerdings eine Regelung über die Abberufung von Beiratsmitgliedern nicht getroffen, ist es denkbar, dass die Gesellschafterversammlung „unbequeme" Beiratsmitglieder vorzeitig abberuft, was allerdings für entsandte Beiratsmitglieder ohne wichtigen Grund nicht zulässig ist. Insofern ist unbedingt darauf zu achten, dass alle Beiratsmitglieder für die Dauer der bestellten Amtszeit nur aus wichtigem Grund abrufbar sind. Anderenfalls könnte der Investor leicht entmachtet werden: Mit der Möglichkeit vor Augen, im Beirat zusätzliche Kompetenzen zu erhalten, werden vielleicht Rechte in der Gesellschafterversammlung „aufgegeben". Mit einer vorzeitigen Abberufung wären diese Kompetenzen aber dann wertlos.

In der Regel wird ein Vorsitzender gewählt, unter Umständen verbunden mit der Regelung eines Stichentscheides, d.h., bei Stimmgleichheit im Beirat entscheidet die Stimme des Vorsitzenden. Geregelt werden sollte schließlich ein Reihe weiterer Details, z.B. die Art der Einberufung, der Durchführung sowie die Anzahl von Beiratssitzungen. Hier ist im Einzelnen auf bekannte Regularien für den Aufsichtsrat oder die Gesellschafterversammlung zurückzugreifen.

Wie beschrieben, kann der Beirat unter Umständen Kompetenzen der Geschäftsführung und der Gesellschafterversammlung wahrnehmen. In der Konsequenz haftet dann der Beirat für die Ausübung seiner Tätigkeit, wobei die Satzung die Haftung auf die Sorgfalt in eigenen Angelegenheiten oder auf Vorsatz und grobe Fahrlässigkeit beschränken kann. Je nach Umfang der Kompetenzen ist für die Beiratsmitglieder eine Directors and Officers-Versicherung abzuschließen.

Fazit

Zusammengefasst ist festzuhalten, dass die Tätigkeit des Investors im Beirat eine gute Möglichkeit sein kann, Einfluss auf die Geschäftsführung und die Gesellschaft auszuüben. Allerdings können über Beiratsregelungen auch Kompetenzen des Gesellschafters empfindlich beschnitten werden. Beides trifft zunächst nur für die erste Amtszeit des Beirates zu. Mit besonderer Sorgfalt muss daher sichergestellt werden, dass der Investor nach auch Beendigung seiner ersten Amtszeit als Beirat entweder selbst oder über entsandte Beiratsmitglieder seinen Einfluss weiter ausüben kann.

Astrid Pönicke, Marcus Pickel

Das Comeback der Mitarbeiterbeteiligungen

Mitarbeiterbeteiligungsprogramme erleben nach einer längeren Durststrecke derzeit eine Renaissance. Hauptziele sind dabei die Motivation, Bindung und Belohnung der Mitarbeiter bzw. die Identifikation mit dem Unternehmen des Arbeitgebers. Bisweilen tritt eine Finanzierungsfunktion hinzu.

Warum wird *wer, wann, woran* mit *welchen* Rechten beteiligt?

Vor der Strukturierung eines solchen Programms ist insbesondere zu klären:

- Sollen die Begünstigten Mitspracherechte, Informationsrechte oder lediglich finanzielle Vorteile erhalten?
- Nehmen nur Führungskräfte oder auch andere Mitarbeiter teil?
- Teilnahmekriterien, Ziele und Programmbeginn?
- Ist eine Verzinsung, Zahlung von Dividenden, Teilhabe an einem Exit-Erlös oder eine Kombination hieraus gewünscht?
- Sollen die Mitarbeiter zunächst selbst Geld einzahlen?
- Soll die Beteiligung handelbar sein?
- Welches Volumen hat das Programm: Finanzielle Belastung; Verwässerung der Altgesellschafter?
- Liquiditätsabfluss: Wann fließen den Mitarbeitern die „Beteiligung“ bzw. „Beteiligungserträge“ zu? Wann sind welche Steuern zu zahlen?
- Art der Gewährung: Einzel-, Gesamtzusagen oder Betriebsvereinbarung? Arbeitslohncharakter?

Aus der Beantwortung dieser Fragen leitet sich die Wahl des passenden Beteiligungsmodells ab.

Anreizsysteme dürfen nicht nur in guten Zeiten reiche Früchte tragen. Sie müssen auch jederzeit unternehmerisch wichtige und tragfähige Entscheidungen der Geschäftsführung bzw. der Gesellschafter ermöglichen. Wenn z.B. beim Exit der gewünschte Verkauf sämtlicher Anteile blockiert wird, führt dies zu kontroversen Diskussionen und Verzögerungen im Verkaufsprozess, die den Exit gefährden können.

Die Programmbedingungen sind daher sogfältig auf die wirtschaftlichen Ziele des Unternehmens abzustimmen. Hierbei sind zivil- bzw. gesellschaftsrechtliche Elemente einerseits und arbeits- und steuerrechtliche Vorgaben andererseits zu berücksichtigen. Nur wenn diese Komponenten nahtlos ineinandergreifen, werden Unternehmen und Mitarbeiter mit dem Modell langfristig zufrieden sein.

Neben zivilrechtlichen (z.B. AGB) und aktienrechtlichen (z.B. Vermeidung von Teilgewinnabführungsverträgen) Vorgaben sind arbeitsrechtliche Grundprinzipien (z.B. Gleichbehandlungsgebot) zu beachten. Es gilt zudem, das Entstehen betrieblicher Übungen, unbilliger Kündigungserschwerungen sowie die Einbeziehung in Pensionsansprüche zu vermeiden. Bei jedem Modell ist eine vertragliche Koppelung des Arbeitsverhältnisses mit der „Beteiligung“ zu erwägen, um unerwünschte Effekte beim Ausscheiden des Mitarbeiters zu vermeiden.

Steuerrechtlich ist entscheidend, ob und wann dem Mitarbeiter steuerpflichtige (Arbeits-) Einkünfte zufließen, ob steuerliche Privilegierungen bestehen, ob das Unternehmen für Lohnsteuer haftet und die „Beteiligung“ beim Unternehmen steuerlich abzugsfähige Betriebsausgaben generiert. In jedem Fall ist die wirtschaftliche oder rechtliche „Verwässerung“ der Beteiligung von Altgesellschaftern und Investoren, auch im Hinblick auf die Strukturierung späterer Finanzierungen, zu berücksichtigen.

Nachfolgend werden ausgewählte Modelle und wesentliche Aspekte speziell für junge Unternehmen stichwortartig dargestellt. Bewusst verzichtet wird auf einen vollständigen Überblick aller Modelle, Sonderfragen für börsennotierte Unternehmen (Trading Windows, Insiderrecht, Prospektpflicht) sowie bilanzielle Aspekte.

Unmittelbare Beteiligung

Die stärkste Form der Beteiligung ist die Ausgabe von GmbH-Anteilen oder Aktien an die Mitarbeiter. Diese können mit einer Kapitalerhöhung neu geschaffen oder aus eigenen Anteilen bzw. durch Abtretungen der (Alt-)Gesellschafter gewährt werden.

- Die wichtigste Frage ist, ob aus Mitarbeitern Mitgesellschafter werden sollen. Dies kann, bereits bei einer kleinen Zahl von Mitarbeitern, zu Problemen bei Gesellschafterbeschlüssen führen. Weitere operative Fragen sind z.B. der Umgang mit strategischen oder vertraulichen Themen im Gesellschafterkreis.
- Die Mitarbeiter erhalten gegebenenfalls Dividenden (Liquiditätsabfluss) und bei einem Exit einen Veräußerungserlös.
- Eine Finanzierungsfunktion hat dieses Modell, wenn die Mitarbeiter eine Einlage (gegebenenfalls mit Aufgeld/Zuzahlung) bzw. den Kaufpreis an die Gesellschaft (nicht an die Altgesellschafter!) leisten. Sie „entfällt“, wenn die für den Mitarbeiter nachteilige Zahlungspflicht durch Stundungs- oder Darlehenskonstruktionen abgefedert wird bzw. die Mitarbeiter die Anteile unentgeltlich (statt Barlohn) erhalten.
- Darlehens- oder Stundungsmodelle kollidieren gegebenenfalls mit den Kapitalaufbringungsgrundsätzen.
- Die Gewährung und Übertragung von GmbH-Anteilen bedarf der notariellen Form, d.h. sie ist mit zusätzlichen Kosten verbunden.
- Zudem ist eine vertragliche Einbindung der Mitarbeiter in komplexe, häufig englischsprachige Beteiligungsverträge erforderlich.

Mitarbeiterbeteiligungsgesellschaft

Hier erhält der Mitarbeiter keine unmittelbare Beteiligung am Unternehmen, sondern Anteile an einer zwischengeschalteten Beteiligungsgesellschaft, die ihrerseits direkt am Unternehmen beteiligt ist. Alternativ wird der Mitarbeiter nicht Gesellschafter der Beteiligungsgesellschaft, sondern diese hält die Beteiligung am Unternehmen treuhänderisch für ihn.

- Die Zersplitterung des Anteilsbesitzes durch eine Vielzahl von Mitarbeitern und gegebenenfalls die Beurkundungspflicht werden vermieden.
- Die Mitarbeiter nehmen nicht selbst an der Gesellschafterversammlung teil, sondern über einen gemeinsamen Repräsentanten. Dies kann ein aus dem Kreis der Mitarbeiter ernannter oder ein von den Investoren „installierter“ (Haupt-)Gesellschafter der Beteiligungsgesellschaft sein.
- Da die Beteiligungsgesellschaft Anteile an dem Unternehmen hält, stellen sich aber teilweise die gleichen Probleme wie bei einer direkten Mitarbeiterbeteiligung.

- Insbesondere wenn der Kreis der Mitarbeiter stark steigt, müssen über die ursprüngliche Beteiligungshöhe hinaus gegebenenfalls weitere Anteile zur Verfügung gestellt werden, um eine sinnvolle Beteiligungsstruktur zu ermöglichen.
- Die Mitarbeiter erhalten gegebenenfalls Dividenden (Liquiditätsabfluss) und bei Exit einen Veräußerungserlös.

Aktienoptionen (Stock Options)

Im Gegensatz zu Boni sind Aktienoptionen in der Regel ein am langfristigen Erfolg des Unternehmens orientiertes, liquiditätsschonendes Modell. Bei Gewährung der Option erhält der Mitarbeiter das Recht, zu einem späteren Zeitpunkt Aktien zu erwerben. Virtuelles Gegenstück hierzu sind z.B. die sogenannten Stock Appreciation Rights.

- Die Option gewährt keine gesellschaftsrechtlichen Mitbestimmungsrechte.
- Die auszugebenden Aktien können aus eigenen Aktien, genehmigtem Kapital oder einer bedingten Kapitalerhöhung bedient werden.
- Eine Finanzierungsfunktion kommt den Programmen bei Ausgabe isolierter Optionsrechte *(Naked Warrants)* zu Beginn nicht zu, da der Ausübungspreis erst zu einem wesentlich späteren Zeitpunkt zu zahlen ist.
- Bezugsrechte können auch über Wandel- oder Optionsanleihen gewährt werden. Diese beinhalten zu Beginn eine verzinsliche Forderung gegenüber dem Unternehmen, d.h. sie haben eine Finanzierungsfunktion.
- Die enge Verzahnung zwischen Hauptversammlungsbeschluss und Optionsrechtsvereinbarung mit der gesamten Finanzierungsdokumentation steht auch hier im Vordergrund.
- Zu regeln sind insbesondere der Kreis der Bezugsberechtigten (Aufsichtsräte sind in der Regel nicht bezugsberechtigt!), Erwerbs- und Ausübungszeiträume, Wartezeiten bis zur ersten Ausübung, Ausgabebeträge, Ausübungsschwellen bzw. Erfolgsziele, Vesting-Periode (Erdienungszeitraum), Laufzeiten, Übertragungsbeschränkungen, Barausgleich sowie der Exit.

Genussrechte und stille Beteiligungen

Genussrechte und stille Beteiligungen sind als Mischform zwischen Eigen- und Fremdkapital angesiedelt und in der Ausgestaltung sehr flexibel.

- Beide vermitteln dem Mitarbeiter keine Beteiligung oder sonstige mitgliedschaftlichen Rechte am Unternehmen im engeren Sinne. Genussrechte können aber mit einem Wandlungsrecht zum Erwerb einer direkten Beteiligung versehen werden.
- Ohne vertragliche Regelungen stehen dem stillen Gesellschafter lediglich die Kontrollrechte nach § 233 HGB zu; Genussrechte gewähren im Zweifel nicht einmal diese.
- Beide vermitteln eine Beteiligung am Gewinn des Unternehmens (Liquidationsabfluss). Genussrechte können auch am Liquidationserlös und damit an der Wertsteigerung des Unternehmens partizipieren.
- Genussrechte partizipieren auch am Verlust des Unternehmens. Für stille Beteiligungen lässt sich dies ausschließen.

Virtuelle Anteile (Phantom Shares)

Durch virtuelle Anteile wird eine gesellschaftsrechtliche Beteiligung am Unternehmen nur simuliert. Die Mitarbeiter erwerben zu keinem Zeitpunkt eine Beteiligung, sondern werden nur (in bestimmtem Umfang) so gestellt, als seien sie Gesellschafter.

- Virtuelle Anteile haben rein schuldrechtlichen Charakter, sind daher frei von gesellschaftsrechtlichen Vorgaben und deshalb in der Ausgestaltung ihrer Bedingungen sehr flexibel. Mangels gesetzlicher Regelungen ist aber die detaillierte vertragliche Strukturierung besonders wichtig.
- Möglich ist eine Beteiligung des Mitarbeiters am Verlust des Unternehmens bzw. an Dividendenzahlungen. Häufig werden Mitarbeiter aber nur bei einem Exit am Veräußerungserlös beteiligt (kein vorheriger Liquiditätsabfluss).
- Bei der Exit-Strukturierung ist zu beachten, dass dem Unternehmen ausreichend finanzielle Mittel für die Zahlung an die Mitarbeiter zustehen, insbesondere wenn der Kaufpreis beim Share Deal den Gesellschaftern zufließt.
- Bei Ausgestaltung der Erlöspräferenzen sind Gesellschaftervereinbarungen und Beteiligungsprogramm sorgfältig zu verzahnen, insbesondere die Präferenzen von Investoren zu berücksichtigen.
- Ferner sollten auch hier u.a. Regelungen zur Verwässerung, Erfolgsziele und Vesting-Perioden in die Bedingungen aufgenommen werden.

Steuerliche Implikationen

Die steuerrechtlichen Implikationen sind komplex und hier nur stichwortartig dargestellt. Abzuwägen ist zwischen den Auswirkungen beim Mitarbeiter einerseits und beim Unternehmen andererseits:

Die Beteiligung bzw. Beteiligungserträge unterliegen bei im Inland steuerpflichtigen Mitarbeitern mit „Wertzufluss" der Einkommenssteuer.

- Unmittelbare und mittelbare Beteiligung: (lohn-)steuerpflichtiger Arbeitslohn entsteht mit Gewährung der Beteiligung, d.h. ohne Liquiditätszufluss. Besteuert wird der Wert der Beteiligung, abzüglich einer möglichen Zahlung des Mitarbeiters, gegebenenfalls steuerlich privilegiert als sogenannte Vermögensbeteiligung. Als Kapitaleinkünfte steuerpflichtig sind ferner Dividendenzahlungen und Exit-Erlös, gegebenenfalls mit reduziertem Steuersatz.
- Aktienoptionen und virtuelle Beteiligung: (lohn-)steuerpflichtiger Arbeitslohn entsteht in der Regel erst mit Ausübung der Option bzw. mit Beteiligung am Exit-Erlös oder an Dividenden, d.h. bei Liquiditätszufluss. Gewinne aus der Veräußerung der Aktie und echte Dividendenzahlungen sind Kapitaleinkünfte, d.h. gegebenenfalls steuerlich privilegiert.
- Genussrechte und stille Beteiligung: die steuerlichen Implikationen lassen sich weitgehend strukturieren.

Leistungen unter Modellen mit Fremdkapitalcharakter berechtigen das Unternehmen in der Regel zum Betriebsausgabenabzug, Eigenkapitalmodelle nicht. In jedem Fall sind die Lohnsteuerhaftung des Unternehmens und die hierfür erforderliche Liquidität zu berücksichtigen.

Fazit

Sofern keine Finanzierungskomponente gewünscht und nicht ausschließlich die Beteiligung des Top-Managements anvisiert wird, bieten vor allem virtuelle Modelle eine gute, kosten- und liquiditätsschonende Möglichkeit, Mitarbeiter flexibel und sicher am Unternehmenserfolg zu beteiligen. Diese sind auch im Ausland akzeptiert und in der Praxis gerade für junge, aufstrebende Unternehmen die bevorzugte Lösung.

Beteiligungspower erhöhen

6

Matthias Dill

Kooperation von Business Angels und institutionellen Investoren bei der Finanzierung von Hightech Start-ups

Deutschland hat als Technologiestandort grundsätzlich gute Voraussetzungen für die Entstehung von Hightech Start-ups. Eine sehr starke Forschungsbasis, gute Infrastruktur und vergleichsweise kurze Zulassungsprozesse bewirken eine zunehmende Gründungsdynamik. Bezüglich der Patentanmeldungen liegt Deutschland in Europa an der Spitze.

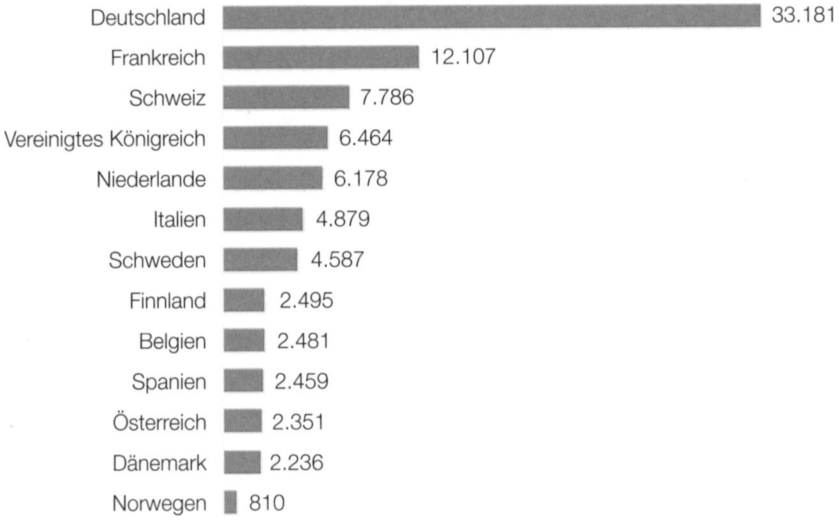

Abbildung 1: Anzahl der europäischen Patentanmeldungen nach ausgewählten Ländern im Jahr 2011; Quelle: Statista

Auch die Vergangenheit hat gezeigt, dass aus technischen Innovationen sowohl Weltkonzerne (wie Siemens oder Bosch) als auch extrem erfolgreiche mittelständische Unternehmen (wie Qiagen oder CEWE Color) entstehen können. Nicht umsonst ist Deutschland bei der Anzahl der sogenannten Hidden Champions Weltspitze. Und gerade diese unbekannten Weltmarktführer bringen eine Vielzahl von Patenten zu vergleichsweise geringen Kosten für die Unternehmen hervor. Allerdings ist dieses Potenzial in Deutschland bei Weitem noch nicht ausgenutzt.

Auf der anderen Seite gründen laut einer Studie von Prof. Dr. Philipp Sieger von den Absolventen deutscher Universitäten nur 2,4% ein eigenes Unternehmen. 19,1% dieser Unternehmen werden in den Bereichen Kommunikation/IT gegründet. Ein zentraler Baustein, um von Innovationen zu erfolgreichen Technologieunternehmen und Produkten mit einem hohen Kundennutzen zu kommen, ist die Finanzierung der Startphase. Insbesondere Technologieunternehmen müssen oft durch eine Phase gehen, die durch anspruchsvolle Produktentwicklung mit Anlaufverlusten behaftet ist. Eine zunehmend wichtige Quelle für diese Finanzierung sind – neben Venture Capital-Gesellschaften und speziellen Seed-Fonds sowie ausländischen Investoren – Business Angels, öffentliche Fonds und institutionelle Investoren, durch die die Business Angels ihre Beteiligungspower deutlich erhöhen können.

Großes Potenzial für die Finanzierung von Hightech Start-ups durch Business Angels

Aus Sicht institutioneller Investoren ist eine lebendige Business Angel-Aktivität eine wichtige Unterstützung bei der Entstehung finanzierungsfähiger Deals. Darüber hinaus sind Business Angels aber auch in späteren Finanzierungsrunden ein wichtiger Partner. So hat sich der Anteil von Business Angels an Anschlussfinanzierungsrunden in den vergangenen Jahren positiv entwickelt und das Potenzial, die schwächer werdende Finanzierungskraft deutscher Venture Capital-Investoren zumindest teilweise zu kompensieren. Im ersten Halbjahr 2012 überstieg das Investitionsvolumen von Business Angels in das Portfolio des High-Tech Gründerfonds (HTGF) deutlich das inländischer wie auch ausländischer VC-Gesellschaften bei Folgefinanzierungsrunden. Insgesamt wurden schon 62 Mio. EUR im Rahmen von Anschlussrunden durch Business Angels investiert.

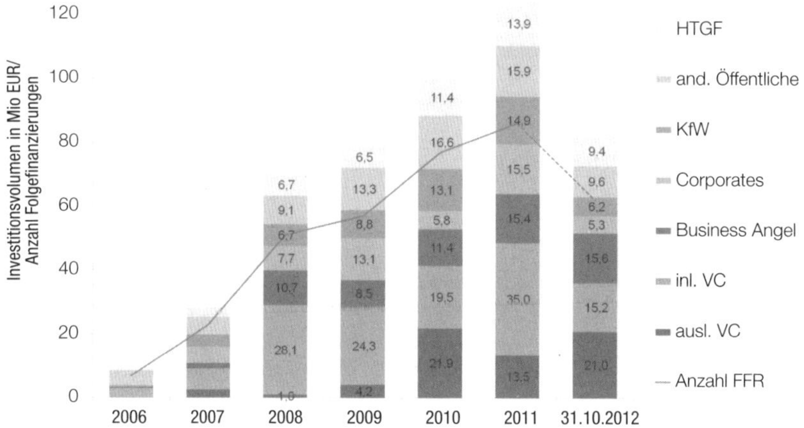

Abbildung 2: Folgefinanzierungsrunden im High-Tech Gründerfonds-Portfolio; Quelle: HTGF

Über 830.000 Deutsche verfügen laut Statista über ein Vermögen von mehr als 1 Mio. EUR. Unter diesen vermögenden Privatpersonen sind zunehmend mehr Gründer, die ihre Unternehmensanteile erfolgreich veräußert haben. Sie reinvestieren in neue Gründungen, aus denen erfolgreiche Unternehmen entstehen, die wiederum neue Business Angels hervorbringen – ein selbstverstärkender Prozess, der dadurch weiter forciert wird, dass gestandene Unternehmer aus dem Mittelstand sich als aktive Investoren engagieren.

Zusammenarbeit von Business Angels mit dem HTGF

Der High-Tech Gründerfonds (HTGF) investiert seit 2005 Risikokapital in junge, chancenreiche Technologieunternehmen, die signifikante Innovationen, aber auch disruptive Technologien unternehmerisch umsetzen. Die Seed-Finanzierung von initial 500.000 EUR soll von den Start-ups für die Bereitstellung eines Prototyps bzw. eines „Proof of Concept" oder zur Markteinführung der Innovation genutzt werden. Für spätere Anschlussrunden legt der Fonds weitere 1,5 Mio. EUR pro Unternehmen zurück. In diesen späteren Phasen investiert der HTGF häufig gemeinsam mit weiteren Beteiligungskapitalgebern wie Business Angels. Diese erhalten dadurch Zugang zu guten Deals aus den verschiedensten Branchen und profitieren von den bereits im Fonds vorliegenden Strukturen. Auch größere Finanzierungsrunden sind dabei durchaus darstellbar. Aber auch in der frühesten Phase unterstützen Privatinvestoren Start-ups sowohl finanziell als auch operativ und machen eine Gründung dadurch oft erst möglich. Hier agiert der HTGF in der Regel als Lead-Investor und finanziert im Standardmodell. Weitere Finanzierungsmodelle (pari passu) sind möglich. Außerdem ist eine Vielzahl von Business Angels als akkreditierte Coachs des HTGF bei den Portfoliounternehmen operativ tätig.

Neben reinen Risiko-Rendite-Erwägungen sind aber auch Beeinflussung des unternehmerischen Prozesses, die Schaffung von Arbeitsplätzen und die Förderung nützlicher Technologien Gründe für ein Engagement. Nicht zu unterschätzen ist auch die persönliche Komponente – ältere Angels können ihre wertvollen unternehmerischen Erfahrungen z.B. durch Beiratsmandate in das Start-up einbringen, bleiben aktiv und geschätzt, jüngere suchen neue Herausforderungen und bleiben in der Szene.

Herausforderungen und Best Practice bei Business Angel-Beteiligungen

Wenn Business Angels oder Personen, die sich in Zukunft in dieser Rolle engagieren möchten, auf der Suche nach Investitionsgelegenheiten sind, stellen sich oft mehrere Herausforderungen.

- teilweise sind die eigenen Finanzierungsmöglichkeiten nicht ausreichend, um ein halbwegs diversifiziertes Portfolio an Start-ups aufzubauen und gleichzeitig die Unternehmen über den gesamten Lebenszyklus zu finanzieren.
- der Aufbaus eines Portfolios ist oft zeitaufwendig, erfordert spezielle Erfahrung sowohl in Transaktionsfragen als auch in der Bewertung der einzelnen Technologien, Märkte und Geschäftsmodelle. Nicht immer lohnt sich der Aufbau eines spezialisierten Family Offices oder das fallweise Engagement teurer Berater (insbesondere wenn die Transaktionskosten einen signifikanten Teil der Investitionssumme ausmachen).
- da einzelne Business Angels am Markt meist nicht über einen hohen Bekanntheitsgrad verfügen, ist der Zugang zu guten Deals oft ein Engpass.

Die Kooperation mit institutionellen Investoren ist eine häufig genutzte Möglichkeit, die oben genannten Herausforderungen zu bewältigen. Der High-Tech Gründerfonds z.B. kooperiert in allen Phasen seiner Beteiligungen mit Business Angels. Dabei gibt es zahlreiche unterschiedliche Varianten. Bezüglich der Ticketgröße variieren die investierten Beträge von kleineren Side-Investments in der Seed-Runde von 50.000 EUR bis zu Anschlussrunden, in denen einzelne Personen mittlere Millionenbeträge investieren.

Auch bei der Auswahl und Betreuung von jungen Technologieunternehmen können Business Angels ihr Engagement auf einer sehr breiten Skala variieren. Da der High-Tech Gründerfonds als Lead-Investor die Start-ups aktiv betreut, kann ein Business Angel in jedem einzelnen Fall entscheiden, ob er sich eher als Co-Investor sieht oder eine aktive Rolle im Gesellschafterkreis übernehmen möchte.

In manchen Fällen bringen sich Business Angels aktiv in die operative Unternehmensführung als (Co-)Geschäftsführer oder Berater ein. Gerade wenn sich ein Business Angel in einer Beteiligung besonders aktiv einbringt, kann es sinnvoll sein, die eigenen Ressourcen auf diesen Deal zu konzentrieren und in anderen Deals die Arbeit einem anderen Finanzierungspartner zu überlassen, der über die Qualifikationen eines Lead-Investors verfügt.

In den vergangenen Jahren waren Business Angels ein sehr wichtiger und guter Kooperationspartner für den High-Tech Gründerfonds. Es bestehen mittlerweile etablierte Modelle für solche Kooperationen. Privatpersonen, die planen, in Hightech Start-ups zu investieren, finden eine gute Infrastruktur vor. Diese ermöglicht es ihnen, sich bei den Themen einzubringen, die sie besonders interessieren, und den Rest dem Kooperationspartner zu überlassen.

Michael Steinmetzer

Gemeinsam investieren mit KfW und ERP-Startfonds

Junge Technologieunternehmen finanziert die KfW direkt mit Beteiligungskapital aus dem ERP-Startfonds. Dies geschieht immer gemeinsam mit privaten Investoren nach dem sogenannten Pari-passu-Prinzip. Ein Lead-Investor – gern ein Business Angel oder mehrere – hat ein Gründerteam kennengelernt, sich von dessen Professionalität überzeugen lassen, hat eine Beteiligungsprüfung durchgeführt und die Beteiligungskonditionen mit den Gesellschaftern ausgehandelt. Über die wesentlichen Eckdaten ist man sich handelseinig, die Tinte unter dem Letter of Intent ist trocken. Nur in der Finanzierung des Businessplans klafft noch eine Lücke – es fehlt ein weiterer Investor, um die Runde komplett zu machen. Das ist der ideale Moment, um mit der KfW Kontakt aufzunehmen und den ERP-Startfonds einzubeziehen.

Ausdauernder Co-Investor nach dem Pari-passu-Prinzip

Seit 2004 geht der ERP-Startfonds Beteiligungen an jungen Technologieunternehmen im gesamten Bundesgebiet ein. Das Bundesministerium für Wirtschaft und die KfW haben den ERP-Startfonds gemeinsam konzipiert. Der Leitgedanke ist, ein flexibles, marktgerechtes und beihilfefreies Instrument zu schaffen, das private Wagniskapital-Investoren in größtmöglicher Breite co-finanzieren kann. Damit sollen junge Technologiefirmen bis zum Alter von zehn Jahren besser finanziert und der Markt für Beteiligungen insgesamt unterstützt werden. Langfristig geht es um permanente Innovationen „Made in Germany“ und die Unterstützung des Strukturwandels. Deshalb positioniert sich der ERP-Startfonds als ausdauernder Co-Investor, der seine Unternehmen meist über mehrere Runden hinweg mitfinanziert.

Grundsätzlich kann die KfW jeden am freien Markt zustande kommenden Vertrag zwischen einem Unternehmen und einem Investor mit unterschreiben, solange seitens der KfW keine rechtlichen oder materiellen Bedenken dagegen sprechen. Gleiches gilt für den zwischen Unternehmen und Investor ausgehandelten Preis für die Beteiligung. Im freien Spiel der Verhandlungskräfte entstanden, stellt er einen Marktpreis dar, der per se kein Beihilfe-Element enthält. Diese am Markt entstandenen Daten gelten als Vorgabe für den ERP-Startfonds, der zu gleichen Konditionen mitfinanzieren kann, und sind Voraussetzungen für seine Beteiligung. Auf dieser Basis trifft er nach einem Plausibilitätscheck seine Investitionsentscheidung.

Eine Erfolgsbilanz an der Seite von Business Angels

Das oben dargestellte Pari-passu-Prinzip hat dazu geführt, dass das Portfolio des ERP-Startfonds bunt und vielfältig ist wie das Leben selbst. In den acht Jahren seit dem Start des Fonds haben sich im Beteiligungsmanagement rund 400 Unternehmen aus den verschiedensten Technologiefeldern angesammelt. Mehr als 440 Mio. EUR hat allein die KfW in dieser Zeitspanne investiert. Im Durchschnitt kommt noch einmal das 1,6-Fache an Kapital aus privaten Quellen, sodass durch den ERP-Startfonds insgesamt über 1,1 Mrd. EUR für Start-up-Beteiligungen in allen Bundesländern aktiviert worden sind. Die meisten Technologieunternehmen finden sich in Bayern, gefolgt von Nordrhein-Westfalen und der Internet-Hochburg Berlin.

Business Angels haben wesentlich dazu beigetragen. Mit 48,5 Mio. EUR stehen sie bei mehr als einem Zehntel des vom Startfonds investierten Volumens als Lead-Investoren an der Spitze der Konsortien. Im Jahr 2011 haben Business Angels sogar in mehr als 20% aller Beteiligungen den Lead-Investor für den ERP-Startfonds gestellt. Bezogen auf die Zahl der einzelnen Beteiligungsverträge ist ihr Gewicht noch größer, weil sie häufiger mit kleineren Beträgen frühere Unternehmensphasen finanzieren und dabei größere Risiken eingehen als Venture Capital-Investoren. Von diesen haben sie in den vergangenen Jahren zunehmend Marktanteile übernommen. Das typische Investment eines Business Angels, der mit dem ERP-Startfonds zusammenarbeitet, liegt zwischen 150.000 und 500.000 EUR. Mehr als 60 verschiedene Angels und kleine Family Offices sind aktuell bei der KfW als Lead-Investoren gelistet, und ihre Zahl wächst stetig weiter.

Der ERP-Startfonds als Finanzierungsinstrument ist hinreichend flexibel, um für die meisten Beteiligungssituationen angewendet werden zu können. Dies gilt im Übrigen auch dann, wenn für den jeweiligen Investment Case eine Co-Finanzierung aus dem European Angels Fund (EAF) geplant ist: Das Geld aus Luxemburg kann ebenfalls von der KfW verdoppelt werden. Anschlussinvestments an den High-Tech Gründerfonds (HTGF) sind nicht nur unproblematisch, sondern sogar konzeptionell beabsichtigt: Der HTGF leistet als Investor in der Seed-Phase die Aufbauarbeit, um die jungen Gründerteams überhaupt auf das Radar privater Investoren zu bringen. Nehmen diese das Signal auf, dann steht ihnen der ERP-Startfonds als Co-Investor zur Verfügung.

Für die eingangs skizzierte Akquise- und Prüfungsarbeit des Lead-Investors, insbesondere aber für die unternehmerische Betreuung des gemeinsamen Investments über die Zeit, bietet die KfW ihren Investoren eine Aufwandsentschädigung an. Sie bezieht sich in der Regel auf den Gewinn zum Zeitpunkt des Exits: Werden die Anteile gewinnbringend verkauft, dann gibt der ERP-Startfonds einen Teil seines Überschusses an den Lead-Investor ab. Zusammen mit allen anderen Rechten und Pflichten wird das in einem Kooperationsvertrag geregelt, den der Investor und die KfW miteinander abschließen.

Fazit

Private Investoren sind also für den ERP-Startfonds in vielerlei Hinsicht eine Conditio sine qua non. Sie fischen lukrative Unternehmen aus dem Dealflow, sie handeln die Bewertungen aus und determinieren die Beteiligungsverträge. Der ERP-Startfonds kann diesen zu gleichen Bedingungen als Co-Investor beitreten. Für das Unternehmen ergibt sich eine breitere Finanzierungsbasis und ein ausgewogener Investorenkreis. Die Business Angels haben darin die aktivere Rolle – oft sind sie z.B. Aufsichtsräte – sie vertreten und kommunizieren die Interessen beider Investoren. Auf dieser Basis besteht die Private Public Partnership über die Laufzeit des gemeinsamen Investments, und im Falle eines erfolgreichen Exits kann der Lead-Investor überdurchschnittlich partizipieren. Nur ein solches partnerschaftliches Miteinander kann Nutzen für alle Parteien stiften. Innerhalb der KfW stehen den Lead-Investoren und Business Angels erfahrene Investmentmanager zur Verfügung, sobald es um eine ganz konkrete Beteiligung geht.

Roman Huber

Co-Finanzierung mit öffentlichen Fonds – Stärken bündeln für die Start-ups

In der frühen Phase einer Unternehmensgründung sind risikofreudige und engagierte Kapitalgeber gefragt. Die Gründer, die oft noch kein Produkt oder keinen Prototyp vorweisen können, benötigen für den Aufbau der Unternehmensstrukturen, die konsequente Umsetzung der Entwicklungs-Roadmap und insbesondere auch für die zeitgerechte, zielgruppenfokussierte Markteinführung ihrer Erzeugnisse zusätzlich zum Kapital die Erfahrung und die Kontakte langjährig erfolgreicher Unternehmer. Für diese wiederum eröffnet die unternehmerisch geprägte Mitwirkung als Privatinvestoren bei neuen innovativen Produktideen eine besonders interessante Option für eine aktive Vermögensanlage.

Schließen der Finanzierungslücke

Voraussetzungen für den Aufbau eines Erfolg versprechenden Beteiligungsportfolios sind für einen Business Angel zum Beispiel, dass er an größeren, klare Wettbewerbsvorteile versprechenden Vorhaben teilhaben kann, ohne bereits in der Anfangsphase große Teile seines Vermögens investieren zu müssen, sodass er in Anschlussrunden stark verwässert werden würde. Nach einem adäquaten Startfinanzierungsanteil in der ersten Hochrisikophase des Start-ups zu attraktiver Bewertung hilft der Verbund mit kapitalstarken aktiven Partnern, durch Nutzung der erhalten gebliebenen Kapitalreserven bei den meist erforderlichen Folgefinanzierungsrunden mitzumachen. Dies verbessert die Chancen des Start-ups auf Erhalt der bis zum eigenen positiven Cashflow nötigen Mittel signifikant, und im Erfolgsfall wahrt der Business Angel eine Höhe der Unternehmensbeteiligung, die eine attraktive Rendite ermöglicht.

Aufgrund der seit Jahren und wohl auch in der absehbaren Zukunft gegebenen Knappheit an Venture Capital seitens institutionalisierter Anbieter richten sich die staatlichen Bemühungen um Schließung der für die Start-ups gegebenen Finanzierungslücke auf die Mobilisierung privater Investoren; ganz aktuell wird z.B. ab dem Jahr 2013 in Deutschland hierfür ein Investitionszuschuss eingeführt. Wie dargestellt bedarf es für erfolgreiche Investments von Business Angels aber auch mit der Situation und etwaigen Problemen von Start-ups vertrauter Co-Investoren. Als solcher kommt auf Bundesebene z.B. der ERP-Startfonds der KfW infrage. In Bayern bieten sich den Business Angels besonders attraktive Rahmenbedingungen: Als Side-Investor können sie sich allein oder als Konsortium mit bis zu 200.000 EUR parallel zu einer gemeinsamen Finanzierung von max. 600.000 EUR des Seedfonds Bayern und des High-Tech Gründerfonds, Bonn, in einem Start-up engagieren. Oft ermöglicht eine parallele Zuschussförderung des Freistaats Bayern ein noch höheres Finanzierungsvolumen. Wird dann eine Anschlussfinanzierung nötig, können die von der Bayern Kapital GmbH gemanagten bayerischen Co-Investmentfonds bis zu 70% des zusammen mit den Business Angels investierten Kapitals bereitstellen, wenn der bzw. die Business Angel(s) mindestens 150.000 EUR, aber höchstens 500.000 EUR pro zwölf Monate investieren und dabei jeder Business Angel mindestens 50.000 EUR aufbringt. Allein seit Oktober 2011, als die EU-Kommission dieses Modell genehmigte, wurden rund zehn junge bayerische Unternehmen über Business Angel(-Konsortien) in Kooperation mit den bayerischen Co-Investmentfonds im Rahmen deren Beteiligungshöchstgrenze von 2 Mio. EUR finanziert.

Kontakte zu Finanzierungspartnern

Die Netzwerke der seit Jahren aktiven staatsnahen Fonds verschaffen vielen Business Angels Kontakte zu weiteren kapitalstarken Finanzierungspartnern, und sie ermöglichen auch zusätzliche Industriekontakte, die sich aus anderen Beteiligungen der Fonds und dem generellen Interesse der größeren Industrieunternehmen an der Start-up-Szene rund um die staatsnahen Frühphasenfonds ergeben. Dies fördert die Markteintrittschancen der Start-ups und letztlich auch die Exit-Möglichkeiten aller Investoren.

Mit Business Angel-Netzwerken gemeinsam veranstaltete Finanzierungsforen geben den Start-ups qualifizierte Präsentationsmöglichkeiten, und sie fördern die Kooperation der Business Angels z.B. für die Syndizierung bei gemeinsamen Investments.

Fazit

Insgesamt betrachtet bringt die Bündelung der bei Business Angels und staatsnahen Fonds vorhandenen Stärken klare Vorteile für die Start-ups und damit aber auch für das Chancen-Risiko-Profil bzw. die Renditechancen der in dieser Hinsicht ausschließlich privatwirtschaftlich agierenden Investoren.

Torsten Klink, Jens Möllerfeld

Direkte und indirekte Unterstützung von Business Angels durch Produkte der NRW.Bank

Ihr hohes unternehmerisches Risiko führt für junge, innovative Wachstumsunternehmen oft zu einer Ablehnung der klassischen Finanzierungsanfrage, sodass eine Eigenkapitalbeteiligung unausweichlich wird. Für Beteiligungen in Höhe von 50.000 bis etwa 250.000 EUR, bei gleichzeitig hohem Beratungsbedarf, stellt der Markt nicht ausreichend institutionelle Anbieter zur Verfügung. Um auch solchen Unternehmen eine Finanzierung zu ermöglichen, arbeitet die NRW.Bank mit Business Angels zusammen.

Neben der Bereitstellung von Beteiligungsgelegenheiten mithilfe des Netzwerkes win (siehe Kasten) bietet die NRW.Bank die Möglichkeit, das Investment eines Business Angels dahingehend zu stärken, dass die Beteiligung in dem innovativen Unternehmen eine Erweiterung der Finanzierungsfähigkeit erlaubt. Im Zusammenspiel von Business Angel und NRW.Bank können so deutlich größere Kapitalbeträge akquiriert werden. Oft realisiert ein Unternehmen erst mithilfe des durch einen Business Angel bereitgestellten Kapitals die Eigenkapitalquote, die nötig ist, um in den Genuss der durch die Hausbanken vertriebenen Fremdkapitalprodukte kommen zu können, wie etwa ERP-Gründerkredit (max. 100.000 EUR), NRW.Gründungskredit (max. 10 Mio. EUR) oder NRW.Bank.Universalkredit (max. 10 Mio. EUR). Nähere Informationen finden Sie unter www.nrwbank.de/foerderlotse.

Auch im Bereich der Eigenkapitalprodukte schaffen Business Angels gute Voraussetzungen für die weitere Kapitalakquise. So bietet die Kapitalbeteiligungsgesellschaft NRW GmbH (KBG) eine stille Beteiligung für Gründungs- und Fertigungskosten sowie für Investitionen, Warenlager und Wachstum. Der Business Angel hilft dem Unternehmen, die bestehende Restriktion der Kapitalbereitstellung der KBG in Höhe des bilanziellen Eigenkapitals zu erweitern.

NRW.Bank Business Angels Initiative (win)

Wenn es um das Thema Business Angels geht, dann ist in der NRW.Bank die NRW.Bank Business Angels Initiative win der erste Anlaufpunkt sowohl für Investoren als auch für innovative Wachstumsunternehmen. Die Initiative wurde bereits 1998 von der Düsseldorfer Börse gegründet und Anfang 2006 von der NRW.Bank übernommen. Durch ihre aktive Netzwerktätigkeit zum Beispiel an Hochschulen und bei Gründerwettbewerben tritt die win frühzeitig mit jungen Unternehmen in Kontakt, oft bereits weit vor der Gründung, und macht sich als mögliche Finanzierungsquelle bekannt. Eine individuelle Vorbereitung der Gründer auf den Erstkontakt mit den Business Angels erhöht sowohl ihr Verständnis für die Anforderungen im Beteiligungsmarkt als auch das für die Denkweise von Investoren – was die Gesprächsaufnahme zu diesen natürlich erleichtert. Die NRW.Bank betreibt durch die win einen Marktplatz, auf dem eigenkapitalsuchende, wachstumsorientierte Technologieunternehmen mit Investoren Kontakt aufnehmen können. Die Kontaktaufnahme zwischen Angels und Unternehmern kann dabei durch direkte Ansprache oder durch eine von der win organisierte Veranstaltung (Business Angels-Marktplatz) erfolgen. Solche Veranstaltungen finden sowohl im Haus der NRW.Bank in Düsseldorf als auch zusammen mit Kooperationspartnern (z.B. Sparkassen, Neues Unternehmertum Rheinland (NUK), start2grow uvm.) an wechselnden Standorten in ganz NRW statt (z.B. Köln, Dortmund, Wuppertal, Bielefeld). Da nur diejenigen Unternehmen ausgewählt werden, die auch für eine Beteiligung als geeignet erscheinen und zu den Beteiligungsinteressen der Business Angels passen, reduziert der Prozess die Akquisitionskosten eines Business Angels deutlich. Darüber hinaus ermöglichen solche Marktplatz-Veranstaltungen den Business Angels, mit anderen Privatinvestoren in Kontakt zu treten und so ihr individuelles Netzwerk auszubauen, Syndizierungen herbeizuführen und ihr Know-how zu erweitern. Für Nordrhein-Westfalen erhöht die win die Transparenz im informellen Kapitalmarkt und unterstützt die Angels dabei, ihre Beteiligungspower zu erhöhen. Mit mehr als 100 Business Angels ist die win als Business Angels-Netzwerk sehr gut aufgestellt und hat den Anspruch, weiter zu wachsen und das bestehende Netzwerk ständig zu optimieren.

Der NRW.Bank.Kreativwirtschaftsfonds bietet Beteiligungen für die Branchen Consumer Internet, E-Commerce, Crowd, Mobile, Social & Software sowie Games. Beteiligungskapital für wachstumsstarke Technologieunternehmen der Branchen Informations- und Kommunikationstechnologie (IKT), Biotechnologie, Cleantech, Medizintechnik und Mikrosystemtechnik bietet der NRW.Bank.Venture Fonds. Bei beiden Produkten ist die gleichzeitige Beteiligung von privaten Investoren erforderlich, was im Gegenzug die Beteiligung eines Angels stärkt. In der Frühphasenfinanzierung kann die Beteiligungswirkung des Business Angels durch die Syndizierung mit einem der sieben regionalen NRW.Bank.Seed Fonds erhöht werden. Die Seed Fonds beteiligen sich an Unternehmen der Informations- und Softwaretechnologie, Mikro- und Nanotechnologie, Biotechnologie und Robotertechnik, Umwelttechnologie und alternative Energie sowie Maschinenbau, Life Sciences und Medizintechnik, Kommunikationstechnologie, Ingenieurwissenschaft, Verfahrens- und Automatisierungstechnik. Das Zusammenspiel von Seed Fonds und Business Angels ist für die Gründerszene in Nordrhein-Westfalen von großer Bedeutung. Mit Hilfe des „Förderlotsen“ auf www.nrwbank.de, der weit über das Produktportfolio der NRW.Bank hinausgeht, wird Transparenz in der Förderlandschaft geschaffen. Das Tool bietet einen schnellen Überblick über mögliche Programme, Zuschüsse etc., die ein Investment sinnvoll ergänzen können.

Durch die win NRW.Bank Business Angels Initiative und ihr weiteres Produktportfolio bietet die NRW.Bank für Business Angels die passende Begleitung, um gemeinsam Potenzial zu entdecken und zu entwickeln.

David Jetel

Das Zusammenspiel von Business Angels und Seedfonds – ein Fallbeispiel

Viele Gründer stehen irgendwann vor der Frage, ob sie ihr weiteres Unternehmenswachstum besser mit Eigenkapital von Business Angels oder von Venture Capitalists finanzieren sollen. Diese Frage wird regelmäßig kontrovers diskutiert und lässt sich am einfachsten an einer Beteiligung skizzieren.

Fashionette.de, größte deutsche Online-Boutique für Designer-Handtaschen, wurde 2008 gegründet und positionierte sich als Online-Verleih für Handtaschen, Abendkleider, Schmuck und Sonnenbrillen. Die Finanzierung des Kapitalbedarfs wurde im ersten Schritt durch Business Angels abgedeckt. Schon bald setzte das Unternehmen aber auf das jetzige Thema Ratenkauf und holte sich für das weitere Wachstum den Sirius Seedfonds Düsseldorf, einen der sieben regionalen Seedfonds der NRW.Bank, ins Boot. Mit Sirius als Lead-Investor wurde das Geschäftsmodell und Profil der Gesellschaft weiter geschärft, sodass Ende 2010 der Kreativwirtschaftsfonds der NRW.Bank als weiterer Venture Capitalist gewonnen werden konnte. Gemeinsam mit den Business Angels und Venture Capitalists konnte über mehrere Finanzierungsrunden ein mittlerer Millionenbeitrag für das Wachstum der Fashionette eingesammelt werden.

Die Frage sollte nicht „entweder oder" heißen, sondern vielmehr: „Wie schafft man es, ein erfolgreiches Unternehmen gemeinsam aufzubauen?" Hier gilt es, die besten Synergien und Potenziale aus dem Gesellschafterkreis abzuschöpfen. Am Anfang der Unternehmung steht der Innovationsgrad der Geschäftsidee. Hier sind Business Angels Vorreiter, die sich auf unerprobtes Terrain wagen. Sie bringen meist unentgeltlich persönliche Beiträge in das Wachstumsunternehmen. Das kann von der Unterstützung bei rechtlichen Fragestellungen über allgemeinen strategischen Rat und Coaching des Gründerteams bis zur konkreten Hilfe bei der Optimierung einer Online-Marketingkampagne reichen. Oft kommen die Angels aus dem gleichen Branchensegment wie das Start-up und können so mit ihrem Wissen auch operativ helfen. In der Regel entscheiden Angels auch schneller als der typische Venture Capitalist, ob sie investieren. Bei ihnen gibt es keine mehrstufigen Entscheidungsprozesse.

In der Wachstumsphase bzw. dem Rollout des Geschäftsmodells ist sicherlich der Kapitalbedarf des Unternehmens ein ganz wesentlicher Punkt oder Faktor. Je höher der Kapitalbedarf, desto mehr Finanzierungsformen und -möglichkeiten müssen einbezogen werden. Hier sollten institutionelle Kapitalgeber (Venture Capitalists) sowie deren Netzwerk mit in die Finanzierung einbezogen werden. In der nächsten Wachstumsstufe müssen die Geschäftsprozesse weiterentwickelt werden. Es gilt, weitere sehr gute Mitarbeiter zu finden und diese am Unternehmen zu beteiligen. Oft steht eine weitere Expansion an. Venture Capitalists kennen diese Fragestellungen, da sie aufgrund ihrer Beteiligungshistorie später in ein Unternehmen einsteigen, diese Prozesse mit auf den Weg bringen und dieses auch bis zum Exit begleiten.

Mit Blick auf den Exit, ob als Trade Sale oder Börsengang (IPO), profitiert das Unternehmen von den Venture Capitalists. In der Regel sind sie besser mit möglichen strategischen Käufern vernetzt und wissen so auch eher, wann eine Investition oder der Kauf eines Start-ups in deren Unternehmensentwicklung passt. Sie pflegen meist auch zu Finanzinvestoren, die auf Spätphaseninvestitionen fokussiert sind, gute Beziehungen.

Der Sirius Seedfonds Düsseldorf ist eine Art „Brückenkopf" zwischen dem Übergang aus der ersten Unternehmensphase (Business Angels) und dem erfolgreichen Exit des Unternehmens. Wichtig sind – neben dem gemeinsamen Verständnis des Geschäftsmodells – die Unternehmenskultur und die strategische Ausrichtung, das persönliche Verständnis und Vertrauen zwischen allen aktuellen und zukünftigen Gesellschaftern.

Der Sirius Seedfonds Düsseldorf investiert in junge Unternehmen im Wirtschaftsraum Düsseldorf sowie in den angrenzenden Regionen. Der Fokus liegt auf den Branchen Life Sciences, Informations- und Kommunikationstechnologie sowie auf industriellen Anwendungen. Der Fonds ist Anfang des Jahres 2007 von der Sirius Venture Partners GmbH gemeinsam mit der Stadtsparkasse Düsseldorf, der NRW.Bank und Privatinvestoren initiiert worden. Im Portfolio befinden sich aktuell 13 Technologieunternehmen mit guten Wachstumschancen in attraktiven Märkten.

Carsten Just, Martina Veit

Ein Paar große Flügel bitte! – Der European Angels Fund macht es möglich

Seit März 2012 gibt der European Angels Fund (EAF) Business Angels zusätzlichen Rückenwind. Dieser Co-Investitionsfonds, der vom European Investment Fund (EIF), dem Risikokapitalgeber der European Investment Bank (EIB) und der deutschen Bundesregierung bzw. dem Bundesministerium für Wirtschaft und Technologie (BMWi) initiiert wurde, ist Bestandteil eines Maßnahmenpakets der Bundesregierung und der EIB-Gruppe zur Förderung der Wagniskapitalfinanzierung. Mit einem Volumen von 70 Mio. EUR ausgestattet, die durch vom EIF ausgewählte Business Angels in kleine und mittelständische Unternehmen investiert werden sollen, bietet der EAF Engel-Investoren die Möglichkeit, gezielt die eigene Finanzkraft zu erhöhen.

Engel fliegen lassen

Klingt nach Behördentum und hohem administrativen Aufwand? Weit gefehlt, genau hier liegt die Besonderheit des EAF. Dieser Co-Investitionsfonds wurde sorgsam auf das Investitionsverhalten der Business Angels und ihre speziellen Anforderungen ausgerichtet. Im Gegensatz zu Fondsmanagern, deren Aktivitäten sich in der Regel innerhalb eines umfangreich vertraglich abgesteckten Rahmens bewegen müssen und gegebenenfalls Regulierungen unterliegen, umfassend Report erstatten und administrative Auflagen erfüllen müssen, agieren Business Angels frei und unabhängig, da sie ausschließlich ihr eigenes Vermögen einsetzen. Genau diese Entscheidungsfreiheit ist ein potenzieller Erfolgsfaktor erfahrener Business Angels. Den Engel durch ein unnötig starres Korsett von vertraglichen Regularien und Kontrollmechanismen unverhältnismäßig stark einzuschränken hieße daher, ihm die Flügel zu stutzen.

Um seine Flügel stattdessen wachsen zu lassen, stellt der EAF Business Angels Kapital zur Verfügung und lässt ihnen bei der Investitionstätigkeit freie Hand. Die Business Angels sind es, die den Dealflow eigenständig prüfen, über Investitionen alleinverantwortlich entscheiden, die Gesellschafterrechte in den Unternehmen wahrnehmen und den Exit herbeiführen. In anderen Worten ausgedrückt: Der EAF gibt das Geld und die Engel treffen die Entscheidungen.

Attraktives Co-Investitionspaket

Was heißt das konkret? Im Rahmen eines standardisierten „Co-Investitionsrahmenvertrages“ gehen der EAF und der Business Angel ein Treuhandverhältnis ein, das den Business Angel zum Treuhänder für ein vereinbartes Co-Investitionsvolumen des EAF macht. Der EAF gibt damit keine Investitionszusagen auf Deal by Deal-Basis – vielmehr legt der Vertrag in gemeinsamer Absprache mit dem Business Angel fest, welcher Gesamtbetrag, der sich zwischen 250.000 EUR und 5 Mio. EUR bewegt, während des Investitionszeitraums in ein Portfolio von Unternehmensbeteiligungen investiert werden soll. Der EAF verpflichtet sich im Rahmen dieses Vertrags, jedes zukünftige Investment eines Business Angels zu co-investieren und damit den Gesamtinvestitionsbetrag zu verdoppeln bzw. den Beitrag des Business Angels an der Gesamtrunde zu halbieren – wenn also 500.000 EUR in ein Unternehmen fließen sollen, investiert der Engel 250.000 EUR aus eigener Tasche und ruft die restlichen 250.000 EUR beim EAF ab. Ohne ausführlichen Investitionsvorschlag und ohne Gremienvorbehalt. Und auch der administrative Aufwand nach der Transaktion ist auf ein Mindestmaß reduziert – anstelle EVCA- und IPEV-konformer, ausführlicher Quartalsberichterstattung ist nur ein halbjährliches Kurzreporting nötig. Eine Management Fee für die Verwaltung des Treuhandvermögens erhält der Business Angel zwar nicht, partizipiert aber bei Veräußerung über Anschaffungskosten überproportional am Gewinn (Carried Interest).

Eine feste Co-Investitionszusage des EAF vorab bei maximalem Freiheitsgrad und minimalem administrativen Aufwand für den Business Angel – dieses Paket dürfte gewiss attraktiv sein. Dass ein Blankoscheck dieser Art nicht jedem eingeräumt werden kann, erklärt sich von selbst. Business Angels, die an einer Kooperation mit dem EAF interessiert sind, sollten als Voraussetzung daher neben umfassender Erfahrung auf dem angestrebten Investitionsgebiet, einem guten Zugang zu qualitativ hochwertigen Investitionsmöglichkeiten und ausreichender Finanzkraft insbesondere nachweisen können, dass ihre Investitionstätigkeit in der Vergangenheit auf breiter Ebene erfolgreich gewesen ist. Der bisherige Track Record eines Business Angels ist somit eines der zentralen Selektionskriterien für den EIF, der auch im Rahmen einer kurzen Due Diligence im Detail besprochen wird, ehe eine Investitionsentscheidung gefällt werden kann. Ist diese positiv und der Co-Investitionsrahmenvertrag unterzeichnet, kann der Engel loslegen – ab diesem Zeitpunkt wird gemeinsam investiert.

Große Resonanz und weitere Pläne

In den ersten acht Monaten nach dem operativen Start des EAF in Deutschland haben sich weit über 100 Business Angels um ein Co-Investment des EAF beworben. Viele von ihnen können bereits auf eine mehrjährige Investitionstätigkeit und mehrere Beteiligungen zurückblicken, nicht wenige haben erste Beteiligungen erfolgreich veräußert, und eine stattliche Anzahl kann sogar einen Track Record über ein größeres Portfolio mit bemerkenswerten Veräußerungsgewinnen vorweisen. Während der ersten acht Monate des EAF, für den eine Investitionsphase von fünf Jahren vorgesehen ist, konnten auf diese Weise bereits insgesamt 17 Mio. EUR und damit fast 25% des Fondsvolumens zugesagt werden. Bei einer Vielzahl weiterer Bewerber gibt es bereits erste positive Signale in der Portfolioentwicklung, sodass ein Vertragsabschluss zu einem späteren Zeitpunkt aussichtsreich erscheint. Insgesamt wird erwartet, dass das Fondsvolumen von 70 Mio. EUR deutlich vor Ablauf der Investitionsphase vollständig allokiert sein wird und mit ca. 40 Business Angels, die wiederum im Durchschnitt fünf Direktbeteiligungen eingehen, damit binnen kurzer Zeit insgesamt 140 Mio. EUR zuzüglich darüber hinausgehender katalysierter Finanzierungen von bis zu 200 Unternehmen ermöglicht wird.

Mit dem EAF geht der EIF einen wichtigen Schritt in Richtung Stärkung und Erweiterung des europäischen VC-Ökosystems, indem er den wertvollen Beitrag von Business Angels in der Frühphasenfinanzierung aktiv unterstützt. Der Start des Pilotprojekts in Deutschland ist schon jetzt eine Erfolgsgeschichte, der zweite Pilot in Spanien ist im November 2012 gestartet und die Lancierung in weiteren Ländern in Vorbereitung. Ziel des EIF ist es, in den nächsten drei bis vier Jahren einen europaweiten Rollout des EAF zu ermöglichen. Die entsprechende Nachfrage aus anderen Ländern, sowohl vonseiten öffentlicher Kapitalgeber als auch der Business Angels-Szene, ist groß.

Doch damit nicht genug – nachdem Privatinvestoren, Family Offices und institutionelle Investoren bereits Interesse gezeigt haben, mit erfolgreichen Business Angels zu co-investieren, wird sich der EAF mittelfristig weiteren Investoren öffnen. Über eine sogenannte Umbrella-Struktur werden Investoren in den EAF investieren können, erhalten auf diese Weise einen Zugang zu einer attraktiven und bislang nicht zugänglichen Assetklasse – und vergrößern auf diese Weise noch einmal die Finanzierungsbasis des EAF.

Neben der Erhöhung der Beteiligungspower für Business Angels und der Katalyse zusätzlicher Finanzierungsmittel für Frühphaseninvestments soll die Initiative darüber hinaus einen Beitrag zur Professionalisierung von Business Angels-Aktivitäten leisten, ihre Vernetzung untereinander sowie mit institutionellen (Venture Capital-/Private Equity-Gesellschaften) und strategischen Investoren (Industrieunternehmen) aktiv unterstützen und damit einen ganzheitlichen Beitrag zur Erweiterung und Verstärkung des europäischen VC-Ökosystems leisten – und zieht insofern mit den Business Angels-Initiativen und -Netzwerken auf regionaler, nationaler und internationaler Ebene, insbesondere BAND und EBAN, an einem Strang.

Himmlische Zeiten? Das vielleicht noch nicht. Aber auch wenn derzeit noch nicht jedem Engel der Himmel auf Erden bereitet werden kann – wer das Fliegen beherrscht, kommt mit ein paar größeren Flügeln deutlich weiter und dem Himmel ein Stück näher!

Joachim Hackbarth

Der Fördermitteldschungel – Ein Blick durch das Dickicht

Aktuell gibt es rund 1.920 Förderprogramme basierend auf 1.203 Förderrichtlinien (Stand 28.11.2012). Davon entfallen 58 auf die EU, 218 auf den Bund und 927 auf die Länder. Die Angaben über die Höhe der Fördermittel, die jährlich vergeben werden, schwanken zwischen den Zahlen, die der 23. Subventionsbericht der Bundesregierung mit 71 Mrd. EUR für 2011 beziffert, und den Zahlen, die beispielsweise das IFW Institut für Weltwirtschaft mit 163 Mrd. EUR für 2011 angibt. Wenn man von den realistischeren Zahlen der Wirtschaftsforschungsinstitute ausgeht, kommt man zu dem Ergebnis, dass bei derzeit rund 1,9 Millionen grundsätzlich antragsberechtigten Freiberuflern und Unternehmen durchschnittlich knapp 80.000 EUR pro Betrieb und Jahr an Fördermitteln zur Verfügung stehen.

Wer kennt Fördermittel?

Machen Sie doch einmal den Versuch und fragen sich selbst oder auch in Ihrem Bekanntenkreis, wer nähere Kenntnis über Fördermittel hat. Sie werden feststellen, dass nur ein sehr kleiner Teil der Existenzgründer und der kleinen und mittelständischen Unternehmen (KMU) bisher nähere Erkenntnisse über Fördermittel hat und ein noch geringerer Teil solche Fördermittel bereits einmal beantragt und zugewiesen bekommen hat. Einer aktuellen MIND (Mittelstand in Deutschland)-Studie zufolge haben bisher nur 23% der KMU bereits erfolgreich Fördermittel beantragt und erhalten. Zwar haben rund 70% der KMU bereits davon gehört, dass es Fördermittel gibt, aber selbst in Finanzen und Finanzierung versierte Leute müssen einräumen, dass sie keine tieferen Kenntnisse und kaum Überblick über den „Förderdschungel" haben. Dieser Aufsatz versucht dem Leser einen ansatzweisen Überblick über das Spektrum der Förderprogramme auf dem Gebiet der Länder, des Bundes und der EU zu geben.

Fördermittel gibt es für viele verschiedene Förderbereiche. Grundsätzlich gliedert sich die Förderung in fünf Bereiche:

- **Gebietsförderung:** Zuschüsse für Investitionen in strukturschwachen Regionen
- **Mittelstandsförderung:** Zuwendungen für Unternehmen, die die KMU-Kriterien der EU erfüllen (Bilanzsumme, Mitarbeiterzahl und Umsatz)
- **Sachförderung:** Zuwendungen, wenn bestimmte Investitionen oder Ausgaben für beispielsweise Umweltschutz oder Forschung und Entwicklung anfallen
- **Projektförderung:** Förderung zielgerichteter Maßnahmen in Betrieben, Kooperationen, Konsortien und Verbünden
- **Personenförderung:** Förderung bestimmter Personenkreise, z.B. Existenzgründung und Arbeitsplatzförderung

Die **Arten der Förderungen** unterscheiden sich in fünf verschiedene Zuwendungen:

- **Zuschuss:** Häufig „verlorener Zuschuss" genannt; hierbei handelt es sich um nicht rückzahlbare Zuwendungen.

- **Zinsbegünstigte Darlehen:** Finanzierungen, die z.T. erheblich unter den Marktkonditionen für langfristige Darlehen liegen. Die KfW oder die Förderbanken der Länder (z.B. L-Bank oder NRW.Bank) subventionieren die Zinsen.
- **Bürgschaft:** Wenn für anstehende Investitionen die Sicherheiten nicht ausreichen, können die Bürgschaftsbanken der Länder für die Hausbanken Haftungsfreistellungen von 50 bis 100% der Darlehenssumme an die Hausbank stellen.
- **Öffentliche Beteiligung:** Der Bund (über die KfW) und die Länder unterhalten Beteiligungsgesellschaften, die sich still, offen oder über Genussrechtsprogramme beteiligen können. Beteiligungen Dritter wie z.B. Business Angels können verbürgt werden.
- **Kombinationen:** Hier gibt es eine Vielzahl von gemischten Förderarten und Sachleistungen.

Selbst wenn man die Fördermittel beispielsweise über das Portal des Bundesministeriums für Wirtschaft und Technologie (www.foerderdatenbank.de) ausfindig gemacht hat, ist die Beantragung und vor allem die Durchsetzung des Antrags ein komplexes Vorhaben, an dem einige Antragsteller schon gescheitert sind. Hier können die Wirtschaftsförderstellen der IHK oder Handwerkskammern bei einfacheren Vorhaben helfen. Bei komplexeren Vorhaben wendet man sich besser an versierte Fördermittelberater.

Wofür sind Fördermittel gut?

Die nachfolgende Aufstellung erhebt keinen Anspruch auf Vollständigkeit, sondern ist eine Auflistung der wichtigsten Programme:

- Existenzgründung
- Existenzaufbau/-festigung
- Betriebsgründung
- Betriebsübernahme/-übergabe
- Betriebserweiterung
- Betriebssicherung
- Beteiligung an/von Unternehmen
- Risikokapital/Venture Capital
- Erwerb eines Betriebsgrundstückes
- Erwerb von Maschinen und Geräten
- Schaffung von Arbeitsplätzen
- Schaffung von Ausbildungsplätzen
- Umweltschutzmaßnahmen
- Forschung und Entwicklung
- Markteinführung neuer, innovativer Produkte
- Inanspruchnahme von Unternehmensberatung
- Inanspruchnahme von Schulungsmaßnahmen
- Export
- Messe-Unterstützung
- Internationale Projekte
- Konsolidierungsmaßnahmen
- Liquiditätshilfe
- Vertriebsoptimierung
- Betriebssteuerung über die Wertentwicklung Ihres Unternehmens

- Intensivere Nutzung der verfügbaren Ressourcen
- Kostenreduzierung
- Planung von schnellem Wachstum (> 30% pro Jahr über mindestens drei Jahre)
- Erhöhung der betrieblichen Intelligenz (Institutional IQ)
- Verbesserung des betrieblichen Ratings
- Einführung eines besseren (effektiveren) Vertriebssystems
- Energieeffizienz im Unternehmen
- Energieeffizientes Sanieren (Wohnungsbau)
- Elektromobilität
- CO_2-Reduzierung
- Produkt- und Produktionsinnovationen

In der folgenden Beschreibung sind die Förderarten nach ihrer Zuordnung zu den Gründen der Förderung (wofür) aufgelistet und danach in **Einzelförderungen** aufgegliedert. Nach dieser Darstellung gibt es nicht vier Förderarten und Kombinationen davon, sondern **neun Förderarten**.

Lohnkostenzuschuss: Es muss ein neuer Mitarbeiter eingestellt werden, um einen Lohnkostenzuschuss zu erhalten. Der Lohnkostenzuschuss ist eine nicht rückzahlbare Zuwendung zu den Kosten der Einstellung und Einarbeitung eines neuen Mitarbeiters. Dieser Mitarbeiter muss arbeitslos sein oder einer besonderen Zielgruppe angehören.

Projektzuschuss: Der Projektzuschuss ist die nicht rückzahlbare Zuwendung zu einem Gesamtvorhaben, das im Unternehmen als Projekt abgegrenzt wurde und eine eigene Kalkulation hat. Projekte können mit den unterschiedlichsten Hintergründen bezuschusst werden. Die häufigsten Projekte sind Forschungs- und Entwicklungs-, Energiespar- und Umweltschutzprojekte. Darüber hinaus gibt es zahlreiche Projektformen im Bereich Arbeit und Beschäftigung. Hier werden vom BMBF (Bundesministerium für Bildung und Forschung) zahlreiche Angebote an Unternehmen gemacht. Die Förderung erfolgt meist auf Kostenbasis und deckt 35 bis 60% der Kosten (auch der internen Kosten) eines Projektes ab.

Regionalzuschuss: Die Basis der Regionalförderung ist der 36. Rahmenplan der „Gemeinschaftsaufgabe zur Verbesserung der regionalen Wirtschaftsstruktur" (kurz: GA) genannt, für den Zeitraum von 2007 bis 2013. Die Voraussetzungen für eine Investitionsförderung sind gegeben, wenn Unternehmen Betriebsstätten in einem von der EU ausgewiesenen strukturschwachen Gebiet eröffnen oder erweitern. Unter Umständen ist die grundlegende Rationalisierung einer Betriebsstätte förderfähig. Hier können Zuschüsse zwischen 15 und 50% der Investitionen ins Sachanlagevermögen gewährt werden.

Eigenkapitalersatz: Eigenkapitalersatz ist als Ergänzung des verfügbaren Eigenkapitals von tätigen Gesellschaftern gedacht. Dabei wird der Eigenkapitalersatz an den tätigen Gesellschafter innerhalb der ersten zwei Jahre vergeben. Antragsteller ist der Gesellschafter.

Förderdarlehen mit Haftungsfreistellung: Ein Förderdarlehen ist ein zinsgünstiges Darlehen mit Konditionen, die z.T. erheblich unter den Marktkonditionen liegen. Die Förderdarlehen mit Haftungsfreistellung haben eine integrierte Ausfallbürgschaft für die abwickelnde Bank. Förderdarlehen müssen nach dem KWG vergeben werden und werden über eine sogenannte „Hausbank“ beantragt. Diese Hausbank wird der Vertragspartner des Unternehmens. Die Förderbank refinanziert die Hausbank und bestimmt die Konditionen der Finanzierung. Die Haftungsfreistellung entlastet das Obligo der Hausbank mit einer vorher festgelegten Quote. Diese Quote beläuft sich auf 40 bis 90% der verbleibenden Kreditsumme.

Förderdarlehen: Ein Förderdarlehen ist ein billiges Bankdarlehen. Die Förderdarlehen müssen genauso besichert werden wie jedes andere Bankdarlehen. Die Zinsen belaufen sich aktuell auf 1,01 bis 6,40% (je nach Bonität und Sicherheiten) effektiv für fünf, zehn oder 20 Jahre fest. Förderdarlehen sind auf maximal 10 Mio. EUR pro Antrag begrenzt.

Öffentliche Beteiligungsgesellschaften: Die öffentlichen Beteiligungsgesellschaften sind Privatorganisationen der Wirtschaft und deren Organisationen. Die Gesellschafter sind Banken, Versicherungen, Verbände und Kammern. Die Gesellschafter stellen das Eigenkapital, und meist sichert die öffentliche Hand die Kapitalanlage durch Bürgschaften und besondere Refinanzierungen ab. Im Gegensatz zu den privaten Beteiligungsgesellschaften liegt die Obergrenze der Rendite bei öffentlichen Beteiligungsgesellschaften, oft auch Mittelständische Beteiligungsgesellschaften (MBG) genannt, bei max. 12% pro Jahr. Die direkte Beteiligung ist derzeit noch die Ausnahme, die typische stille Beteiligung ist die Regel. Die Höhe der Beteiligung beginnt bei 50.000 EUR (Wunschhöhe ab 125.000 EUR) und endet bei 1 Mio. EUR. Eine weitere Grenze liegt in der Höhe des vorhandenen Eigenkapitals im Unternehmen. Die öffentliche Beteiligung wird regelmäßig in sogenannter Eigenkapitalparität vergeben. Dabei darf die öffentliche Beteiligung nicht höher sein als das vorhandene Eigenkapital. Die Laufzeit ist regelmäßig zehn Jahre. Die laufende Verzinsung wird jährlich bezahlt, und am Ende der Laufzeit erfolgt die Rückzahlung in einem Betrag oder durch eine Tilgungsvereinbarung über maximal fünf weitere Jahre. Es gilt das Nominalwertprinzip. Die Beschaffung einer öffentlichen Beteiligung dauert drei bis fünf Monate.

Nachrangdarlehen: Das Nachrangdarlehen ist der typischen stillen Beteiligung nicht unähnlich. Zuerst ist es ein Darlehen wie jedes Bankdarlehen auch. Dadurch gelten die Regeln des KWG. Dann erklärt der Kapitalgeber den Rangrücktritt (Nachrang) hinter alle anderen Verpflichtungen des Unternehmens. Somit wird das Nachrangdarlehen erst vor dem Eigenkapital zurückgezahlt. Das Nachrangdarlehen, auch Mezzanine-Kapital (mezzo = ital. zwischen, da es zwischen dem Eigen- und dem Fremdkapital liegt) genannt, wird von Banken bei größeren Krediten vergeben, um Unternehmen in die Lage zu versetzen, mehr Kapital aufzunehmen. Es ist auch ein immer stärker werdender Teil der öffentlichen Darlehen. Nachrangdarlehen werden bis zu 2 Mio. EUR vergeben. In manchen Fällen werden diese auf einen Teil der Investition begrenzt. Die Grenzen liegen dann bei 25 bis 50%. Nachrangdarlehen dürfen kombiniert werden.

Ersatzsicherheiten: Die Ersatzsicherheiten stellen keine Finanzierungsart dar. Sie sind eine Sicherheit, die das Unternehmen einbezieht, wenn dem Kapitalgeber die Sicherheiten nicht ausreichen. Solche Ersatzsicherheiten sind möglich, wenn es einen akzeptierten Sicherungsgeber gibt, beispielsweise eine Versicherung, die aufgrund eines Informations- und Managementvorteils Sicherheiten besser (höher) bewertet als der Kapitalgeber. Weiterhin werden solche Ersatzsicherheiten auch von staatlich unterstützten Bürgschaftsbanken oder dem Staat selbst vergeben. Hierbei mischen sich die Betrachtungen der

Förderung hinsichtlich der positiven Effekte, beispielsweise durch Beschäftigung in einer Region mit geringerem Beschäftigungsanteil, und der „Aufwertung" der Sicherheiten für einen Kapitalgeber.

Fazit

Fördermittel sind ein ganz wichtiger Baustein der Unternehmensfinanzierung. Finanzierungsschwierigkeiten sind das wichtigste Innovations- und Wachstumshemmnis. Wegen der hohen und vor allem kaum exakt bezifferbaren technischen und kommerziellen Risiken sind Fremdkapitalgeber, besonders Banken, bei der Finanzierung von Start-ups und Entwicklungsprojekten sehr zurückhaltend. Ein Ausweg aus dieser Klemme ist der gezielte Einsatz von Fördermitteln, mit denen nicht selten 75% oder mehr des Vorhabens bezuschusst werden können. Wichtig ist, dass kein Vorhaben begonnen wird, bevor es nicht auf Förderfähigkeit geprüft wurde, denn alle Anträge müssen vor Beginn der Maßnahme gestellt werden. Rückwirkende Fördermittel gibt es nicht.

Erfolgreich syndizieren

7

Michaela Müller, Benedikte Hatz

Der Weg zum Syndikat – steinig, aber lohnend?

„Ein Kartell, bei dem die Verpflichtung der Vertragsbeteiligten durch gemeinsame Organisation – z.B. für den Einkauf oder für den Absatz – abgesichert ist." So lautet die trockene lexikalische Definition von Syndizierung. Im Beteiligungsmarkt versteht man darunter den Zusammenschluss mehrerer Business Angels – also oftmals höchst anspruchsvoller Individuen mit prall gefüllten Terminkalendern, die für ein erfolgreiches Syndikat einen gemeinsamen Nenner finden müssen. Ein meist nicht ganz einfaches, aber lohnendes Unterfangen.

Trendland USA

In den USA gibt es den Trend zu großen Syndikaten schon seit Anfang der 90er Jahre: Bei den „Tech Coast Angels" nehmen z.B. an manchen Finanzierungsrunden über hundert Angels teil – ein Trend, der sich gerade in den letzten Jahren immer weiter verstärkt. In Deutschland sind verlässliche Daten zu Business Angels-Syndikaten nur schwer zu finden bzw. gar nicht vorhanden. Im Finanzierungsnetzwerk des netzwerk nordbayern – einer in Nürnberg ansässigen Unternehmerinitiative – kamen 2012 fast 20% des Frühphasenfinanzierungsvolumens von Business Angels. Der Anteil lag zu Beginn des neuen Geschäftsjahres im Oktober sogar bei erstaunlichen 70%. Der Markt hat sich nach eigenen Beobachtungen in letzter Zeit nicht nur hinsichtlich der Aktivität von Angels, sondern auch in der Struktur verändert. In der Vergangenheit waren es vor allem Einzelkämpfer, die als Business Angels in junge Start-ups investiert haben. Bei einem erfolgreichen Exit können sie den Gewinn allein einstreichen. Andererseits tragen diese Lonely Wolves im Verlustfall auch das gesamte Risiko sowie sämtliche Deal-Kosten.

Gehört also den Syndikaten die Zukunft? Beim netzwerk nordbayern geht der Trend hin zum gemeinsamen Invest. Beim letzten Deal waren sechs vermögende Privatpersonen beteiligt, ein weiterer Deal, der kurz vor dem Abschluss steht, bringt fünf Business Angels und Fonds an einen Tisch. Diese Zusammenschlüsse bieten tatsächlich zahlreiche Vorteile, wie z.B. die Risikoteilung. Andererseits bringt der Anbahnungsprozess vielfach trotz bester Absichten und größter Entschlossenheit aller Beteiligten viele Abstimmungsschwierigkeiten mit sich, an denen Deals auch in letzter Sekunde noch scheitern können. Dennoch kann bei der Bildung eines Syndikats unter den beteiligten Partnern oft ein besonderes Vertrauen entstehen, nicht zuletzt, eben weil sie sich mit teils erheblichem Aufwand durch die zahlreichen grundlegenden Abstimmungsprozesse und Fragen arbeiten mussten – die Basis für weitere gemeinsame Investments ist damit gelegt.

Was sind die Vorteile eines Syndikats?

- Durch das gebündelte und damit höhere Investmentvolumen kann sich der einzelne Business Angel auch an für ihn interessanten und gleichzeitig größeren Deals beteiligen, die möglicherweise im Alleingang seine Mittel übersteigen würden.
- Ein Syndikat erleichtert die Portfoliodiversifizierung, weil das vorhandene Kapital auf eine größere Anzahl von Deals verteilt werden kann.
- Unterschiedliches Know-how der beteiligten Business Angels ermöglicht Investments in verschiedene Branchen.

- Die Netzwerke und die Expertisen aller Syndikatsteilnehmer unterstützen das Vorscreening potenzieller Portfoliounternehmen, die Due Diligence, das Monitoring und die tatsächliche Betreuung.
- Neben der Arbeitsteilung ist auch die Möglichkeit der Kostenteilung ein Plus.
- Syndikate machen die Beteiligung an Folgerunden teilweise überhaupt erst möglich: Durch ein größeres Finanzierungsvolumen verbessert sich z.B. auch die Verhandlungsposition gegenüber Venture Capital-Gesellschaften, die zum späteren Zeitpunkt mit größeren Volumina einsteigen.
- Hat sich ein Syndikat langfristig etabliert, ist ein höherer und besserer Dealflow über die Kontakte eines jeden Einzelnen wahrscheinlich.
- Insbesondere für Neulinge unter den Business Angels ist ein Syndikat hervorragend geeignet, um von erfahrenen Engeln zu lernen.

Was sind die Nachteile eines Syndikats?

- Ein Syndikat ist häufig ein komplexes Gebilde, da unterschiedliche Interessenlagen und unterschiedliches Risikoverhalten „unter einen Hut gebracht“ werden müssen.
- Zur Abstimmung aller Beteiligten ist ein höherer Zeitaufwand notwendig. Die gemeinsame Terminfindung von mehreren viel beschäftigten Business Angels kann unter Umständen einige Wochen erfordern. Kurzfristige Terminverschiebungen und langwierige Neuverhandlungen sind keine Seltenheit und führen zur Verzögerung des Finanzierungsabschlusses.
- Die Syndikatsteilnehmer müssen idealerweise über ein hohes Maß an Kompromissbereitschaft und Teamfähigkeit verfügen.
- Der rechtliche Rahmen eines potenziellen Deals ist bei einem Syndikat aufwändiger, so muss z.B. das Pooling, also die Liquiditätsbündelung, genau geregelt werden.
- Insbesondere beim ersten gemeinsamen Deal hat vor allem der Lead Angel oftmals den Eindruck, mit einem deutlich höheren Arbeitsaufwand zu investieren – ohne dafür angemessen entschädigt zu werden. Etablierte Syndikate lösen diese Problematik meist durch wechselnde Lead-Positionen.
- Die persönliche Flexibilität bei Entscheidungen sinkt.

Professionelle Prozesse zur Sicherung des Syndikatserfolgs beim netzwerk nordbayern

Erklärtes Ziel vieler Angels-Netzwerke – wie das über 60 Mitglieder zählende der Unternehmerinitiative netzwerk nordbayern – ist es, die Syndizierungsquote bei Finanzierungsvermittlungen zu erhöhen. Denn so können die Investitionshürden gerade bei unerfahrenen Angels massiv gesenkt werden. Auch die Lernkurve von Nachwuchsengeln fällt deutlich steiler aus.

Um Probleme während des Finanzierungsprozesses in Syndikaten zu verringern und dadurch mehr erfolgreiche Syndikate anschieben zu können, hat das netzwerk nordbayern 2012 gemeinsam mit Business Angels einen Syndizierungsprozess erarbeitet. Dieser soll helfen, alle wichtigen Themen frühzeitig und transparent zu adressieren, damit sie später nicht zum „Dealbreaker“ werden. Von Anfang an liegt der Fokus auf dem intensiven Austausch zwischen allen Parteien. Parallel stellt das netzwerk nordbayern den Business Angels das nötige Handwerkszeug wie Bewertungs-Know-how und Vorlagen wie Poolvertrag und Term Sheet zur Verfügung und moderiert die Business Angels zu Beginn untereinander. Sobald eine fundierte Basis für eine Zusammenarbeit geschaffen ist, zieht sich das Netzwerk aus der aktiven Rolle zurück, steht aber gerne auch im weiteren Verlauf als ständiger Sparringspartner zur Verfügung. Der Syndizierungsprozess von netzwerk nordbayern bietet einen Rahmen, um individuelle Syndikate einfacher anzustoßen und systematisch umzusetzen. Eine Entwicklung, die Deutschland dringend braucht, da Syndikatsoptionen mehr Kapital für Start-ups bereitstellen können. Gleichzeitig können so die Chancen für erfolgreiche Angel Investments und damit auch die Attraktivität des gesamten Angel-Segments gesteigert werden.

„Drum prüfe, wer sich ewig bindet …"
Business Angel Klaus Stadler zu seinen Erfahrungen mit Syndikaten

Klaus Stadler (61) hat nach seinen Studien (Agrarwissenschaften, Volks- und Betriebswirtschaftslehre) seine erste berufliche „Sozialisation" bei McKinsey erfahren. Nach sieben Jahren wechselte er in die Geschäftsführung der Eckart-Werke (heute Teil der Altana-Gruppe). Seit 1991 ist er als Managementberater und seit rund 15 Jahren als Executive Coach tätig und betreut Klienten bei der Umsetzung komplexer Veränderungsvorhaben. Dem netzwerk nordbayern ist er seit dessen Gründung als Juror im Businessplan-Wettbewerb Nordbayern, Business Angel und freundschaftlicher Ratgeber verbunden und hat den Aufbau des Syndizierungsprozesses maßgeblich mitbegleitet.

Herr Stadler, wir wissen, dass Sie seit 2000 als Business Angel investiert haben, und das meist in Syndikaten. Gibt es dafür besondere Gründe?
Nun, zuallererst bin ich quasi „gelernter Teamplayer", weswegen ich die Vorteile von Teams schätze – und ein Syndikat ist ja ein Team, oder sollte es zumindest sein.

Welche Vorteile wären das?
Denken Sie nur an die unterschiedlichen Perspektiven, aus denen die Mitglieder eines Syndikates auf das Beteiligungsziel blicken. Unterschiedliche Kompetenzen, Interessenschwerpunkte und Erfahrungen können schon bei der ersten Bewertung eines ambitionierten Businessplanes mehr Aspekte beleuchten, als es ein einzelner Business Angel vermag. Und das gilt natürlich für den gesamten Prozess: die Due Diligence, Beteiligungsvertrag, Meilensteinbewertung usw. Und die Gründer bekommen natürlich ebenfalls mehr Expertise zur Seite als die, die ein einzelner Business Angel repräsentieren kann. Zumindest sollte es so sein.

„Zumindest sollte es so sein"? Heißt das, dass es auch anders geht?
Natürlich, es kommt einfach darauf an, dass die Passung stimmt. Dies gilt sowohl innerhalb des Syndikates als auch in der Beziehung Syndikat – Gründerteam. Und um es noch ein Stück komplexer zu machen, in dem Zusammenspiel weiterer Investoren mit dem Gespann Gründerteam – Business Angel.

Was verstehen Sie unter „Passung"?
Nichts anderes als eine möglichst passgenaue Ergänzung von Kompetenzen, Erfahrungen und nicht zu vergessen „Stilen". Oder wenn Sie so wollen: Verhaltens- und Kulturmerkmalen.

Die Mehrzahl der Gründerteams ist ja technologisch orientiert. Natürliche Kompetenzergänzungen seitens der Business Angels werden deshalb oft im betriebswirtschaftlichen, kaufmännischen Feld gesucht. Das allein mag aber nicht genügen. Denn natürlich gibt es auch da Differenzierungen, ob ich mich beispielsweise in der B2B- oder der B2C-Arena befinde. Und schließlich geht es noch um die Art und Weise, wie Kompetenzen und Erfahrungen eines Syndikates dem Gründerteam zugänglich gemacht werden: In der Attitude des freundschaftlichen oder „engelhaften“ Rates oder der des strammen Controllers mit CEO-Ambitionen. Um nicht missverstanden zu werden: Von den beiden letztgenannten Formen ist keine per se schlechter oder besser: Im konkreten Fall aber kann die Attitude des strammen Controllers hervorragend passen oder eben nicht. Und daraus ergibt sich dann die Eignung für alle Beteiligten. Freude oder Frust.

Gibt es für Sie außer der Arbeit im Team noch weitere Gründe für die Syndizierung?
Ja, da ein Team definitorisch aus mindestens zwei Mitgliedern besteht, sind es auch mindestens zwei, die investieren wollen. Und das bedeutet typischerweise, dass absolut mehr Investitionsmittel zur Verfügung stehen. Das ist schon ein valider Grund. Egal ob dies nun zu einem höheren Investment in ein Beteiligungsziel oder eine breitere Risikostreuung mündet.

Das klingt ja alles sehr syndizierungsaffin. Gibt es aus Ihrer Sicht auch Argumente gegen eine Syndizierung?
Na klar, immer dann, wenn die Nachteile der Syndizierung die erwarteten Vorteile überwiegen, sollte man die Finger davon lassen. Und es gibt nicht wenige Business Angels, die Ihnen aufgrund ihrer Erfahrung sagen würden: Nie wieder ein Syndikat. Natürlich ist ein Syndikat aufwendiger für den Business Angel als eine Einzelbeteiligung. Natürlich erhöht sich die Komplexität, gibt es doch eine Abstimmungsebene mehr. Und natürlich gibt es auch Beteiligungsgelegenheiten, die von ihren Grundstrukturen auf einen allein investierenden Business Angel zugeschnitten sind – unabhängig von der Höhe des Investments.

Was würden Sie, Herr Stadler, nun syndizierungsinteressierten oder gar -willigen Business Angels raten?
Auch auf die Gefahr hin, dass dies nicht ganz die sprachliche Diktion dieser Publikation trifft, antworte ich mit Friedrich Schiller: „Drum prüfe, wer sich ewig bindet, ob sich das Herz zum Herzen findet! Der Wahn ist kurz, die Reu' ist lang.“

Passt das wirklich: Ewige Bindung? Herz zum Herzen?
Ich denke ja: Beteiligungsverträge werden oft unbefristet oder über Zeiträume geschlossen, die in unserer dynamischen Welt Ewigkeiten nah sind. Und „Herz zu Herz“ muss ja nicht gleich das Synonym glühender Liebe sein, sondern Hinweis auf eine hinreichende Wertekongruenz. Und der Wahn, der sich aus der Überschätzung der Opportunitäten eines Businessplans entwickelt, hält in der Tat nicht über die Insolvenz hinaus. Und die Reu' …

Und wie soll der Business Angel nun diese Prüfung anstellen?
Erst mal ganz einfach, indem er die folgenden sieben Fragen selbst ehrlich beantwortet:
1. Welche Rolle will ich als Business Angel in dem Zielunternehmen spielen?
2. Welche Rolle will ich als Business Angel im Syndikat übernehmen?
3. Haben wir im Syndikat ein hinreichend klares Verständnis über unsere unterschiedlichen Rollen? Haben wir das jemals thematisiert?

4. Gibt es seitens des Gründerteams eine hinreichend klare Rollenerwartung an mich und das Syndikat? Wie würde ich diese für mich und das Syndikat formulieren?
5. Passen diese unterschiedlichen Rollenerwartungen zusammen?
6. Gibt es noch weitere relevante Mitspieler? Falls ja, welche Erwartungen werden diese formulieren und will ich die erfüllen?
7. Habe ich die Beantwortung der vorausgehenden Fragen ehrlich und tiefgehend vorgenommen oder hat mich meine „Verliebtheit" in das Beteiligungsobjekt blind gemacht?

Was haben denn diese Fragen mit dem eigentlichen Deal zu tun?
Alles oder nichts! Mehrfach habe ich die Erfahrung gemacht, dass Diskussionen über Marktchancen, Unternehmenswert, Beteiligungsmodalitäten mit Verve und Energie geführt werden. Und Deals dann kurz vor Torschluss platzen, weil irgendeine Befindlichkeit gestört war. Wie viel Energie hätte man da sparen können, wenn man die obigen Fragen vorab geklärt hätte!

Andreas Chatzis, Hans-Peter Schmidt

Business Angel-Fonds – Möglichkeiten für Side-Investments

Ausgangssituation und Zielsetzung

Um junge Technologieunternehmen in der innovationsstarken Wirtschaftsregion Stuttgart bei der Frühphasenfinanzierung noch nachhaltiger unterstützen zu können, initiierten die Mitglieder der Business Angels Region Stuttgart e.V. (BARS) die Gründung eines Fonds für Side-Investments von Business Angels. Folgende Eckpunkte der Fondsgestaltung wurden verabredet:

(1) Alle Mitglieder im Stuttgarter Business Angels Netzwerk BARS werden Gesellschafter des Fonds.
(2) Der Fonds beteiligt sich an jungen Unternehmen mit innovativen und kreativen Geschäftskonzepten, die sich in der Früh- bzw. Expansionsphase befinden.
(3) Der Fonds betätigt sich nicht als Lead-Investor, sondern nur als Co-Investor.
(4) Es werden jeweils zwischen 50.000 und 200.000 EUR pro Unternehmen investiert.
(5) Der Rückfluss des investierten Kapitals erfolgt beim Exit.
(6) Lead-Investoren können damit zusätzliches Kapital und Know-how der BARS-Mitglieder für ihre Beteiligungen gewinnen.
(7) Mitglieder können über den Fonds ihre Beteiligungsinvestitionen stärker diversifizieren, ihre Risiken streuen, ihr Chancenpotenzial (bei erfolgreichen Start-ups beteiligt zu sein) erhöhen und bei begrenztem finanziellen Risiko Erfahrungen mit unterschiedlichen Unternehmensbeteiligungen sammeln.
(8) Mitglieder, die temporär zu wenig Zeit oder noch zu wenig Erfahrung für die Betreuung einer direkten Beteiligung als Lead-Investor haben, erhalten damit die Chance, sich trotzdem aktiv zu beteiligen.

Konzeption und umgesetzte Struktur der BARS Beteiligungs GmbH

Das Konzept des Fonds wurde im Kreise der BARS-Mitglieder unter Hinzuziehung von Rechts- und Steuerexperten intensiv diskutiert und einvernehmlich verabschiedet.

(1) Der Fonds sollte die GmbH als Rechtsform erhalten. Dabei spielten steuer- und haftungsrechtliche Fragen eine wichtige Rolle.
(2) Im Rahmen des Gesellschaftsvertrages erhält jeder Gesellschafter die gleichen Anteile und Stimmrechte.
(3) Jeder Gesellschafter beteiligt sich mit 25.000 EUR (2.000 EUR Stammkapital und 23.000 EUR Rücklage pro Gesellschafter).
   - Die Rücklage wird nach Bedarf in mehreren Tranchen einbezahlt.
   - Das Kapital wird in mehrere Zielgesellschaften investiert: pro Beteiligung bis zu rund 100.000 EUR.
(4) Der Gesellschafterkreis ist der eigentliche Entscheider.
   - Die Gesellschafterversammlung ist beschlussfähig, wenn mindestens 50% des stimmberechtigten Stammkapitals anwesend/vertreten sind.
   - In Gesellschafterversammlungen werden die Beteiligungsentscheidungen mit 2/3-Mehrheit der Stimmen gefällt.
(5) Ablauf der Investmententscheidungen:

- Der Lead-Investor verhandelt mit dem Zielunternehmen und schlägt dieses der Geschäftsführung vor.
- Lead-Investor und Geschäftsführung stellen das Unternehmen den Gesellschaftern in einer Gesellschafterversammlung vor.
- Wenn der Beteiligungsvorschlag in der Gesellschafterversammlung eine 2/3-Mehrheit der Stimmen erhält, wird investiert.
- Die Beteiligung erfolgt auf Basis eines maßgeblich vom Lead-Investor ausgehandelten gemeinsamen Beteiligungsvertrages (Pool-Vertrag mit identischen Konditionen).
- Der Lead-Investor betreut das Unternehmen und berichtet quartalsweise über den Stand der Beteiligung.

(6) Es wurden zwei Geschäftsführer bestellt, die ehrenamtlich arbeiten bzw. eine geringe Aufwandsentschädigung erhalten. Ihnen obliegt
- die Einberufung und Durchführung von Gesellschafterversammlungen
- das Einholen und Umsetzen von Gesellschafterbeschlüssen
- die Ausübung von Gesellschafterrechten bei den Beteiligungsgesellschaften (insbesondere in deren Gesellschafterversammlungen).
- die regelmäßige Einholung von Informationen über die Beteiligungen vom Lead-Investor und entsprechende Informationen der Gesellschafter
- die Aufstellung der Jahresplanung und des Jahresabschlusses
- die Führung der allgemeinen Geschäfte der Gesellschaft

(7) Zudem wurde eine detaillierte Geschäftsordnung für die Geschäftsführung erstellt. Darin sind insbesondere die Vorgaben für Sitzungen und Beschlussfassungen, die genehmigungspflichtigen Geschäfte und die Grundsätze für die Geschäftsführung geregelt.

Entwicklung der BARS Beteiligungs GmbH und erste Beteiligungen

Nach einer erfolgreichen Abstimmung der Vertragsentwürfe wurde im März 2010 der Fonds als BARS Beteiligungs GmbH mit 16 Gründungsgesellschaftern gegründet. Dabei sind nicht alle, doch der weitaus größte Teil der Vereinsmitglieder als Gesellschafter in die BARS GmbH eingetreten. Parallel zum Mitgliederwachstum des Vereins wurden in der Folge bis Ende 2012 über Kapitalerhöhungen weitere zwölf Gesellschafter mit gleichen Gesellschafteranteilen und Stimmrechten aufgenommen. Das Stammkapital erhöhte sich entsprechend von 32.000 auf 56.000 EUR und das zur Verfügung gestellte Kapital von 400.000 auf insgesamt 700.000 EUR. Dieses Wachstum wird sich vermutlich in absehbarer Zukunft so weiter fortsetzen.

Direkt nach der Gründung der BARS GmbH erfolgte die erste Beteiligung an einem neu gegründeten Unternehmen. Die zweite Unternehmensbeteiligung folgte noch im Jahr 2010. 2011 wurde das dritte und 2012 das vierte Investment getätigt. Bis Ende 2012 investierte die BARS GmbH in folgende vier Unternehmen:

(1) Prelatec GmbH: Prelatec hat in mehrjähriger Entwicklungskooperation mit Düsenherstellern, Motorenentwicklern und der Universität Jena eine Technologie zum Laserbohren von Dieseleinspritzdüsen entwickelt. Durch die Optimierung der Spritzlochgeometrie können signifikant bessere Motor-, Umwelt- und Verbrauchsparameter für Dieselmotoren erwartet werden.

(2) Wohin GmbH: Wohin.de steht als Synonym für regionale wie deutschlandweite

Veranstaltungssuche. Jeder wohin.de-Kunde kann Veranstaltungen finden, Tickets buchen, weitere Informationen zu Veranstaltung, Stätte, Künstler erhalten und noch seine Freunde dazu einladen. Alles aus einer Hand, mit einer Plattform.

(3) Kr3m Media GmbH: Kr3m ist eine Internetagentur für Online-Entertainment. Sie entwickelt und vermarktet Social Games über soziale Netzwerke.

(4) Autonetzer GmbH: Autonetzer.de vermittelt Carsharing zwischen Privatpersonen: Autobesitzer vermieten ihr eigenes Auto und ermöglichen Mietern günstige Mobilität in ihrer Nachbarschaft.

Die vier Unternehmen hatten sich in einer der regelmäßigen Veranstaltungen des BARS e.V. präsentiert und sind dort auf ein erstes Interesse einzelner Business Angels gestoßen. Der als Lead-Investor interessierte Business Angel führte die weiteren Beteiligungsgespräche und verhandelte die Konditionen des Beteiligungsvertrages mit dem Zielunternehmen gemäß seinen eigenen Beteiligungsgrundsätzen. Dabei stimmte er sich stets eng mit den BARS-Mitgliedern ab, die sich ebenfalls für eine direkte Beteiligung interessierten. Parallel dazu wurde der Geschäftsführung der BARS GmbH das Unternehmen vorgeschlagen, die zunächst prüfte, ob die gewünschte Beteiligung mit den Zielen der BARS GmbH übereinstimmt. Sie nahm dann ebenfalls an den weiteren Beteiligungsverhandlungen teil. Nachdem die Gesellschafterversammlung dem Verhandlungsergebnis zustimmte, wurde der gemeinsame Beteiligungsvertrag mit den für alle Investoren gleichen Konditionen abgeschlossen.

Bei allen vier Unternehmen haben sich mehrere BARS-Mitglieder in syndizierter Form direkt beteiligt und alle vier werden von einem BARS-Mitglied als Lead-Investor intensiv betreut, der die Business Angels auch im Beirat des Unternehmens vertritt. Das von den Business Angels und der BARS GmbH den Unternehmen zur Verfügung gestellte Beteiligungskapital beläuft sich auf über 2,5 Mio. EUR.

Über die regelmäßigen Berichte der Lead-Investoren bzw. der Geschäftsführung zum aktuellen Stand der Beteiligungen erfahren alle Gesellschafter, wie sich die jungen Unternehmen entwickeln, mit welchen Schwierigkeiten sie sich auseinandersetzen müssen, wie sie Probleme lösen und welche Fortschritte sie erzielen.

Bewertung der bisherigen Erfahrungen und Ergebnisse

Nach rund zweieinhalb Jahren BARS GmbH und vier Unternehmensbeteiligungen ist es für eine fundierte Bewertung des Erfolgs des Business Angel-Fonds noch zu früh. Doch die bisherigen Erfahrungen zeigten folgende Ergebnisse:

(1) Die Lead-Investoren konnten die Kompetenzen, Kontakte und Erfahrungen der Gesellschafter der BARS GmbH verstärkt nutzen und damit die Unterstützung der Beteiligungsunternehmen verbessern. Sie konnten mehr Beteiligungskapital für die Start-ups gewinnen und dabei ihre eigenen Risiken sowie die der direkt beteiligten Business Angels mindern.

(2) Die BARS-Mitglieder konnten über ihre Rolle als Gesellschafter ihre Beteiligungsinvestitionen diversifizieren, ihre Risiken streuen, ihr Chancenpotenzial erhöhen und zusätzliche Erfahrungen mit Start-up-Beteiligungen sammeln.

(3) Mitglieder, die aktuell zu wenig Zeit für die Betreuung eines direkten Investments hatten, konnten als Gesellschafter der BARS GmbH trotzdem aktiv an den Beteiligungsaktivitäten des Business Angels-Netzwerks teilnehmen.
(4) Neumitglieder, die sich noch für zu unerfahren für die führende Betreuung eines Unternehmens hielten, sammelten rasch wertvolle Erfahrungen mit unterschiedlichen Unternehmensbeteiligungen und lernten von der Vorgehensweise erfahrenerer Lead-Investoren – bei begrenztem finanziellem Risiko.
(5) Über den Erfahrungsaustausch und die Aktivitäten im Rahmen der BARS GmbH wurde die Zusammenarbeit der Mitglieder im und die Identifizierung mit dem Verein erheblich gestärkt. Die Zahl syndizierter Beteiligungen ist dadurch wesentlich gestiegen.

Die BARS-Mitglieder sind sich bewusst, dass die BARS GmbH ein ergänzendes Instrument neben der direkten Start-up-Beteiligung darstellt. Denn im Vergleich zur direkten Business Angel-Beteiligung kann man sich als Gesellschafter der BARS GmbH nur indirekt an den Unternehmen beteiligen und sich meist relativ wenig unternehmerisch einbringen. Und den geringen finanziellen Risiken stehen in der Regel auch nur relativ geringe Gewinnchancen gegenüber.

Fazit

Als Fazit lässt sich aber festhalten, dass sich die Schaffung eines ergänzenden Business Angel-Fonds bewährt hat und die Vorteile und positiven Erfahrungen mit der BARS Beteiligungs GmbH bislang weitaus überwiegen. Über Ausbau, Optimierung und Weiterentwicklung des Fonds wird daher bereits intensiv nachgedacht.

Benjamin Rohé, Heiner Feldhaus

Unterbeteiligung von Business Angels an einem Fonds

Angel Funds werden immer mehr zum Dienstleister gegenüber Business Angels. Wie dies funktioniert und welche Vorteile hieraus für Investoren entstehen, soll in diesem Beitrag anhand einer Investition der make a startup angel fund GmbH & Co. KG (MAS Angel Fund) in den Anbieter einer Hotelbuchungsplattform, namentlich der BookitNow! Services GmbH (BookitNow!), dargestellt werden.

Refinanzierung („Syndizierung") durch den Angel Fund

Das rasante Wachstum von BookitNow! bedingte frühzeitig einen höheren Kapitalbedarf als ursprünglich erwartet. Um diesen zu decken und ein stetiges weiteres Wachstum der Firma zu garantieren, bedurfte es der kurzfristigen Aufbringung zusätzlicher Mittel. Um dies zu ermöglichen, kooperiert MAS Angel Fund mit einem Pool von ca. 40 internationalen Business Angels, an die er bestehende Beteiligungen in Form von Unterbeteiligungen an bestehenden Investments potenziell „syndizieren" kann. Auf diese Weise ist der Angel Fund in der Lage, kurzfristig auch weitere 50.000 EUR bis 250.000 EUR von Business Angels zu kollektieren.

Interessen der Beteiligten

Die beschriebene Vorgehensweise entspricht in vielfacher Hinsicht den Interessen der Beteiligten. Insbesondere in der Seed-Phase müssen sich Gründer ausschließlich auf Produktentwicklung und -vermarktung konzentrieren. Bei der „Syndizierung" an weitere Business Angels wird das Fundraising vollständig vom Angel Fund gesteuert, was die zeitliche Belastung der Gründer spürbar verringert. Der Angel Fund selbst ist an der erfolgreichen Entwicklung der Beteiligung interessiert. Die Finanzierung durch Unterbeteiligung von Business Angels ermöglicht eine Beschleunigung der Entwicklung vom Proof of Concept zum Proof of Scale und erlaubt es häufig auch, das Unternehmen bis zu einem Series A Financing weiterzuentwickeln. Für Business Angels liegt in dem Aufwand für die eigene Verwaltung der Beteiligung häufig eine Hürde für das Eingehen der Beteiligung selbst, welche auf diese Weise genommen wird. Langwierige Due Diligence-Prozesse und komplexe Vertragswerke entfallen, da der Angel Fund auf der Basis eines State of the Art Standard-Vertragswerks investiert und Verträge über Unterbeteiligungen auf wenige Seiten beschränkt sind.

Wirkungsweise indirekter Business Angel-Investments

Business Angels, die über eine syndizierte Unterbeteiligung in ein Unternehmen investieren, profitieren bereits beim Eingehen der Beteiligung von den Erfahrungen des Angel Funds: die Due Diligence, welche durch den Angel Fund durchgeführt wurde, bietet eine gewisse Gewähr für die Solidität der Investition des Business Angels. Dies erspart meist aufwändige eigene Prüfungen und macht die Verhandlung eigener Gewährleistungen regelmäßig überflüssig, da der Business Angel insofern von den gegenüber dem Angel Fund abgegebenen Garantien profitiert. Das im Vergleich zu sonstigen Beteiligungsverträgen recht übersichtliche Vertragswerk unterliegt regelmäßig keiner Beurkundungspflicht, und Notarkosten können vermieden werden. Darüber hinaus hat die Investition über eine Unterbeteiligung den Vorteil, dass sie in der Gesellschafterliste nicht vermerkt werden muss.

Die Beteiligung des Business Angels im Rahmen einer Unterbeteiligung an dem Anteil des Angel Funds führt zu einer BGB Innengesellschaft zwischen Business Angel und Angel Fund. Dabei werden die Geschäftsanteile, die dem Angel Fund gehören, im Verhältnis zum Business Angel virtuell gespiegelt. Auf diese Weise ist auch eine Beteiligung nur an einem Teil der bestehenden Beteiligung des Angel Funds möglich.

Der Business Angel verpflichtet sich gegenüber dem Angel Fund, diesem einen Betrag zur Verfügung zu stellen, welchen der Angel Fund der Zielgesellschaft als Zuzahlung in die Kapitalrücklage zur Verfügung stellt. Im Gegenzug wird der Business Angel anteilig an den Gewinnen bzw. Veräußerungserlösen der Beteiligung beteiligt. Dabei profitiert der Business Angel regelmäßig auch von der dem Angel Fund zustehenden Liquidationspräferenz.

Der Angel Fund übt als direkter Gesellschafter der Beteiligungsgesellschaft die Stimmrechte im Rahmen des bestehenden Regelwerks (Gesellschaftsvertrag oder Satzung, Gesellschaftervereinbarung etc.) aus, welche auch der unterbeteiligte Business Angel als für sich im Verhältnis zum Angel Fund verbindlich akzeptiert. Regelmäßig bestehen für die Ausübung des Stimmrechts durch den Angel Fund keine Stimmbindungen gegenüber dem Business Angel. Wegen des Interessengleichlaufs ist dies praktisch schon meist nicht erforderlich. Rechtlich ist der Angel Fund gegenüber dem Business Angel jedenfalls im Rahmen der gesellschaftsrechtlichen Treupflicht gebunden. Der Business Angel wird über die Angelegenheit der Zielgesellschaft regelmäßig und gegebenenfalls anlassbezogen informiert. Sofern mehrere Unterbeteiligungen bestehen, erfolgt kein Pooling der verschiedenen Unterbeteiligten. Auf diese Weise muss sich der Business Angel lediglich mit dem Angel Fund über die Ausgestaltung der Beteiligung verständigen.

Exit des Business Angels

Zwar ist der Exit für den Business Angel im Normalfall nur gemeinsam mit dem Angel Fund möglich. Sofern ein Exit zu einem früheren Zeitpunkt gewünscht ist, kann dies aber in Abstimmung mit dem Angel Fund etwa durch Übertragung der Unterbeteiligung auf einen anderen Business Angel oder durch Auflösung der Unterbeteiligung gegen Abfindung erfolgen.

Umgekehrt ist für den Fall, dass der Business Angel seine Unterbeteiligung aufstocken oder in eine direkte Beteiligung wandeln will, auch denkbar, die Unterbeteiligung bereits bei ihrer Eingehung mit einer Call Option auf von dem Angel Fund gehaltene Geschäftsanteile zu koppeln, die den Wechsel in eine direkte Gesellschafterstellung erlaubt.

Wirkungsweise der Business Angel-Investments im Fall von BookitNow!

Im Falle von BookitNow! hat die oben beschriebene Vorgehensweise dazu geführt, dass der Gesellschaft in einem Zeitraum von wenigen Wochen über die milestoneabhängigen Investitionen hinaus insgesamt mehr als 100.000 EUR zusätzliche Mittel zur Verfügung gestellt werden konnten. Die Gesellschaft hat davon profitiert und konnte mit den zur Verfügung gestellten Mitteln das Team und ihre internationale Präsenz weiter ausbauen.

Fazit

Die indirekte Beteiligung von Business Angels über Unterbeteiligungen an bestehenden Beteiligungen eines Angel Funds (Inkubator) stellt eine ernst zu nehmende Alternative zu

Direktinvestments (Geschäftsanteilskauf, Kapitalerhöhung) dar. Die Vorteile für den Business Angel liegen zum einen in der Zeit- und Kostenersparnis. Zum anderen kann es sich um eine interessante Form für ein Einstiegsinvestment handeln. Die Möglichkeit der Wandlung der Unterbeteiligung in eine direkte Beteiligung zu einem späteren Zeitpunkt kann dabei gegebenenfalls durch eine Call Option gegenüber dem Angel Fund sichergestellt werden.

Auch für die übrigen Beteiligten bietet die Investition durch den Business Angel Vorteile. Die Gründer haben in der Person des Angel Funds nur einen (statt vieler) Ansprechpartner. Konflikte zwischen Business Angels und Gründern werden durch den Angel Fund mediatisiert, und die Gründer können sich somit stärker auf die Produktentwicklung konzentrieren. Zugleich wird ein grundsätzlicher Gleichlauf der Investoreninteressen erzeugt. Überdies wird auch die (im Wege einer späteren Due Diligence offenzulegende) Dokumentation der Gesellschaft vergleichsweise schlank gehalten. Auf diese Weise sinkt die Wahrscheinlichkeit von (rechtlichen) Risiken im Falle eines späteren (Teil-)Exits (etwa bei einem Series A, Series B oder Series C Financing).

Finanzierungskette

8

Thomas Henrich

Crowdinvesting – Finanzierung mit Nebenwirkungen?

Crowdinvesting bzw. Crowdfinancing, eine Untergruppe der Schwarmfinanzierung (Crowdfunding), ermöglicht Privatanlegern, teilweise bereits ab 1 EUR, in Unternehmen zu investieren. Während bei der ursprünglichen Schwarmfinanzierung der „gute Wille“ (u.a. Sponsoring, Spende) im Vordergrund steht, ist das Crowdinvesting eher renditeorientiert angelegt und stellt eine neue Finanzierungsform für kapitalsuchende Unternehmen dar. Prinzipiell und auf den ersten Blick ist Crowdinvesting eine gute Sache. Allerdings bemängelt die britische Finanzmarktaufsichtsbehörde FSA (Financial Services Authority), „dass viele Möglichkeiten des Crowdfunding hochriskant sind ... und wenn überhaupt es sehr lange dauert, bis Investoren einen Erfolg sehen“. Auf der anderen Seite lockt ein Geschäftsführer einer Crowdfunding-Plattform potenzielle Anleger mit Aussagen wie „Mit ein wenig Glück sind Renditen von mehreren 100% möglich“. Diese konträren Positionen sind Anlass, das Thema gleichermaßen genauer wie auch durchaus kritisch zu beleuchten. Da die Vorteile des Crowdfundings ausführlich auf den einzelnen Plattformen nachzulesen sind, stehen im Folgenden vielmehr offene Fragestellungen und Risiken für die Beteiligten im Mittelpunkt.

Transparenz und Investorenkreis

In der Regel stellen die Plattformbetreiber vertraglich sicher, dass die kapitalsuchenden Unternehmen zu Beginn ihrer Kapitalsuche relevante Unternehmensunterlagen veröffentlichen und auch in der Folgezeit ein regelmäßiges Reporting erstellen, um auf diese Weise eine Entscheidungsgrundlage für potenzielle (Mikro-)Investoren zu schaffen. Doch genau darin liegt auch ein Risiko. Das kapitalsuchende Unternehmen hat meist keinen Einfluss darauf, wer letztendlich investiert. So kann sich auch ein Konkurrent an einem Unternehmen beteiligen, erhält direkten Einblick in die Geschäftsplanung und kann somit einen strategischen Vorteil erlangen, der ihm angesichts der Konstellation lieber verwehrt bleiben sollte. Im Gegensatz zu den vielen einzelnen Geldgebern beim Crowdfunding stehen bei Venture Capital- und Business Angel-Investments, neben finanziellen Mitteln, auch Know-how, Erfahrung und deren Netzwerk im Fokus. Diese zusätzlichen „Soft Skills“ sollten besonders bei wachstumsorientierten Start-ups nicht unterschätzt werden.

Kapitalbedarf, Vertragsgestaltung und Folgefinanzierungen

Die Höhe des Emissionserlöses ist aktuell auf 100.000 EUR pro Jahr begrenzt (vgl. § 2 Nr. 3 VermAnlG). Der Gesetzgeber begründet dies damit, dass ein Anleger bei diesem Emissionserlös nicht besonders geschützt werden müsse (Jörg Begner, BaFin, 05.09.2012). Dieser Betrag reicht aber in der Regel meist nicht aus, um einem Start-up zu überdurchschnittlichem Wachstum zu verhelfen. Das zeigen auch die ersten durch Crowdinvesting finanzierten Unternehmen, die bereits Folgefinanzierungen für das weitere Wachstum benötigen. Welche Investoren kommen für Folgefinanzierungen infrage? Werden die beteiligten Mikroinvestoren aus der ersten Finanzierungsrunde nochmals investieren, falls die Unternehmen wirtschaftlich unter Druck geraten? Ein Venture Capital-Geber, der beispielsweise 500.000 EUR investiert hat, wird sich intensiver überlegen, ein Investment abzuschreiben oder mit einer Folgefinanzierung die Krise zu bewältigen. Durch die geringe Investmenthöhe beim Crowdinvesting besteht jedoch kein Druck zur

Folgefinanzierung. Dies zeigt auch das Beispiel eines der ersten crowdfinanzierten Unternehmen, das eine zweite Finanzierungsrunde vollzogen hat. Es konnte lediglich einen Bruchteil des angestrebten Kapitals über die Crowd einsammeln. Man darf gespannt sein, wie sich das Unternehmen weiterentwickeln wird.

Wenn also nicht die Crowd das Unternehmen weiterfinanzieren möchte, so stellt sich die Frage, ob denn Business Angels oder Venture Capitalisten crowdfinanzierte Unternehmen folgefinanzieren oder ob eine große Anzahl an Investoren eher eine abschreckende Wirkung auf VCs hat. Erfahrungen zeigen, dass Folgefinanzierungen bereits mit wenigen Beteiligten aufgrund der unterschiedlichen Interessenlage sehr kompliziert werden können. Wie ist es dann aber erst bei 100 oder 200 Beteiligten? Auch die in den Beteiligungsverträgen verankerten Informations- und Kontrollrechte für die Mikroinvestoren, die Regelungen zu den zustimmungspflichtigen Geschäften und dass die Beteiligungen der Mikroinvestoren zumeist keiner Verwässerung unterliegen, machen es sicherlich nicht einfacher, eine Folgefinanzierung zu organisieren. Ein Beispiel zeigt, welche „Lösungen“ in diesem Fall gefunden wurden. Den beteiligten Mikroinvestoren wurde angeboten, ihre Beteiligung in einer Beteiligungsgesellschaft zu bündeln oder diese mit einer Rendite im niedrigen zweistelligen Bereich aufzulösen. Die Bündelung der Anteile bedeutet die Aufgabe der angesprochenen Rechte direkt gegenüber dem Unternehmen, und eine Rendite in angesprochener Höhe ist in Anbetracht der hohen Ausfallwahrscheinlichkeit bei Start-ups kaum akzeptabel. Wer mit den beiden Alternativen nicht einverstanden war, dem wurde unter dem Vorwand eines gesellschaftsschädigenden Verhaltens der Vertrag gekündigt, und er wurde aus dem Unternehmen gedrängt.

Wird es zur Regel, dass bestehende Verträge gekündigt werden, sobald die Unternehmen kurz davor stehen „abzuheben“? Einen ersten Lösungsansatz bietet hier ein Anbieter, indem er von Beginn an alle Investoren bündelt, sodass das Unternehmen und später auch weitere Investoren nur einem Vertragspartner gegenüberstehen. Zu beurteilen, inwieweit das jedoch den ursprünglichen Ansatz der direkten Beteiligung an einem jungen Unternehmen konterkariert, bleibt jedem selbst überlassen.

Risiko

Nach dem KfW-Gründungsmonitor 2011 überlebt nur jedes dritte Start-up die ersten drei Jahre. Daher stellt sich die Frage nach der Attraktivität der angebotenen Unternehmen. Es wurden bereits Unternehmen crowdfinanziert, die sich über Jahre hinweg in der Venture Capital-Branche Absagen holten. Fraglich ist auch, ob sich die teilweise unerfahrenen Mikroinvestoren des Risikos wirklich bewusst sind. Sicherlich kann man einwenden, dass die Verträge und Bedingungen darauf hinweisen. Was passiert aber, wenn das Unternehmen in eine wirtschaftliche Schieflage gerät, oder bei einer negativen Berichterstattung über das Unternehmen? Werden sich die Mikroinvestoren dann professionell verhalten oder eher panisch Informationen einfordern? Wie soll das Unternehmen reagieren? Der administrative Aufwand wäre enorm und keinesfalls gerechtfertigt. Ein Vernachlässigen der Investor Relations kann sich aber fatal auswirken. Auch wenn es sich nur um kleine Beträge handelt, können so aus begeisterten Unterstützern schnell Widersacher werden.

Somit stellt sich die Frage, inwieweit Risikokapitalanlagen sich für die breite Masse eignen. Gegebenenfalls kann man hier eine Parallele zu den Fremdkapital-Plattformen ziehen. Erst wurden diese, ähnlich wie nun beim Crowdinvesting, von der Presse bejubelt, später aber, als die ersten Investments ausfielen, von gleicher Seite sehr negativ dargestellt. Wie werden dies die Crowdfunding-Plattformen vertragen? Erschwerend kommt hinzu, dass es sich um eine sehr illiquide Anlageform handelt, für die es bisher keinen Sekundärmarkt gibt. Da die Weiterveräußerung meist vertraglich ausgeschlossen ist, zumindest aber der Zustimmung des Unternehmens bedarf, muss der Investor wohl bis auf Weiteres vertröstet werden. Zwar gibt es auch hier bereits einen Lösungsansatz durch eine kürzlich ins Leben gerufene Plattform. Aber aufgrund des mit den Bedingungen verbundenen hohen Aufwands (u.a. gewünschter Kapitalbedarf ab 2 Mio. EUR, Rechtsform als AG, Prospektpflicht und arbeitsintensiveres Handling) fühlt man sich an einen Song aus den späten 40er-Jahren erinnert: Wer soll das bezahlen?

Kosten

Die Kosten für eine Kapitalerhöhung über die Crowd sind nicht zu unterschätzen. Der Plattformbetreiber erhält meist eine erfolgsabhängige Vergütung (in der Regel 10%). Bei den auf aktuell 100.000 EUR begrenzten Investments fällt dies stark ins Gewicht. Der weitere Aufwand, wie u.a. die Anlegerverwaltung, das Reporting und die Investor Relations, ist hierbei nicht eingerechnet.

Fazit

Meines Erachtens stehen die Plattformbetreiber und die kapitalsuchenden Unternehmen vor erheblichen Herausforderungen, Crowdinvesting langfristig erfolgreich als Baustein zur Unternehmensfinanzierung zu positionieren. Aus Investorensicht kann die Rendite bei einem Investment ab 1 EUR wohl kaum ein Argument sein. Demzufolge stehen wohl eher altruistische Gründe im Vordergrund. Crowdinvesting sollte man daher in erster Linie als Spende betrachten, aber leider ohne Spendenquittung.

Jean-Pierre Vuilleumier, Berthold Karlic

Business Angel oder Fool Investor?

In den letzten fünf bis zehn Jahren hat die Professionalität von Business Angels stark zugenommen. Ein professioneller Business Angel verbringt viel Zeit mit der Recherche aktueller Trends und Marktentwicklungen, er pflegt sein Netzwerk und bildet sich laufend auf höchstem Niveau fort. Ein guter Business Angel weiß, er trägt eine große Verantwortung gegenüber Gründern, die ihm vertrauen. Er ist am Erfolg und Misserfolg eines Start-ups beteiligt. Die Unterstützung von Portfoliogesellschaften ist zeitaufwendig und bedarf eines ausgezeichneten Fingerspitzengefühls. Den Gründern soll geholfen, aber nicht im Weg gestanden werden. Freiheiten und klare Regeln gehören zum Management genauso wie eine fundierte Analyse, Bewertung und ein gutes Reporting im Verlauf des aktiven Engagements. Die Form und Qualität der Unterstützung durch einen Business Angel kann sehr unterschiedlich sein: positiv, aber auch schädlich.

Wichtige Faktoren: Zeit und Geld

Ein professioneller Angel tätigt eine ganze Reihe von Investments. Ein Portfolio mit einer guten Streuung beinhaltet nicht weniger als 15 Investments. Konzentriert ein Angel seine Kraft auf deutlich weniger Investments, besteht die Gefahr, dass er eben nicht an der einen ultimativen Idee beteiligt ist, welche durch ihren Exit die Performance ins Portfolio bringt. Nur 10% der Gesellschaften haben statistisch gesehen einen durchschlagenden Erfolg, weitere 20% laufen gut, der Rest läuft mäßig bis schlecht – das ist die Realität in diesem Segment. Wie gut ein Investment war, zeigt sich erst beim Exit. In den wenigsten Fällen bleiben Business Angels an einem Unternehmen über dessen Wachstumsphase hinaus beteiligt. Der Grundstein eines guten Exits wird bereits im Zuge der ersten Investorengespräche gelegt. Sämtliche Vertragsbestandteile, die Gesellschaftsform, Optionen zur Mitarbeitervergütung, die angesetzte Bewertung, Erwartungen und die Sicherung allfälliger Rechte haben einen großen Einfluss auf spätere Finanzierungsrunden. Die Liste der potenziellen Fehler ist sehr lang und kostet manchen Unternehmen die Chance auf einen durchschlagenden Erfolg. Viel zu oft hört man aber von privaten Gelegenheitsinvestoren (sogenannten Fool Investors), dass sie sehr viel Geld in ein, zwei, drei Start-ups gesteckt haben, viel Zeit investiert und am Ende herbe Verluste hingenommen haben. Bei näherem Nachfragen stellt sich dann heraus, dass es doch nicht so viel Zeit gewesen ist und man eigentlich auch nicht so genau wusste, was die Gründer da gemacht haben – aber man war stolz, „Angel" zu sein. Gerade im Segment der Frühphasenfinanzierung mit seinen vielen Unsicherheiten und Unwägbarkeiten muss gelten: Man sollte die Finger von Dingen lassen, die man nicht ausreichend versteht. Wer sich nicht informiert, läuft Gefahr, sein Geld zu vernichten und in vielen Fällen auch hoffnungsvollen Gründerteams die Chance auf mögliche Erfolge zu nehmen. Die Beziehung zu Gründern und die damit verbundene Verantwortung machen es unvermeidlich, dass Investoren Zeit und Geld in ihr eigenes Wissen, aktuelle Trends und die Pflege ihrer Netzwerke stecken.

Den Start-up-Rhythmus leben und Gleichgesinnte treffen

Nicht jeder kann und sollte sich zum Business Angel berufen fühlen. Angels kommen aus den unterschiedlichsten Bereichen. In der Regel waren sie dort sehr erfolgreich und hatten starke Teams und Strukturen, in welchen sie sich bewegen konnten. Mit den

Herausforderungen eines Start-ups, das nach dem Motto „Speed is the game!“ lebt, hat das in der Regel wenig zu tun. Auf die tatsächliche Geschwindigkeit und Dynamik, die Höhen und Tiefen in der Motivation muss man sich erst einmal einstellen. Nur wer diese Umstellung schafft, die eigenen Erfahrungen und vor allem Misserfolge in die Waagschale wirft und über ein über Jahre gewachsenes vertrauensvolles Umfeld verfügt, hat beste Voraussetzungen zum Business Angel.

Viele Investoren werden das erste Mal im Kreis ihrer Familie oder im Freundeskreis auf die unternehmerische Tätigkeit der jüngeren Generationen aufmerksam und unterstützen diese gerne. Sie hatten häufig gar nicht vor, Angel zu werden. Die Gründer können meist gut eingeschätzt werden und das Umfeld ist ausreichend loyal, um das Potenzial hinter der Idee mit allen Vor- und Nachteilen zu diskutieren. Die drei Fs (Friends, Family and Fools) sind sehr wichtige Investoren und ihre Erfolgsquote ist gar nicht so schlecht. Wenn man die Gründer aber nicht so gut kennt, wird es zwangsläufig schwieriger – Clubs und andere Netzwerke gewinnen dann an Bedeutung. Wenn man sich ein wenig umschaut, findet man schnell ein Business Angels-Netzwerk oder Veranstaltungen, wo man Gleichgesinnte treffen kann. Dieses Umfeld schützt meist schon vor den größten Fehlern und verhilft zu einem professionelleren Einstieg in das Thema. In einem Business Angels-Netzwerk werden Beteiligungen in der Regel vorab geprüft. Man lernt erfahrene Lead-Investoren kennen und sollte gemeinsam mit ihnen die ersten Deals eingehen. Das eigentliche Problem liegt heute darin, dass die professionellen Business Angels alle schon überinvestiert sind und für zukünftige Investitionen nicht mehr als Lead-Investor zur Verfügung stehen können. Die nachkommenden Angels trauen sich oft noch nicht, den Lead selbst zu übernehmen, und so bleiben viele gute Investitionsmöglichkeiten nicht genutzt.

Grundlagen des Angel-Investments

Gezielte Aus-, Fort- und Weiterbildung sind der am meisten unterschätzte Schlüssel zum nachhaltigen Erfolg eines Business Angels. In keinem anderen Investment spielt das eigene Können und Wissen eine höhere Rolle. Die besten Start-ups achten darauf, dass sie den besten Angel für ihr Projekt finden – also investieren Sie in Ihr eigenes Profil und beherrschen Sie die Grundlagen des Angel Investments:

- Qualitativ hochwertige Vorselektion ist unverzichtbar! Es ist normal, dass man aus 100 Unternehmen nur ein oder zwei attraktiv findet. Die Vorselektion erbringen Business Angels-Netzwerke auf hohem Niveau.
- Das Gründerteam ist das wichtigste! Besprechen Sie die Stärken und Schwächen aller Gründer und seien Sie beidseitig offen, wenn es um Ihre Vorstellungen bzw. Erwartungen geht.
- Das Geschäftsmodell muss überzeugen! Prüfen Sie kritisch, ob das Geschäftsmodell wirklich einzigartig ist. Es gibt fast immer Konkurrenz.
- Als Angel tragen Sie Verantwortung! Zeigen Sie den Gründern auf, was Sie für sie tun können und was nicht.
- Rechnen Sie vorsichtig, aber fair! Berücksichtigen Sie in Ihrer Bewertung die Verwässerung zukünftiger Finanzierungsrunden sowie eingeräumte Rechte und Pflichten.
- Definieren Sie realistische Ziele! Überlegen Sie sich, wer ein idealer Exit-Partner sein könnte, und überlegen Sie sich kritisch (Chancen, Risiken), ob Ihr Zielunternehmen diesem mittelfristig auch wirklich gefallen könnte.

- Als Angel tragen Sie das Risiko, und das ist okay! Versuchen Sie sich nicht gegen alle Eventualitäten abzusichern – spätere Investoren sollen nicht verschmäht und Gründer nicht abgedrängt werden.
- Als Angel sind Sie Unternehmer, Freund, Berater, Manager und Controller! Stellen Sie von Anfang an Anreize und klare Regeln für das Management Ihrer Beteiligung.
- Ihr Netzwerk hebelt Ihr Investment! Vernetzen Sie sich mit anderen Investoren und werden Sie ein aktiver Teil des Start-up-Ökosystems.
- Nicht jedes Investment funktioniert! Ein geordneter Rückzug aus einem Investment ist manchmal die vernünftigste Entscheidung – versuchen Sie nicht, einen erfolgreichen Exit zu erzwingen!

Christian Tönies, Inga Bricker

Die nächste Finanzierungsrunde stemmen – Verwässerung vermeiden

Im Rahmen der Durchführung weiterer Finanzierungsrunden sehen sich die bereits investierten Gesellschafter regelmäßig mit der Frage der Verwässerung ihrer Anteile und damit ihrer Beteiligungsquote an der Gesellschaft konfrontiert. Eine nachfolgende Investition kann (i) durch die Ausgabe neuer Geschäftsanteile an weitere Kapitalgeber zu einer prozentualen Verringerung der Anteilsquote der bisherigen Gesellschafter am Stammkapital der Zielgesellschaft führen und (ii) im Falle einer substanziell niedrigeren Pre-Money-Bewertung des Unternehmens (sogenannte Down Round) zum Zeitpunkt der Nachfolgefinanzierung eine wertmäßige Verwässerung der Beteiligung der bisherigen Investoren begründen. Diese ökonomische Verwässerung entsteht dadurch, dass die neuen Investoren aufgrund der reduzierten Unternehmensbewertung für die von ihnen zu leistende Investitionssumme verhältnismäßig mehr Anteile an der Gesellschaft erwerben können, als die Altinvestoren in der Vorrunde bei höherem Anteilspreis erhalten haben. Gegen Ersteres, also eine Reduktion ihrer Beteiligungsquote, sind die bestehenden Investoren bereits durch ihr gesetzliches Bezugsrecht geschützt. Dieses gewährt ihnen das Recht, an allen späteren Finanzierungsrunden bzw. bei jeder neuen Ausgabe von Eigenkapitalanteilen mindestens in Höhe ihres jeweiligen Pro-rata-Anteils am Stammkapital der Gesellschaft zu partizipieren. Dadurch können die Gesellschafter ihren jeweiligen prozentualen und stimmrechtlichen Anteil an der Gesellschaft bewahren. Gegen die ökonomische Entwertung der Geschäftsanteile im Rahmen späterer Finanzierungsrunden müssen sich die Kapitalgeber durch die vertragliche Vereinbarung sogenannter Anti-Dilution- oder Verwässerungsschutzrechte schützen („Down Round Protection"). Die Anwendung und Reichweite des Verwässerungsschutzes ist dabei zwischen den Gründern und Investoren anhand marktüblicher Berechnungsformeln auszuhandeln. Die entsprechende Regelung sollte im Beteiligungsvertrag explizit und präzise verankert werden, durch Kontroll- und Vetorechte vor einer Aushebelung geschützt werden und die übrigen Investorenschutzrechte wie Vorerwerbsrechte, Mitveräußerungsrechte und -pflichten als Absicherungsinstrumentarium bei Szenarien einer zukünftigen Unternehmensabwertung ergänzen.

Bewertungsunsicherheiten als Ursache für Verwässerungsschutz

Ausgangspunkt jeder Finanzierungsrunde ist die Quantifizierung des Unternehmenswertes vor Zufluss einer geplanten Investition, woraus sich der Anteilspreis der durch die Investoren zu erwerbenden Geschäftsanteile ergibt. Der Anteilspreis setzt sich dabei aus dem nominalen Betrag plus Agio oder sonstiger Zuzahlung in die Kapitalrücklage der Gesellschaft zusammen („Anteilspreis"). Besonders in der Phase von Angel- bzw. Seed-Investitionen ist jedoch die Bewertung des noch jungen Unternehmens ein maßgeblicher Unsicherheitsfaktor. Die Zielgesellschaft besteht in dieser Phase meist nur aus einer Idee der Gründer und einem noch nicht konkret definierten Geschäftsmodell. Dabei existiert ein erhebliches Informationsgefälle zwischen den Gründern und ihnen nahestehenden Personen („Friends and Family") einerseits und den sich in dieser Phase engagierenden Business Angels und Venture Capital-Gesellschaften andererseits. Die Gründer haben meist die zugrundeliegende Idee oder Technologie entwickelt und als geschäftsführende

Gesellschafter das erforderliche Know-how hinsichtlich der wirtschaftlichen Positionierung, der Entwicklungsprognosen, der Marktsituation und nicht zuletzt der Qualität der vorhandenen IP-Rechte. Im Gegensatz dazu ist es für die Investoren ungleich schwerer, die gegenwärtige und zu erwartende Wertentwicklung des Unternehmens einzuschätzen. Die Investoren können sich lediglich ein Bild von außen machen und sich im Rahmen einer sogenannten wirtschaftlichen, finanziellen und rechtlichen Due Diligence-Prüfung und der Bewertung des Businessplans einen groben Einblick in den gegenwärtigen Geschäftsbetrieb verschaffen. Auch Business-Garantien schützen nur begrenzt vor falschen Bewertungsvorstellungen, werfen beweis- und haftungsrechtliche Problematiken auf und unterliegen üblicherweise vertraglichen Haftungsgrenzen. Die vorgenannte Informationsasymmetrie ist zusätzlich gepaart mit einem diametral gegenläufigen Bewertungsinteresse der Gründer und der Investoren. Die Gründer favorisieren eine möglichst hohe Bewertung ihres Unternehmens, um eine entsprechend geringe Verwässerung ihrer bestehenden Anteile durch die von den Investoren zu beziehenden Anteile zu erreichen. Demgegenüber steht das wirtschaftliche Ziel der Investoren, einen möglichst hohen Anteil am Gesellschaftskapital zu erwerben und aufgrund des hohen Verlustrisikos einen möglichst geringen bzw. realistischen Preis auszuhandeln. Diese Bewertungsunsicherheiten und entgegengesetzten Interessenpole rechtfertigen die Vereinbarung von Verwässerungsschutzrechten zugunsten der Investoren. Gegen das generelle wirtschaftliche Verlustrisiko im Venture Capital-Bereich aufgrund Entwicklungsstillstands, Marktausfalls und mangelnden Investitionsinteresses gewähren die Anti-Dilution-Rechte allerdings keine Absicherung.

Wirkungsweise und Einschränkungen von Anti-Dilution-Rechten

Wird die Unternehmensbewertung in der Folgerunde nach unten korrigiert, so berechtigen die Verwässerungsschutzrechte die bisherigen Investoren, im Rahmen der weiteren Finanzierungsrunde im Verhältnis der von ihnen gehaltenen Anteile am Stammkapital zusätzliche Geschäftsanteile der von ihnen erworbenen Gattung („Verwässerungsanteile") zum geringstmöglichen Ausgabepreis zu erhalten. Dies bewirkt je nach Berechnungsmethode eine rückwirkende Anpassung des ursprünglichen Anteilspreises auf das niedrigere Preisniveau oder eine verhältnismäßige Reduktion der Diskrepanz zwischen beiden Bewertungen.

Bezug weiterer Anteile im Rahmen einer kompensierenden Kapitalerhöhung oder Anteilsabtretung

Der Bezug der Verwässerungsanteile durch die Investoren erfolgt üblicherweise im Wege einer sogenannten kompensierenden Kapitalerhöhung im Rahmen der Folgefinanzierungsrunde bei Verzicht der übrigen Gesellschafter auf ihr gesetzliches Bezugsrecht. Gelegentlich wird stattdessen vereinbart, dass die bisherigen Kapitalgeber von den Gründern (entsprechend ihrer jeweiligen Beteiligungsquote an der Gesellschaft) eine Anteilsabtretung in Höhe der Verwässerungsanteile verlangen können. Für den Fall, dass die Investoren Vorzugsgeschäftsanteile halten, wird zusätzlich die Umwandlung in die entsprechenden Vorzugskategorien beschlossen. Alternativ kann den Kapitalgebern auch das Recht eingeräumt werden, die Verwässerungsschutzanteile erst im Zusammenhang mit einem Exit des Unternehmens zu zeichnen.

Ausnahmen zu den Verwässerungsschutzregeln

Um Umgehungen auszuschließen, sollten die Verwässerungsschutzklauseln generell alle Formen von Anteilsemissionen abdecken, also z.B. auch die Ausgabe von

Wandlungsrechten. Im Gegenzug ist es empfehlenswert, bestimmte Emissionsszenarien vom Verwässerungsschutz auszunehmen. Dazu gehören insbesondere die zukünftige Ausgabe virtueller oder echter Geschäftsanteile oder Optionsrechte an Geschäftsführer, sonstige Arbeitnehmer oder unabhängige Berater und Aufsichtsratsmitglieder der Gesellschaft im Rahmen eines Mitarbeiterbeteiligungsprogramms. Gelegentlich werden auch Emissionen an Finanz- bzw. Kreditinstitute oder strategische Investoren im Zuge einer für das Unternehmen entscheidenden Kooperation ausgeschlossen. Als Kontrollmechanismus können letztere Ausnahmen einem zustimmenden Beschluss der berechtigten Investoren unterworfen werden. Zudem verlangen die Gründer oft eine zeitliche Beschränkung der Verwässerungsschutzrechte auf die unmittelbar nachfolgende Finanzierungsrunde mit dem Argument, dass sich das ursprüngliche und unmittelbare Bewertungsrisiko der Vorrunde danach nicht mehr stellt. Zur Umsetzung weiterer Finanzierungsrunden ist es außerdem ratsam, einen Verzichtsmechanismus durch Mehrheitsbeschluss der Investoren zu implementieren, da die Investitionsbereitschaft potenzieller neuer Investoren aufgrund der sie treffenden Verwässerung durch die Umsetzung des bestehenden Verwässerungsschutzes entscheidend sinken kann.

Verwirkung von Verwässerungsschutzrechten – Pay to Play-Klauseln

Aufgrund des berechtigten Interesses der Gründer, nicht alleine das Abwertungsrisiko zu tragen, verlangen diese gelegentlich, dass nur diejenigen Investoren in den Genuss von Verwässerungsschutzrechten kommen sollen, die ihrerseits ein weiteres Investitionsinteresse an der Gesellschaft bekunden. Dazu wird im Beteiligungsvertrag eine sog. Pay to Play-Klausel aufgenommen, wonach sich die Investoren verpflichten, in einer späteren Finanzierungsrunde mindestens mit ihrem Pro-rata-Anteil zu den Konditionen der zukünftigen Finanzierungsrunde zu partizipieren, andernfalls verlieren sie alle, oder zumindest pro rata zu ihrer Nichtteilnahme, ihre jeweiligen Verwässerungsschutzrechte zusammen mit ihren übrigen Vorzugsrechten.

Die verschiedenen Berechnungsmethoden

Der Umfang des Verwässerungsschutzes, und damit die Anzahl der auszugebenden Verwässerungsanteile, richtet sich nach der konkret vereinbarten Berechnungsmethode.

„Full Rachet“ Anti-Dilution-Recht (voller Preisausgleich)

Bei der „Full Rachet“-Berechnungsmethode wird der Investor rückwirkend wirtschaftlich so gestellt, wie er stünde, hätte er in der vorangegangenen Finanzierungsrunde seine Geschäftsanteile zu dem niedrigeren Preis der Down Round erworben. Der Investor wird durch den Bezug der Verwässerungsanteile also in vollem Umfang vor den negativen Auswirkungen eines späteren „Preisverfalls“ zulasten der Gründer geschützt. Die Akzeptanz der Gründer hinsichtlich dieser vollständigen Preisanpassung sinkt regelmäßig mit zunehmendem Wachstum des jungen Unternehmens, und damit größerer Bewertungssicherheit.

„Standard or Narrow Based Weighted Average“ (durchschnittlicher Preisausgleich auf enger Berechnungsbasis)

Im Gegensatz dazu werden bei der eingeschränkteren „Weighted Average“-Methode die jeweiligen Anteilspreise und Investitionsvolumina der betreffenden Finanzierungsrunden berücksichtigt und zueinander ins Verhältnis gesetzt. Es wird also ein sogenannter durchschnittlicher („Weighted Average") Wert der beiden Anteilspreise ermittelt („Durchschnittspreis"), wobei sich die jeweils erworbene Anteilszahl auf die Berechnung des Durchschnittspreises auswirkt. Je höher das Investitionsvolumen in der späteren Finanzierungsrunde, desto geringer fällt die Preisanpassung aus. Der Durchschnittspreis errechnet sich bei gleichen Nennbeträgen aus der Summe der aggregierten Investitionsbeträge beider Runden geteilt durch die Summe aller in beiden Finanzierungen erworbenen Anteile. Die Vor-Investoren werden im Ergebnis so gestellt, als hätten sie in der früheren Finanzierungsrunde zu dem niedrigeren Durchschnittspreis investiert. In seltenen Fällen wird auch die sogenannte Average-Methode gewählt, die nur die beiden Preisniveaus, nicht aber den Umfang der Runden berücksichtigt.

„Broad Based Weighted Average" (durchschnittlicher Preisausgleich auf breiter Berechnungsbasis)

Diese weiteste Berechnungsmethode ist die für die Gründer günstigste Variante. Hier wird bei der Ermittlung des relevanten Durchschnittspreises die Berechnungsbasis dergestalt erweitert, dass neben den Volumina beider Finanzierungen auch die Anzahl der insgesamt an der Gesellschaft gehaltenen Anteile, einschließlich Gründeranteile und bestehender Wandlungs- und Optionsrechte, berücksichtigt wird, wodurch die Anzahl der auszugebenden Verwässerungsanteile noch weiter reduziert wird. Die konkrete Berechnungsformel des Durchschnittspreises ergibt sich bei identischem Nennwert aus der Summe von (i) dem in der Vorrunde investierten höheren Preis je Anteil multipliziert mit der Summe aller zu dem Zeitpunkt der Vorrunde ausgegebenen und auszugebenden Anteile jeder Art (einschließlich etwaiger virtueller oder tatsächlicher Anteile oder Optionen („Anteilsgesamtheit") und (ii) der aggregierten Investitionssumme der Folgerunde, geteilt durch die Summe der Anteilsgesamtheit zum Zeitpunkt der Folgerunde.

Fazit

Die Anti-Dilution-Rechte stellen im Rahmen der Down Round Protection ein wirksames Instrumentarium dar, um Venture Capital-Investoren, andere institutionelle Investoren und Business Angels vor Verwässerungsrisiken im Zusammenhang mit Folgefinanzierungen bei jungen Unternehmen in der Gründungs- und Entwicklungsphase zu schützen. Dabei kann bei der individuellen Ausgestaltung und Reichweite der Verwässerungsschutzrechte aufgrund der zur Wahl stehenden unterschiedlichen Berechnungsmethoden und etwaigen Ausnahme- und Verwirkungsregelungen auf das jeweilige Entwicklungsstadium des Unternehmens und die Akzeptanzbereitschaft bei den Gründern flexibel eingegangen werden.

Thomas Look

Die Series A-Fähigkeit sichern

Business Angels (BA) füllen die Lücke zwischen der initialen 3F-Finanzierung eines Start-ups (Friends, Fools, Family) und einer Series A-Finanzierung durch einen Venture Capitalist (VC). Business Angel-Investments gehen jedoch verlustig, wenn eine Anschlussfinanzierung an das eigene Investment notwendig ist, aber nicht gelingt. Hierbei treten immer wieder die gleichen strukturellen Fehler auf. Dieser Artikel beschreibt Dos and Do Nots aus Sicht eines BAs, der ein Portfolio von Start-up-Beteiligungen aufbauen will. Er versucht, einen systematischen Ansatz und ein wiederkehrendes Set an Maßnahmen und Kontrollen zu entwickeln, die das Management von BA-Investments erleichtern. Im Resultat werden Investments dadurch zwar planbarer, das Investment in Technologie- und Internet-Start-ups wird jedoch immer eher Kunst denn Wissenschaft bleiben.

Stufen der Frühphasenfinanzierung

Die folgende Darstellung bezieht sich auf VC-fähige, skalierende Geschäftsmodelle im (mobilen) Internet, E-Commerce- und Software-Bereich. Hierbei gehen wir von folgendem idealisierten dreistufigen Finanzierungsmodell für VC-fähige Geschäftsmodelle aus:

- Stufe 1 – 3F und BAs – Seed-Phase (Pre-VC)
- Stufe 2 – Series A – Start-up-Phase (VC)
- Stufe 3 – Series B – Wachstumsphase (VC)
- Stufe 3 +1 – Exit

VC-Investmentprozess

Die Rendite (Median) der im Jahr 2011 realisierten Beteiligungen lag bei einer IRR (Internal Rate of Return-Methode) von 29%; das Multiple auf das investierte Kapital betrug 2,5x. Das durchschnittliche Renditeziel der VCs liegt bei 20% IRR respektive 3x auf das investierte Kapital (Ergebnisse des VC Panels, erstes Quartal 2012, FHP Private Equity Consultants). Es gilt die Faustregel, dass von zehn Investments eines VC-Fonds mit Early Stage-Fokus drei bis vier pleitegehen bzw. liquidiert werden müssen, dieselbe Anzahl als sogenannte „Living Dead" keinen signifikanten Ertrag bringt, aber überlebt, und ca. drei Investments die Gesamtperformance des Fonds (mind. 20% bis 30% p.a.) erbringen müssen.

Entsprechend hoch fallen die Renditeerwartungen der Geldgeber aus, die vom Unternehmen glaubhaft im Businessplan dargestellt werden müssen. Bei einer fünfjährigen durchschnittlichen Haltezeit der Beteiligungen und einem Ertragsszenario von nur drei erfolgreichen Beteiligungen bei zehn Investments muss jedes der drei erfolgreichen Investments eines VC-Fonds über die Laufzeit des Investments einen jährlichen Wertzuwachs (potenziellen Verkaufserlös) von deutlich über 50% – besser über 75% – erwirtschaften, damit der Fonds auf eine Gesamtrendite von 20% bis 30% p.a. kommen kann.

Entsprechend müssen die Geschäftsmodelle sein, in die VC-Gesellschaften investieren. VCs investieren im Informations- und Kommunikationstechnik (IKT)-Bereich ausschließlich in skalierbare Produkte mit einem hohen Marktpotenzial (selten in Nischen) und wiederkehrenden Einnahmen. Projektbezogene Einnahmen können in der Frühphase von Unternehmen dazu dienen, die Burn Rate (den Verlust bis zum Break-even-Punkt) niedrig zu halten, dürfen aber nicht im Fokus des Geschäftsmodells stehen. Mangelnde Skalierung im Geschäftsmodell ist neben einem zu kleinen Zielmarkt, der Qualität des Teams und dem (noch) nicht erbrachten Proof of Concept (PoC) erfahrungsgemäß der wichtigste Ablehnungsgrund von Start-ups durch VC-Gesellschaften. Hierbei ist Skalierungsfähigkeit immer dann gegeben, wenn ein Geschäft ohne wesentliche Erhöhung der Fixkosten signifikant wachsen kann. Den Proof of Concept kann man aus VC-Sicht auf folgende einfache Formel bringen: „CAC < CLV – CCR".

- CAC = Customer Acqusition Costs, d.h. diejenigen Kosten, die jeder Kunde bewirkt, bevor er Umsatz/Deckungsbeitrag generiert
- CVL = Customer Lifetime Value, d.h. derjenige Umsatz/Deckungsbeitrag, den ein Kunde im Laufe seines Kundeseins generiert
- CCR = Customer Churn Rate, d.h. die Rate der Kundenabwanderung/-kündigung

Mit der folgenden Checkliste kann ein BA die prinzipielle VC-Fähigkeit seines Investments überprüfen und kontrollieren. Hierbei sollten alle Punkte mit Ja beantwortet sein.

1. VCs erwarten ein skalierbares Geschäftsmodell und wiederkehrende Einnahmen. Projektgeschäft ist nicht VC-fähig. Trifft dieses auf das Geschäftsmodell meines Investments zu?
2. VCs investieren nur in Teams. Pärchen sind tabu. Die Skills Vertrieb, Unternehmensführung und Technologie sind abzudecken. Zusätzlich muss die Beteiligungsstruktur VC-fähig sein.
3. VCs erwarten regelmäßig das Vorhandensein eines kommerzialisierbaren Produkts in der Version 1.0 und einen Proof of Concept des Geschäftsmodells. Kann ich nachweisen, dass „CAQ < CLV – CCR" ist und der CLV sich im angeforderten Wertzuwachs von + 50% p.a. glaubhaft materialisiert?
4. Ist mein TAM = Total Addressable Market in seiner weiten Definition bzw. das Marktpotenzial groß genug (erwartetes Mindestmarktpotenzial laut VC-Panel 2012, zweites Quartal, 290 Mio. EUR)?
5. Kann ich laut Medium Case meines Businessplans einen Wertzuwachs für den VC nachweisen, sodass ich einen Wertzuwachs des Unternehmens von mehr als 50% p.a. – besser + 75% p.a. – bis zum Exit plausibilisieren kann?
6. Kann ich Kaufkandidaten in einem Drei- bis Siebenjahreszeitraum identifizieren, die an meinem Unternehmen Interesse haben müssten (ohne Exit-Perspektive kein Entry)?

Die Beteiligungsfalle

Ein häufiger Fehler von BAs ist, dass sie zu hohe Anteile am Start-up erwerben (müssen). Häufig ergibt sich dieses daraus, dass der ursprüngliche Kapitalbedarf bis zur Erreichung des PoC nicht ausreicht, dass nachfinanziert werden muss und dann die Anteile langsam zum BA „wandern". Viele VCs achten sehr darauf, dass das operativ tätige Management bis etwa zur Series B-Runde die Mehrheit am Beteiligungsunternehmen halten muss. Der Grund ist, dass die Incentivierung des operativ tätigen leitenden Managements zentral dafür ist, dass dieses nicht bei der ersten Krise abspringt, sondern an Bord bleibt. Da die Gehälter der Geschäftsleitung in der Regel gering sind, ist die Aussicht auf Exit-Erlöse ein entscheidendes Kriterium, „bei der Stange zu bleiben". Hält das typische Dreier-Managementteam nicht mehr als 50% nach Verwässerung durch die Series A-Runde, steigt auf eine solche Beteiligungsstruktur nur selten ein Series A-finanzierender VC ein.

Die Planung der Phase vom BA-Einstieg bis zur Erreichung der Series A-Fähigkeit ist also von zentraler Bedeutung. Hierbei ist ein Mix von Minimalzielen auf verschiedenen Ebenen zu erreichen. Ist diese Phase zu teuer, dauert sie zu lange, ist sie nicht detailliert spezifiziert etc., dann ist die Chance groß, dass das Investment abzuschreiben ist. Hierbei ist es wichtig, die richtige Balance in der Mittelverwendung zu finden. So darf mit dem vorhandenen Geld z.B. nicht zu viel in Technologie investiert werden (ein häufiger Fehler), wenn dann kein Geld und keine Ressourcen für die Erbringung des PoC (Kundengewinnung) übrig bleiben würden.

Multikriterielle Optimierung

Bei der Investmententscheidung durch den BA bietet sich ein dreistufiger Prozess an.

Stufe 1 – Überprüfung der generellen VC-Fähigkeit gemäß der obigen Sechs-Punkte-Checkliste.

Stufe 2 – Strukturierung der BA-Finanzierungsphase bis Series A auf Ebenen wie:

- Dauer
- Kosten
- Quantifizierbare Ziele – wann ist das Unternehmens Series A-fähig?
- Beteiligungsstruktur
- Definition konkret zu treffender Maßnahmen
  - Wie sieht der PoC aus
  - Sales Funnel („Verkaufstrichter") Strukturierung bei B2B-Vertriebs
  - Reichweiten- und Konversionsplan bei B2C-Modellen

Wenn Stufe 2 auch positiv verläuft, kann eine Beteiligung am Unternehmen erfolgen.

Stufe 3 (nach Beteiligung) – Monitoring und gegebenenfalls Modifizierung oder Abbruch der BA-Finanzierung via:

- Meilensteinplan
- Finanzplan
- Maßnahmenplan
- Zielplan

Zentral ist hierbei für den BA, dass nach der generellen Entscheidung für ein Unternehmen ein Finanz-, Mittelallokations- und Maßnahmenplan mit dem Unternehmen vereinbart wird, der bei einer Ratenzahlung der Finanzmittel konkrete (Abbruch)-Meilensteine und quantifizierbare Ergebnisse pro Meilensteinphase enthält.

Im Endeffekt ist eine multikriterielle Optimierung durchzuführen, wobei die folgenden sechs Ebenen zu beachten und zu optimieren sind:

- Technologie/Produktentwicklung – u.a. Lasten- und Pflichtenheft, Dokumentation, Implementierungsschritte, Lasttests
- Team und Beteiligungsstruktur
- TAM und skalierendes Geschäftsmodell
- PoC
- Gewinn-und-Verlust-Rechnung (GuV), Liquidität und Mittelverwendung

- Sonstige Faktoren (Dealbreaker), wie Markenrechte, Domains, Arbeitnehmerfindungen etc.

Die Auszahlung des BA-Kapitals erfolgt dann in Tranchen gemäß Fortschritt. Hierbei kann die Fortschrittsmessung im Rahmen eines Portfolioansatzes auch auf Basis eines einfachen internen Index und eines Phasenmodells bis zur Erlangung der Series A-Fähigkeit erfolgen. Pro Meilenstein können bei z.B. vier sequenziellen Meilensteinen bis Series A-Fähigkeit dann jeweils 25%, 50%, 75% und 100% der BA-Mittel zur Auszahlung gelangen.

The Art of Investing

Durch eine Systematik wie vorstehend überblicksartig geschildert fallen gewisse Investments, die erfolgreich sein können, aber dem Schema nicht entsprechen, „durch den Rost". Dies lässt sich jedoch verschmerzen, weil sich der Auswahl- und Steuerungsprozess durch eine solche Systematik vereinfachen und verbessern lässt. Die Erfolgs- und Renditechancen der Investments, die ein BA eingeht, werden dadurch deutlich erhöht. Eine „science of Investing" in Start-ups wird es allerdings nie geben. Investing bleibt eine Kunst und wird niemals mathematisch exakt zu erfassen und zu prognostizieren sein.

Wolfgang Seibold

Anschlussfinanzierung durch Venture Capital

Für die Einführung und Vermarktung eines international erfolgreichen Hightech-Produktes oder innovativen Dienstleistungskonzepts sind oft zweistellige Millionenbeträge notwendig. In vielen Fällen ist den Beteiligten bereits beim Einstieg der Business Angels bewusst, dass der Kapitalbedarf des gemeinsamen Vorhabens nicht durch Gründer und Business Angels allein bewältigt werden kann. Ebenso sind für den nächsten Wachstumsschritt oft internationale Teamergänzungen und Netzwerke erforderlich. Viele Business Angels steigen daher bereits mit dem Plan ein, die Unternehmung auf eine Anschlussfinanzierung durch Venture Capital (VC) vorzubereiten. Rund ein Sechstel der von Business Angels finanzierten Start-ups werben später eine Anschlussfinanzierung durch VC-Investoren ein (ZEW-Hightech-Gründungspanel 2007). Das gegenseitige Verständnis der Arbeitsweise, möglicher Zielkonflikte sowie die richtige Strukturierung der Beteiligung idealerweise bereits vor dem Einstieg der VC-Investoren legen eine gute Basis für eine partnerschaftliche und reibungsfreie Zusammenarbeit im Interesse des gemeinsamen Erfolges.

VCs: Angel-Investoren im Auftrag ihrer Anleger

In Deutschland investieren Venture Capital-Investoren (staatliche, private und strategische VC-Gesellschaften) jährlich durchschnittlich rund 700 Mio. EUR in innovative Start-up-Unternehmen, davon ca. 430 Mio. EUR in der Seed- und Start-up-Phase und ca. 270 Mio. EUR in der Wachstumsphase. Gemessen am Bruttoinlandsprodukt erreichen die VC-Investitionen in Deutschland damit nur etwa ein Sechstel des US-Niveaus und liegen auch im europäischen Vergleich eher in der unteren Hälfte und z.B. deutlich hinter Großbritannien, Frankreich, Skandinavien oder der Schweiz (BVK Jahresstatistik 2011). Dieses niedrige Niveau liegt nicht etwa an fehlenden Finanzierungsgelegenheiten, sondern eher an der traditionellen Finanzierungskultur sowie am Renten-, Stiftungs- und Versorgungssystem hierzulande, das nicht in Private Equity und VC investieren kann.

Ebenso wie Business Angels steigen auch Venture Capital-Investoren früh in ein Unternehmen ein, in der Regel lange bevor das Unternehmen stabile Umsätze oder gar Gewinne aufweisen kann. Ihre Investition erfolgt daher ebenfalls vor allem mit Blick auf das zukünftige Potenzial. Auch noch bei ihrem Einstieg gibt es viele Unsicherheitsfaktoren. Misserfolg bedeutet in der Regel Totalverlust. Im Wissen um die Ausfallrisiken erwarten VC-Investoren zunächst von jedem Investment, dass daraus ein „Star" werden kann, der den Fonds zurückzahlt.

Großes Potenzial ...
Bahnbrechendes Produkt mit fundamentalem USP bzw. Kunden(mehr)nutzen
Skalierbares Geschäftsmodell in großen Zielmärkten
Großes Wachstumspotenzial
Verteidigbares Geschäftsmodell/Lock-in (Patente, Copyrights, Eintrittsbarrieren
Attraktivität für internationale Kapital- und Exitmärkte
Wertdteigerungspotenzial > 15 x in 4–6 Jahren

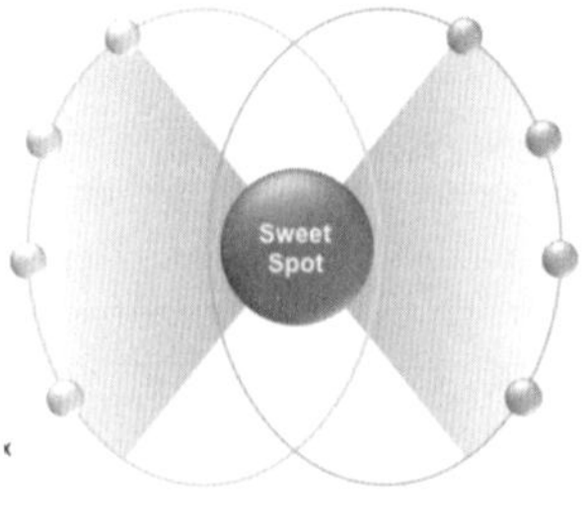

... bei überschaubaren Risiken
2–3 überzeugende Unternehmerpersönlichkeiten
Erste Marktreferenzen vorhanden
Produktfunktionalität und Kundennutzen ausgewiesen
Investorensyndikat ist in der Lage, das Unternehmen bis zur Profitabilität zu führen

Abbildung 1: Investmentkriterien VC

Ein Zielunternehmen sollte das Potenzial haben, schnell und nachhaltig eine führende Position in einem großen, stark wachsenden Markt aufzubauen, um so attraktiv zu werden für internationale Kapital- und Exit-Märkte. Um die Umsetzungsrisiken in akzeptablen Grenzen zu halten, achten selbst frühphasig orientierte VCs darauf, dass es erste belastbare Referenzen für das Produkt bzw. das Geschäftsmodell gibt, das Managementteam komplett und das zu bildende Finanzierungssyndikat in der Lage ist, das Unternehmen durch die nächsten Jahre (möglichst bis in die Profitabilität) zu begleiten.

Mehrstufiger Investitionsprozess

VCs investieren aus Fonds, die sie von ihren Anlegern eingesammelt haben. Als Manager dieser Fonds sind sie dazu verpflichtet, einer vertraglich festgelegten Investitionsstrategie zu folgen und vereinbarte Investitionsprozesse einzuhalten. Bis zu einer erfolgreichen Investition ist in der Regel ein mehrstufiger Investitionsprozess zu durchlaufen (Vorauswahl, marktseitige und technische Due Diligence, Bewertung, vorläufige Entscheidung, finale Due Diligence und Vertragsverhandlung). Dafür ist ausreichend Zeit einzuplanen. Drei Monate vom ersten Meeting bis zum Abschluss der Finanzierungsrunde sind durchaus üblich.

Auch werden Investitionsentscheidungen in der Regel nicht von einer einzelnen Person, sondern in einem Investitionsgremium aus mehreren Partnern und gegebenenfalls Beiräten getroffen. Selbst eine vorläufige Investitionszusage oder ein Term Sheet kann daher noch einem Gremienvorbehalt unterliegen.

	Phase	Aktivität	Dauer (Ø) in Wochen
1	Erstkontakt	Erste Bewerbung auf Basis Brief oder E-Mail mit kurzer Beschreibung der Idee und Businessplan als Anhang	
2	Erstes Treffen	Kennenlernen der Personen und Diskussion des Businessplans	2–4
3	Interaktion und Recherche	Validierung des BP basierend auf Information der Unternehmer und eigener Recherche	5–10
4	Vorentscheidung	Präsentation vor dem Investment Committee und Term Sheet-Verhandlungen	1–2
5	Due Diligence	Diskussion mit dem Management über unsere Erkenntnisse, Geschäftsmodell und Strategie der Firma	3–4
6	Signing und Closing	Einstimmige Entscheidung, Rechtliche Abwicklung, Vertrag	2–3
			Σ 13–23

Abbildung 2; Quelle: Earlybird

Ihren Anlegern gegenüber sind VCs regelmäßig Rechenschaft schuldig. Daher erwarten sie von ihren Portfoliounternehmen termingerechtes Reporting und Transparenz über alle wichtigen Geschäftsvorgänge. Im Gegenzug engagieren sie sich meistens in den Aufsichtsräten der betreuten Unternehmen.

Als Eigenkapitalinvestoren verdienen VCs (ebenso wie Business Angels) an der Wertsteigerung des Unternehmens und nicht an Zinseinnahmen oder Dividenden. Daher ist es für sie notwendig, im Rahmen ihrer Fondslaufzeit (meistens zehn Jahre) im Rahmen eines Anteilsverkaufs wieder aussteigen zu können. Da VCs in der Regel Minderheitsgesellschafter sind, müssen sie sich diese Ausstiegsmöglichkeiten sowie die Unterstützung der anderen Gesellschafter und Manager vertraglich absichern lassen.

Ähnlich wie die VC-Investoren ihre Due Diligence zum Unternehmen machen, sollten auch Gründer und Angel-Investoren sich die potenziellen Folgeinvestoren genau ansehen und prüfen, ob Investitionsphilosophie und Arbeitsweise zu den eigenen Zielen und Vorstellungen passen.

Achtung: Mögliche Zielkonflikte

Vor dem Vertragsabschluss sollten sich alle Parteien (VC-Investoren, Business Angels und Unternehmer) im Klaren sein über die jeweiligen Ziele und die Arbeitsweise der zukünftigen Partner. Inkongruente Ziele und Erwartungen sind Hauptursachen für Konflikte unter den Gesellschaftern. Dabei besteht selten Uneinigkeit bezüglich des Endziels für das Unternehmen. Oft jedoch werden der Weg dahin bzw. die notwendigen Meilensteine nicht genau genug abgestimmt und festgehalten. Zu Streitpunkten eskalieren oft Uneinigkeiten hinsichtlich:

- Wachstumsgeschwindigkeit
- Internationalisierungsstrategie
- Managementergänzung
- Managemententlohnung und Anreizsysteme
- Kapitaleinsatz bzw. Aufnahme weiterer Investoren (damit weitere Verwässerung der Anteile)
- Exit-Erwartung und Exit-Zeitpunkt

Gelegentlich entstehen Konflikte aber auch durch unterschiedliche Motivationen und Arbeitsweisen. Dies gilt vor allem bei Themen wie:

- Operativer Beitrag und Arbeitseinsatz
- Mitarbeiterführung
- Planungstiefe und Planerfüllung
- Kontrolltiefe
- Beitrag zu zukünftigen Finanzierungsrunden
- Getragenes Risiko
- Verhalten bzw. Maßnahmen in Krisensituationen

Nicht alle eventuellen Konflikte lassen sich im Vorfeld ausräumen. Dennoch helfen ein gut abgestimmter Unternehmensplan, klare Meilenstein- und Zielvereinbarungen, aussagekräftige Beteiligungsverträge und Spielregeln für die Zusammenarbeit im Aufsichtsrat oder Beirat, zumindest einige Konflikte früh und ohne große Folgeschäden zu klären.

Partnerschaft auf Augenhöhe

Wenn alle Beteiligten die Ziele und Herangehensweise für das gemeinsame Investitionsvorhaben klar definiert haben und sich einig sind über die Zusammenarbeit und den jeweiligen Beitrag, kann für alle Beteiligten (Unternehmer, Business Angel und Venture Capital-Investor) eine echte Win-win-win-Partnerschaft entstehen. In den vergangenen Jahren, die oft durch allgemeine Kapital- und Ressourcenknappheit, vor allem in der frühen Finanzierungsphase, gekennzeichnet waren, entstanden viele positive Beispiele dafür. Die erfolgreiche Zusammenarbeit zwischen Business Angels und VC-Investoren bietet eine Chance, die sonst teilweise schwierigen Rahmenbedingungen für Start-ups in Deutschland auszugleichen.

Exit-Gestaltung

9

Frank Motte

Was ist notwendig für einen erfolgreichen Exit?

Mit Begeisterung geht ein Business Angel seine Beteiligung an einem Start-up ein, begleitet das Managementteam durch zahlreiche Höhen und Tiefen, erlebt, dass der Businessplan ein strategischer Fingerzeig war, aber nicht so eintrifft, und dass alles länger und teurer wurde als geplant. Irgendwann ist es aber geschafft, das Unternehmen ist gereift, die Produkte sind im Markt eingeführt, Umsätze werden erzielt und die monatliche Burn Rate wird zur Earn Rate. Dann stellt sich dem Business Angel die Frage, wie es weitergehen soll bzw. wie das denn nun mit dem im Businessplan ja einmal vorgesehenen Exit tatsächlich ist.

Fünf Phasen eines Exits

Ein Exit kommt nicht von alleine, sondern sollte, um einen angemessenen Wert zu erzielen, mittelfristig vorbereitet werden. Genau in dieser Vorbereitung liegt auch der wertschaffende Teil, den das Unternehmen gezielt selbst herbeiführen kann. Die Unterstützung bei dieser Vorbereitung kann auch ein wertvoller Beitrag sein, den der Business Angel für die Gründer leisten kann, denn diese haben typischerweise noch kein Unternehmen verkauft. Ein gut vorbereiteter Exit vollzieht sich in fünf Phasen:

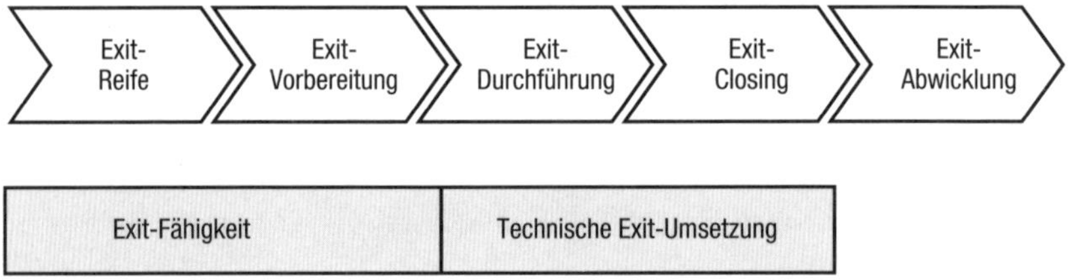

1. Exit-Reife

Sehr früh sollte überprüft werden, ob das Unternehmen überhaupt verkaufsfähig ist – und gegebenenfalls, welche Arbeiten notwendig sind, um diese Exit-Reife herzustellen. Dazu zählen unter anderem:

a) Eine klare Definition, was mit dem Unternehmen wirklich verkauft wird. Ein Produkt, eine Technologie, eine Technologieplattform, eine Marktposition, ein funktionierender Produktions- und Absatzprozess?

b) Ist der Schutz dieses Verkaufsgegenstands auch in dem Unternehmen gesichert? Gehören z.B. Patente für die Technologie dem Unternehmen oder sind sie nur lizenziert? Unterliegen wichtige Verträge einem „Change of Control"-Vorbehalt und besteht die Gefahr, dass Vertragspartner diesen bei einem Verkauf nutzen? Sind Kernmitarbeiter und strategische Partner auch ausreichend an das Unternehmen gebunden?

c) Ist der Verkaufsgegenstand auch hinreichend attraktiv? Ist das Unternehmen bereits in einem Stadium, dass es für potenzielle Käufer interessant ist? Sind z.B. die Produkte schon in einem Reifegrad? Gibt es relevante Kundenprojekte? Ist die Kunden- oder Userzahl ausreichend groß? Sind relevante Zulassungen oder Zertifizierungen abgeschlossen?

d) Kann neben dem Verkauf an strategische Käufer möglicherweise ein Exit an Finanzinvestoren sinnvoller und auch werttreibender sein? Diese Frage ist abhängig von dem strategischen Zusatzwert, den ein Käufer dem Unternehmenskauf zumisst, gegenüber dem Interesse von Finanzinvestoren, in den entsprechenden Industriebereich zu investieren bzw. ihr Portfolio in einer Buy & Build-Strategie zu ergänzen.
e) Kann das bestehende Management einen Verkaufsprozess durchführen? Bei einem Exit, insbesondere auch bei einem Schritt an einen nationalen oder internationalen Kapitalmarkt, gewinnt der Bereich Finanzen mit Rechnungswesen, Planung und Controlling an zusätzlicher Bedeutung. In welchem Rechnungslegungsstandard werden die Jahresabschlüsse erstellt? Sind diese überführbar? Gibt es ein angemessenes Planungssystem? Hierfür ist das operative Team vorab gegebenenfalls zu ergänzen.
f) Ist eine ausreichende Unternehmensgröße erreicht, damit das Unternehmen überhaupt auf den Radar von Käufern kommt? Oder für diese eine strategische Relevanz besitzt?
g) Ist der Exit für den Business Angel überhaupt interessant? Sollte das Unternehmen mehrere Finanzierungsrunden durchgeführt haben, kann es der Fall sein, dass selbst bei einem erfolgreichen Exit aufgrund der Vereinbarungen wie ein- oder sogar mehrfachen Liquidationspräferenzen der späteren Finanzierungsrunden der Business Angel kaum eine Rendite oder sogar seinen Einsatz nicht zurückerhält. Daher sollte ein Modell möglicher Exit-Werte erstellt und es sollte berechnet werden, welchem Gesellschafter aufgrund der vertraglichen Vereinbarungen welcher Teil der Mittel zufließt. Denn nur rechtzeitig vor dem Exit kann über diese Punkte möglicherweise nochmals nachverhandelt werden.

2. Exit-Vorbereitung

In dieser Phase sind neben dem konsequenten Ausgleich der festgestellten Defizite weitere Aktivitäten notwendig:

- Das Management des Unternehmens, sein Vertrieb und die Entwickler beobachten operativ laufend den Markt auf das Verhalten von Konkurrenten, alternative Technologien, Kunden und Lieferanten hin. Sie kennen damit eine Vielzahl von möglichen strategischen Käufern, auch wenn sie aus diesem Blickwinkel im Tagesgeschäft nicht betrachtet werden. Genau dies ist aber zu erarbeiten: eine Analyse, welches Unternehmen die Technologie des eigenen Unternehmens benötigen würde, welches Unternehmen damit eine strategische Lücke schließen oder wer besonders von den Kunden- und Marktzugängen profitieren könnte. Diese Unternehmen sollten aufgelistet, Informationen über sie gesammelt und dann regelmäßig aktualisiert werden.
- Eine mehrere Überarbeitungsrunden benötigende Arbeit ist die Erstellung einer überzeugenden Equity Story. Aufbauend auf Workshops zur Unternehmensstrategie ist diese klar definiert zu erstellen und dann aus dem Blickwinkel potenzieller Käufer zu formulieren. Je nach Käufer kann dies auch variieren und Hinweise auf strategische Mehrwerte für genau diesen Käufer enthalten.
- Ein weiterer Schritt ist die Zusammenstellung eines sogenannten Datenraums. Darunter ist eine Sammlung von Unterlagen zu verstehen, die alle wichtigen Informationen zum Unternehmen, alle rechtlichen Dokumente, alle Finanzdaten etc. enthalten. Dies war früher eine Sammlung von Aktenordnern in einem abgeschlossenen Raum, ist heute aber meistens virtuell im Internet hinterlegt.

- Abhängig von der Unternehmensgröße, dem geplanten Unternehmenswert und dem angezielten Verhandlungspartner ist rechtzeitig ein Team aus Anwalt, Wirtschaftsprüfer oder Steuerberater und bei Technologieunternehmen einem Patentanwalt zusammenzustellen. Für einen Verkaufsprozess sollte auf die Qualität der Beteiligten und ihre Erfahrungen mit Unternehmenskäufen großer Wert gelegt werden. Auch wenn Stundensätze oder Honorare auf den ersten Blick erschrecken, kompensiert die Erfahrung wahrscheinlich diesen Effekt durch erzielte Erfolge bei der Bewertung und den Vertragsklauseln.

Die Entscheidung, wann nach erfolgreicher Vorbereitung und Sicherstellung aller Verkaufsvoraussetzungen der richtige Zeitpunkt für den Verkauf eintritt, ist allgemein nicht zu beantworten. Leitgedanken dabei sollten unter anderem sein:

a) Alleine die technische Exit-Durchführung kann drei bis neun Monate in Anspruch nehmen. Daher auf einen günstigen Zeitpunkt zu warten und dann erst mit der Durchführung zu beginnen, kann bedeuten, dass er schon vorbei ist, wenn es an die Transaktion geht.
b) Ein Käufer für das Unternehmen muss für eine faire Bewertung eine Erwartung an dessen positive Entwicklung in der Zukunft haben. Damit ist ein Verkauf an einem Zenit der Unternehmensentwicklung der falsche Zeitpunkt, der richtige Zeitpunkt liegt schon deutlich davor.
c) Auch sind Bewertungsfaktoren (z.B. Umsatz- oder Ertragsmultiplikatoren) einer ständigen Veränderung unterworfen und von externen Einflüssen wie u.a. dem Kapitalmarkt unterworfen. Ein Zuwarten auf ein noch besseres Geschäftsjahr in der Hoffnung, dann einen höheren Unternehmenswert zu erhalten, kann schnell trügerisch sein.

3. Exit-Durchführung

Die Durchführung der Transaktion ist, obwohl sie den größten Fokus in der Literatur genießt, bei entsprechender Vorbereitung im Wesentlichen ein Thema des guten Projektmanagements und der geschickten Verhandlungsführung. Es ist aber auf jeden Fall sehr zeitkonsumierend für alle Managementmitglieder, die Käuferpräsentationen zu halten, Fragenkataloge zu beantworten, Prüfungen durch Wirtschaftsprüfer und Anwälte sowie durch Technologie- bis hin zu Personalberatern abzuarbeiten. Da bei Beginn häufig nicht klar ist, welcher Kaufinteressent sich später als wirklich nachhaltig und zu einem als fair betrachteten Kaufpreis übernahmebereit herauskristallisiert, sind viele Arbeitsschritte gegebenenfalls mehrfach zu absolvieren.

Nach Prüfung der erhaltenen Absichtserklärungen („Letter of Intent“) und Auswahl eines Interessenten für die exklusive Endphase sind dann zusammen mit den Anwälten die Verträge zu verhandeln. Erfahrungsgemäß schwierig ist immer der abzugebende Garantiekatalog, der dem Käufer den Zustand der Gesellschaft zusichert. Hier sollte der Business Angel darauf achten, weitgehend nicht in die Garantien einbezogen zu werden, da er die operativen Vorfälle dann doch nicht in dieser Tiefe kennt oder verantwortet hat. Ein weiteres Thema ist eine erfolgsabhängige Kaufpreisfindung, die natürlich aufgrund des Informationsungleichgewichts im Interesse des Käufers ist. Auch hier sollte der Business Angel lieber einen etwas geringeren Kaufpreis akzeptieren, da er zukünftig seines bisherigen Einflusses beraubt ist.

4. Exit Closing

In den meisten Fällen sind im Vertragswerk noch aufschiebende Bedingungen enthalten, die die Wirksamkeit der Transaktion an zu erfüllende Bedingungen knüpfen. Dies können zum Beispiel zu erstellende Zwischenabschlüsse zur Abgrenzung des Kaufgegenstands, Vorlage rechtlicher Unterlagen, Rücktritte von Organen, Verzicht von Vertragspartnern auf Change of Control-Klauseln, die Auszahlung der Kaufpreisfinanzierung oder Ähnliches sein. Sind diese Bedingungen erfüllt, wird an einem definierten Tag von den Parteien die Wirksamkeit gegenseitig erklärt und die Transaktion ist „geclosed".

5. Exit-Abwicklung

Nachdem die juristischen Hausaufgaben erledigt sind, sollte zum gelungenen Übergang die vorab gemeinsam festgelegte Kommunikation an Mitarbeiter, Kunden, Lieferanten, Finanzpartner etc. umgesetzt werden. Und wichtig natürlich: Das sogenannte Closing Dinner mit den Beteiligten als Zeichen der Anerkennung in der intensiven Exit-Phase. Ein sogenannter Tombstone (eine in Plexiglas gegossene Kurzdarstellung der Transaktion) erinnert an die gelungene Transaktion.

Danach liegt das weitere Geschick des langjährig begleiteten Unternehmens in den Händen des Käufers. Auch wenn der Business Angel auf diesen naturgemäß keinen Einfluss mehr hat, kann er aber die ursprünglichen Gründer beim Übergang vom eigenen Unternehmen hin zum z.B. Teil eines Konzerns begleiten und coachen. Damit kann er nach dem Verkauf helfen, das Unternehmen in dieser wichtigen Übergangsphase zu stabilisieren. Dem Business Angel stellt sich nun die Kehrseite des hoffentlich erfreulichen Verkaufs seiner Anteile dar: Das zurückfließende Geld muss neu angelegt werden.

Laufende Dividende als Alternative zu einem Verkauf

Eine wichtige Alternative bei allen Exit-Gedanken sollte immer aber auch eine längere Beteiligungshaltestrategie sein, also eine mittelfristige Dividendenstrategie. Da ein Business Angel meistens nicht wie ein Venture Capital-Fonds an maximale Haltedauern für seine Beteiligungen gebunden ist, kann er den Wert des Unternehmens durch laufende Ausschüttungen realisieren. Es setzt aber natürlich voraus, dass das Unternehmen schon einen Ertrag erwirtschaftet und keine großen Investitionsfinanzierungen mehr benötigt.

Fazit

Ein Exit ist für einen Business Angel eine gute Gelegenheit, seinen zweiten Flügel aufzuspannen und durch seine Unterstützung Wert für das Unternehmen zu schaffen, ebenso wie bei seiner Begleitung in der frühen Unternehmensphase. Entgegen dem häufigen Fokus auf die rein technische Exit-Umsetzung ist die rechtzeitige und gute Herstellung der Exit-Fähigkeit für eine erfolgreiche Transaktion sehr entscheidend.

Carsten Schneider

Exit-Regelungen im Beteiligungsvertrag

Eine Einführung in das Thema „Business Angels-Investments" griffe zu kurz, behielte sie das eigentliche Ziel der Übung nicht im Blick: Den – bestenfalls sogar erfolgreichen – Exit, also die Veräußerung der Unternehmensbeteiligung, sei es durch Verkauf oder in sonstiger Weise, wobei sich im Kaufpreis (oder in der sonstigen Gegenleistung) idealiter zugleich eine angemessene Verzinsung auf das eingesetzte Kapital materialisiert.

Bedeutung des Exits

Richtig ist, dass die Kapitalbeteiligung durch Business Angels regelmäßig nur ein erster Baustein in der frühen Phase der Wachstumsfinanzierung des Unternehmens ist. Will sagen: Das Wachstum setzt regelmäßig weiteres Kapital voraus, das nicht selten in Form von Venture Capital eingeworben werden soll. Venture Capital-Geber investieren mit einem sehr klaren Exit-Fokus. Sie erwarten diesen Exit-Fokus deshalb auch sowohl vom Management des Unternehmens als auch von ihren Mitgesellschaftern und damit auch von Business Angels. Auch deshalb sind Business Angels gut beraten, sich auch frühzeitig damit vertraut zu machen, was es bedeutet, ein exitorientiertes Investment einzugehen.

Dieser Exit-Fokus schlägt sich nieder in einer ganzen Reihe von Regelungen, auf deren Vereinbarung im Rahmen des Beteiligungsvertragswerks Investoren typischerweise Wert legen. Es sind dies allen voran die Regelungen zur Bindung des Managements an das Unternehmen (Vesting), zu Mitveräußerungspflichten (Drag Along) und Mitveräußerungsrechten (Tag Along), darüber hinaus ganz explizit als sogenanntes IPO-Right das Recht der Investoren, über Zeitpunkt und Art und Weise des Exits über die anderen Gesellschafter hinweg entscheiden zu können, sowie schließlich die Regelung zum Erlösvorzug (Liquidation Preference) – allesamt Regelungen in der Gesellschaftervereinbarung, die als Teil des Beteiligungsvertragswerks dem eigentlichen Gesellschaftsvertrag (Satzung) mit Vorrang an die Seite gestellt wird.

Exitfokussierte Regelungen im Beteiligungsvertrag

Vesting: Die beste Geschäftsidee nützt nichts, wenn ihre Umsetzung scheitert, weil es an einem guten Management fehlt. Umgekehrt vermag ein gutes Management es noch am ehesten, aus einer sich als mäßig erweisenden Geschäftsidee doch noch ein gutes Unternehmen zu entwickeln, das eine Exit-Chance hat. Aus dieser Einschätzung heraus erklärt sich das Bestreben der Investoren, das Management an das Unternehmen zu binden, um es auf Exit-Kurs zu trimmen. Diesem Ziel dient die Vesting-Regelung im Beteiligungsvertrag. Danach sichert sich das Management erst durch Verbleib im Unternehmen mit der Zeit, nach und nach, das Recht, seine jeweilige Beteiligung am Unternehmen auch im Fall eines Ausscheidens vor dem Exit ungeschmälert behalten zu dürfen. Für das Management ist schon die grundsätzliche Akzeptanz einer solchen Regelung nicht selten ein Knackpunkt. Dreh- und Angelpunkt der Verhandlung einer solchen Regelung ist naheliegenderweise der Zeitraum, über den das Vollrecht an der Beteiligung erwächst, in der Praxis häufig zwei bis fünf Jahre, entsprechend dem Zeitraum, den die Investoren für einen Exit in Aussicht genommen haben. Über diesen Zeitraum steigt der Anteil der Beteiligung, den der jeweilige Manager auch im Fall seines

Ausscheidens behalten darf, an, und zwar regelmäßig pro rata temporis. Im Übrigen unterliegt die Beteiligung der Einziehung oder der unmittelbaren Übertragung, etwa an andere vorhandene oder ersatzweise hinzutretende Mitglieder des Managements. Dabei wird nach dem Grund des vorzeitigen Ausscheidens unterschieden: Hat der Manager sein Ausscheiden – regelmäßig die Beendigung seines Anstellungsvertrages mit der Gesellschaft, etwa als Geschäftsführer – nicht zu vertreten, etwa weil die Gesellschafterversammlung die Kündigung beschließt, ohne dass der Manager dafür einen wichtigen Grund gesetzt hat (sogenannte Good Leaver), kann ihm die Beteiligung entweder ungeschmälert erhalten oder jedenfalls zum Verkehrswert abgefunden werden; in anderen Fällen des Ausscheidens (als sogenannte Bad Leaver) verfällt die Beteiligung entweder insgesamt oder zumindest teilweise.

Besonderheiten eines Drag Alongs

Mitveräußerungspflicht (Drag Along): Regelrecht der Sicherung der Exit-Möglichkeit dient die Vereinbarung einer Mitveräußerungspflicht (Drag Along). Diese kann ganz allgemein zulasten von Minderheitsgesellschaftern ausgestaltet sein – und damit häufig auch die Business Angels erfassen, die meist schon von vorneherein nur eine Minderheitsbeteiligung eingehen und deren Beteiligung jedenfalls zumeist im Zuge weiterer Finanzierungsrunden zur Beteiligung von Venture Capital-Gebern prozentual verwässert. Die Mitveräußerungspflicht kann aber auch explizit zugunsten der bzw. einer bestimmten Gruppe von Investoren vereinbart sein, also zulasten der Nicht-Investoren-Gesellschafter – und damit wiederum meist auch zulasten von Business Angels. Die Mitveräußerungspflicht der damit belasteten Gesellschafter (Gründer, Business Angels, Frühphaseninvestoren, Minderheitsgesellschafter allgemein – je nach Ausgestaltung) knüpft an die Absicht bzw. Entscheidung der Investoren an, ihre eigene Unternehmensbeteiligung (in der Regel: vollständig) zu veräußern (oder in sonstiger Weise einen Exit durchzuführen). Die übrigen Gesellschafter sind dann auf Verlangen der Investoren verpflichtet, ihre eigenen Beteiligungen – zu gleichen bzw. zu zumindest gleichwertigen Bedingungen – ebenfalls zu veräußern. Dabei geht es typischerweise um die Veräußerung an einen Dritten, der bislang nicht an der Gesellschaft beteiligt war, sondern nunmehr sämtliche Anteile an dem Unternehmen übernehmen möchte, gegebenenfalls unter entsprechender Rückbeteiligung des Managements. Die Mitveräußerungspflicht kann aber – je nach Ausgestaltung – auch greifen, wenn die Investoren sämtliche Beteiligungen an einen der (meist: Investoren-)Mitgesellschafter veräußern wollen. Zumindest zwei Schutzmechanismen finden sich in der Regelung einer Mitveräußerungspflicht häufig aus gutem Grund: Die Mitveräußerungspflicht kann davon abhängig gemacht werden, dass zumindest der Mitveräußerung, wenn schon nicht dem Exit insgesamt, eine bestimmte Mindestbewertung des Unternehmens zugrunde liegt, dies jedenfalls, wenn ein Exit unter Geltendmachung der Mitveräußerungspflicht innerhalb eines ersten, nach Jahren zu definierenden Investitionszeitraums stattfinden soll. Zudem bleibt – zumindest theoretisch – meist die Möglichkeit, die Veräußerung an einen Dritten schon von vorneherein dadurch abzuwenden, dass die übrigen Gesellschafter die Beteiligungen der Investoren übernehmen, etwa durch Ausübung eines Vorerwerbsrechts (nach entsprechender Andienung) bzw. eines Vorkaufsrechts.

Mitveräußerungsrecht (Tag Along): Umgekehrt sichern sich die Investoren die Möglichkeit des eigenen Exits in der Regel auch für den Fall, dass die übrigen Gesellschafter unter Beachtung bestimmter Mehrheitserfordernisse die Veräußerung ihrer Beteiligungen (in der

Regel wiederum: an einen Dritten) beschließen. Die Investoren, die – zumindest jeder für sich genommen – regelmäßig Minderheitsbeteiligungen halten, sichern sich so gegen einen zwangsweisen Verbleib in der Gesellschaft ab. Das Mitveräußerungsrecht ist von daher auch für Business Angels ein sinnvoller Schutzmechanismus. Es knüpft dabei regelmäßig an die Veräußerung von mehr als der Hälfte der Anteile (oder Vermögenswerte) des Unternehmens an. Das Mitveräußerungsrecht ist fristgebunden. Ist es besonders stark zum Schutz der davon Begünstigten ausgestaltet, erlaubt es diesen sogar, die vorrangige vollständige Veräußerung ihrer eigenen Beteiligungen zu verlangen, bevor die übrigen Gesellschafter zur Veräußerung ihrer Anteile berechtigt sind. Dies kommt dann zum Tragen, wenn der Dritte nicht sämtliche zur Veräußerung stehenden Anteile zu erwerben bereit ist.

Gang an die Börse

IPO-Right: Nicht selten sichern sich Investoren im Beteiligungsvertrag das Recht, den angestrebten Exit im Rahmen eines strukturierten Veräußerungsprozesses (Trade Sale) oder sogar im Rahmen einer Platzierung des Unternehmens durch Zulassung an einer Wertpapierbörse (IPO-Listing) herbeizuführen. Die Ausgestaltung eines solchen IPO-Rights ist aus Sicht der übrigen Gesellschafter – und mithin auch der Business Angels – mit besonderem Augenmerk zu prüfen, bedeutet sie doch nicht selten eine weitgehende Delegation von Gesellschafterrechten und, ganz praktisch gesprochen, der Kontrolle über einen solchen Prozess an die bzw. an bestimmte Investoren. Denn die Regelung sieht zumeist eine vorab erteilte Ermächtigung vor, den Veräußerungs- oder Platzierungsprozess im Namen der übrigen Gesellschafter einzuleiten und zu steuern und dafür – auf Kosten der Gesellschaft – (Investment-)Banken, Corporate Finance- und weitere Berater zu beauftragen. Als Mindestschutzmechanismus für die übrigen Gesellschafter wird zumeist eine bestimmte Mindestbewertung des Unternehmens durch mehrere (Investment-)Banken vereinbart, die im Rahmen des Veräußerungsprozesses zugrunde zu legen und zugleich Voraussetzung für dessen Einleitung ist.

Erlösvorzug (Liquidation Preference): Während die Regelung zum Vesting, die Mitveräußerungspflicht (Drag Along), das Mitveräußerungsrecht (Tag Along) und das IPO-Right den Investoren den Exit vertragsrechtlich sichern sollen, zielt die abschließend beispielhaft zu nennende Regelung zum Erlösvorzug auf die Verteilung der – auch im Rahmen eines Exits – erzielten Erlöse ab. Sie soll den Investoren – vor Befriedigung der übrigen Gesellschafter – die Rückführung des von ihnen eingesetzten Kapitals nebst einer bestimmten fiktiven Verzinsung sichern; bisweilen wird statt einer fiktiven Verzinsung auch die vorrangige Auskehr eines bestimmten Vielfachen des eingesetzten Kapitals vereinbart. Als eingesetztes Kapital gelten dabei neben Stamm- bzw. Grundkapitaleinlagen vor allem Aufgeld- (Agio) bzw. sonstige Zuzahlungen in die Kapitalrücklage der Gesellschaft. Unterschieden wird meist nach Finanzierungsrunden, wobei Investoren der späteren vor den (Investoren und übrigen) Gesellschaftern der früheren Runden – und damit meist auch den Business Angels – bevorzugt zu bedienen sind. Für die Ausgestaltung der Regelung zum Erlösvorzug gibt es im Übrigen zahlreiche Spielarten. Dreh- und Angelpunkt ist häufig die Frage, ob nach Bedienung des Erlösvorzugs die übrigen Gesellschafter zunächst – unter Ausschluss der bereits vorab befriedigten Investoren – das von ihnen jeweils eingesetzte Kapital nebst Verzinsung ebenfalls vorab zurückerhalten oder aber ob die Erlösverteilung nach Bedienung der Investoren im Rahmen des

Erlösvorzugs sogleich pro rata in dem Verhältnis ihrer jeweiligen Beteiligung an der Gesellschaft erfolgt.

Formen des Exits

Exit: Die Regelung zum Erlösvorzug ist ein gutes Beispiel dafür, dass mit „Exit" im Rahmen eines Beteiligungsvertrages ganz unterschiedliche Szenarien gemeint sein können. Primär ist mit „Exit" die (in der Regel: vollständige) Veräußerung des gesamten Unternehmens an einen Dritten gemeint. Diese kann durch Verkauf sämtlicher Anteile (Share Deal) oder aber auch durch Verkauf des gesamten Geschäftsbetriebes, also sämtlicher Vermögenswerte, des Unternehmens selbst (Asset Deal) erfolgen. In der Praxis am häufigsten anzutreffen ist eine solche Form des Exits durch Veräußerung an einen anderen Finanzinvestor (etwa eine Private Equity-Gesellschaft, dann in der Regel unter Rückbeteiligung des Managements) oder aber an einen strategischen Investor, beispielsweise einen Wettbewerber oder komplementären Marktteilnehmer (Trade Sale). Eine Sonderform eines solchen Exits unter vollständiger Veräußerung der Beteiligung an einen Dritten durch Verkauf ist die schon angesprochene Platzierung des Unternehmens zur Zulassung an einer Wertpapierbörse (erforderlichenfalls nach Umwandlung in eine Aktiengesellschaft).

Es gibt aber auch zahlreiche andere Formen des Exits, etwa die Einbringung der an der Beteiligungsgesellschaft gehaltenen Anteile in eine andere Gesellschaft gegen Gewährung einer neuen Beteiligung an diesem Erwerber (Share for Share-Transaktion). Im Unterschied zum „klassischen" Exit in Form des Trade Sale oder IPO bleiben hier die Gesellschafter – allesamt oder teilweise – investiert, indem sie die unmittelbare Beteiligung gegen eine mittelbare Beteiligung tauschen. Wichtig ist, dass die auf die Veräußerung von Beteiligungen abstellenden Regelungen im Beteiligungsvertrag hinreichend weit und hinreichend präzise gefasst sind, damit sie auch solche weiteren Formen des Exits erfassen. So ist beispielsweise im Rahmen der Regelung des Erlösvorzugs klarzustellen, dass und wie die im Rahmen eines Anteilstausches gewährten Anteile am Erwerber auf vorrangig zu befriedigende Investoren einerseits und übrige Gesellschafter – einschließlich Business Angels – andererseits zu verteilen sind.

Dirk Honold, Toni Oed

Quote oder Sonderrechte: Durch geschickte Positionierung bei den Vertragsverhandlungen zum erfolgreichen Exit

Primäres Ziel aus finanzieller Sicht bei einer Kapitalbeteiligung sollte es sein, mindestens eine risikoadäquate Verzinsung auf das getätigte Investment zu erhalten. Bei Business Angels können die Fachexpertise, der unternehmerische Geist und die Bereitschaft, von Unternehmer zu Unternehmer zu sprechen, ein Engagement sicherlich zusätzlich motivieren. Die Verzinsung hängt insbesondere von den zu erwartenden künftigen Cashflows und deren Eintrittswahrscheinlichkeiten ab, die letztendlich auch einen Unternehmenspreis determinieren. Bei jungen, innovativen Unternehmen sind die zu erwartenden Cashflows meist sehr ungewiss, sodass ein hohes Verlustrisiko besteht.

Einführung

Zudem ist oft unklar, wie hoch das Finanzierungsvolumen bis zum Cash Break-even oder Exit ist und wer dies finanziert. Die potenzielle Verwässerung der anfänglichen Beteiligungsquote kann durch die Beteiligung neuer Investoren groß sein. Business Angels, die sich häufig schon in einer sehr frühen Phase am Unternehmen beteiligen, trifft dies besonders stark. Vor diesem Hintergrund stellt sich für Business Angels die Frage, wie das unternehmerische und das Risiko einer Verwässerung der Anteilsquote schon bei der Ausgestaltung der Beteiligung optimal berücksichtigt werden kann. Dabei spielen insbesondere die Anteilsquote am Unternehmen und Sonderrechte, welche die Cashflows an die Gesellschafter umverteilen, eine entscheidende Rolle.

Dieser Beitrag beginnt mit der Definition relevanter Begrifflichkeiten innerhalb von Beteiligungsverhandlungen. Innerhalb eines Cases wird anschließend der Frage nachgegangen, ob aus Sicht eines Business Angels eine gemeinsame Investition mit einem VC-Investor inklusive Sonderrechte oder eine alleinige Investition, noch vor dem VC-Engagement, mit entsprechend höherer Anteilsquote, aber ohne Sonderrechte, vorteilhaft ist.

Definition grundlegender Begrifflichkeiten

Bei den Beteiligungsverhandlungen ist die Bewertung des Unternehmens meist ein heiß diskutierter Punkt. Während bestehende Anteilseigner in den Verhandlungen oft eine möglichst hohe Bewertung durchzusetzen versuchen, um nicht zu stark verwässert zu werden und unter Umständen bestimmte Machtpositionen nicht aufgeben zu müssen, sind Neuinvestoren auf eine niedrige Bewertung mit einem relativ hohen Anteil am Unternehmen aus. Bei der Bewertung wird zwischen der Pre- und Post-Money-Bewertung unterschieden. Während der Pre-Money-Wert den Unternehmenswert vor Kapitalzufluss der Finanzierungsrunde darstellt, ergibt sich der Post-Money-Wert aus der Pre-Money-Bewertung zuzüglich des bereitgestellten Kapitals durch neue Investoren und gegebenenfalls alte Eigentümer. Auf Basis des Post-Money-Wertes werden auch die jeweiligen Anteilsquoten der Neuinvestoren ermittelt.

Ein Mittel, um die Differenzen zwischen Alt- und Neuinvestoren bezüglich der Bewertungsfrage auszugleichen, ist die vertragliche Vereinbarung von cashflowrelevanten Sonderrechten für die Kapitalgeber. Als Beispiel dienen in diesem Beitrag Liquidationspräferenzen. Diese gewähren den Investoren eine vorrangige Partizipation am Exit-Erlös und somit eine gewisse Mindestrückzahlung ihres investierten Kapitals. Der Präferenzbetrag wird in der Regel als Multiplikator auf das getätigte Investment ausgedrückt. Erst wenn alle Liquidationspräferenzen aller Finanzierungsrunden vollständig bedient sind, werden die übrigen Gesellschafter am Resterlös beteiligt. Generell kann zwischen verschiedenen Arten der Präferenz unterschieden werden. Hier wird nur die stärker wirkende und in Deutschland gerade in frühen Phasen üblichere Participating Liquidation Preference (PLP) betrachtet.

Bei einer PLP erhalten Investoren vorab den vertraglich vereinbarten Präferenzbetrag. Darüber hinaus werden sie zusätzlich gemäß ihres Anteils am Unternehmen (pro rata), zusammen mit den übrigen Gesellschaftern, am Resterlös beteiligt. Die Investoren partizipieren bei dieser Ausgestaltung der Liquidationspräferenz prozentual gesehen immer in einem größeren Maße, als dies ihre Anteilsquote am Unternehmen eigentlich gewähren würde. Vor allem bei niedrigeren Exit-Erlösen wirken Liquidationspräferenzen sehr stark und können theoretisch dazu führen, dass nicht geschützte Investoren beim Exit gänzlich leer ausgehen. Die Ausgestaltung der Liquidationspräferenz hängt auch davon ab, wie einig sich Alt- und Neugesellschafter bezüglich der Bewertung sind. Je größer (geringer) die Diskrepanz der Meinungen zwischen den Parteien, desto schärfer (milder) ist die Ausgestaltung der Liquidationspräferenz. Es besteht gewissermaßen ein Pay-off zwischen Höhe der Quote am Unternehmen und Ausgestaltung des Sonderrechts.

Quote vs. Sonderrechte

Hinsichtlich dieses Pay-offs zwischen Bewertung und Sonderrechten bzw. hier Liquidationspräferenzen sollten sich Business Angels schon vor der Beteiligung die Frage stellen, wie sie sich möglichst vorteilhaft positionieren können, um möglichst gut am Exit zu partizipieren. Eine Szenario-Analyse kann oft helfen, wesentliche Effekte aufzudecken, und so zur Entscheidungsfindung beitragen.

Der nachfolgende Case betrachtet zwei unterschiedliche Varianten. Der wesentliche Unterschied besteht im Zeitpunkt der Investition des Business Angels: Während dieser in Variante 1 als einziger Investor in der Seed-Runde investiert und für das Investment entweder 15%, 10% oder 5% am Unternehmen, jedoch keine Sonderrechte erhält, beteiligt er sich in Variante 2 zusammen mit einem Venture Capital-Investor in Finanzierungsrunde A zu einer höheren Post-Money-Bewertung, erhält aber auch analog zum Investor auf das Investment eine PLP mit einem Multiplikator von 2. Die beiden Alternativen werden auf Basis verschiedener Veräußerungserlöse verglichen. Abbildung 1 veranschaulicht den Aufbau der Case-Study:

Case Ablauf	Variante 1	Variante 2
Seed Runde	Business Angel-Investment: 100.000 EUR für Anteilsquote von: a) 15%, b) 10%, c) 5% Sonderrechte: Keine	Keine Seed-Runde
Runde A	Venture Capital-Investment: 1 Mio. EUR	Venture Capital-Investment: 1 Mio. EUR Business Angel-Investment: 100.000 EUR
	Post-Money-Bewertung: 3 Mio. EUR Sonderrechte: Participating Liquidation Preference mit Multiplikator von 2	
Exit	Exit-Erlös von: a) 4 Mio. EUR b) 6 Mio. EUR c) 8 Mio. EUR	

Abbildung 1: Ablauf der Case-Study

In Tabelle 1 wird die Erlösbeteiligung des Business Angels innerhalb der beiden Varianten bei unterschiedlichen Exit-Erlösen zusammengefasst:

Ergebnisse der Case Study	Varianten	Variante 1			Variante 2
		a)	b)	c)	
Seed-Runde	BA-Quote Seed-Runde	15%	10%	5%	–
Runde A	Post-Money-Bewertung Seed-Runde	0,67 Mio. EUR	1 Mio. EUR	2 Mio. EUR	–
	Post-Money-Bewertung Runde A	3 Mio. EUR			
	BA-Quote Runde A	10,00%	6,67%	3,33%	3,33%
Exit Partizipation des Business Angels bei einem Erlös von:	4 Mio. EUR	200.000 EUR	133.000 EUR	67.000 EUR	**260.000 EUR**
	6 Mio. EUR	**400.000 EUR**	267.000 EUR	133.000 EUR	327.000 EUR
	8 Mio. EUR	**600.000 EUR**	**400.000 EUR**	200.000 EUR	393.000 EUR

Tabelle 1: Erlöspartizipation des Business Angels in Variante 1 und Variante 2

Anhand der Tabelle ist zu erkennen, dass der Business Angel vor allem bei niedrigen Exit-Erlösen von der Liquidationspräferenz profitiert. Erst bei höheren Verkaufspreisen zahlt sich die höhere Anteilsquote am Unternehmen in Form einer größeren Partizipation am Erlös für den Business Angel aus. Besonders hervorzuheben ist in diesem Beispiel der Vergleich von Variante 1c) mit Variante 2. Hier ist der Business Angel aufgrund der Liquidationspräferenz bei jedem Exit-Erlös mit Variante 2 bessergestellt.

Die Frage, ob eine höhere Anteilsquote oder aber eine niedrigere Quote plus Sonderrechte für den Business Angel aus monetärer Sicht vorteilhaft ist, kann nicht pauschal beantwortet werden. Folgende Tabelle drückt aus, welche Faktoren eher für bzw. gegen eine höhere Anteilsquote ohne Sonderrechte sprechen:

Entwicklung der Variablen	**Tendenzielle Wirkung bei höherer Anteilsquote gegenüber niedrigerer Anteilsquote + Cashflow-Rechte**
Höhere Post-Money-Bewertung bei Folgefinanzierungsrunden	Positiv
Stärker wirkende Cashflow-Rechte bei Folgefinanzierungsrunden	Negativ
Höheres Finanzierungsvolumen bis zum Exit	Negativ
Höherer Exit-Erlös	Positiv

Tabelle 2: Faktoren pro bzw. contra die Ausgestaltung der Beteiligung mit hoher Anteilsquote, ohne Sonderrechte

Durch die Modellierung unterschiedlicher Szenarien ist es für Business Angels möglich, eine solide Entscheidungsgrundlage bezüglich der Ausgestaltung der Beteiligung herzustellen.

Eine elegante Möglichkeit, um sich für die Zukunft mehrere Wege offenzuhalten, ist die Beteiligung des Business Angels anhand eines Wandeldarlehens, analog zu den Seed-Beteiligungen des High-Tech Gründerfonds (HTGF). Dadurch wäre der Business Angel in der Lage, sehr flexibel und je nach Entwicklung der eingegangenen Beteiligung zu agieren. Das Risiko einer falschen Positionierung würde durch eine solche Ausgestaltung geschmälert bzw. in die nachfolgende Finanzierungsrunde verschoben werden.

Fazit

Der vorgestellte Beitrag stellt für Business Angels dar, wie sie die Ausgestaltung ihrer Beteiligungen an jungen, innovativen Unternehmen optimieren können, um auch adäquat an zukünftigen Erlösen zu partizipieren. Es wird der Interessenkonflikt zwischen Alt- und Neuinvestoren bezüglich der Bewertung des Unternehmens aufgezeigt und wie dieser durch Sonderrechte – in diesem Beitrag durch Liquidationspräferenzen – vermindert bzw. aufgelöst werden kann.

Es lässt sich festhalten, dass bei den Beteiligungsverhandlungen nicht nur die Quote zählt, da cashflowrelevante Sonderrechte einen großen Einfluss auf die Erlösverteilung beim Exit haben können. Vor allem bei niedrigen Exit Multiples und hohen Finanzierungsvolumina zahlt sich eine Liquidationspräferenz für den Business Angel aus. Ein Business Angel sollte daher die teilweise stark wirkenden Sonderrechte antizipieren und gegebenenfalls nur zu den Bedingungen des Investors inklusive des HTGF einsteigen. Falls eine Beteiligung schon vorher angestrebt ist, kann er in Analogie zum HTGF vorgehen und sich auf diesem Wege die Bedingungen des späteren Investors sichern.

Markus Schackmann

Earn-out-Klauseln – Königsweg oder Sackgasse?

Der Erfolg einer Investition zeigt sich häufig erst am Ende der Investitionsdauer, wenn der Exit gesucht wird. Bei dem Verkauf einer Beteiligung ist der erzielte Kaufpreis ein Gradmesser für die Beurteilung der Frage, wie lohnend eine Investition war. Gerade aber die Kaufpreisermittlung bietet häufig Anlass zu langen Diskussionen zwischen dem veräußerungswilligen Verkäufer einerseits und dem interessierten Investor andererseits.

Regelungen bei Unsicherheit

Da bei der Ermittlung von Kaufpreisen häufig auch prognostische, d.h. zukunftsbezogene Elemente enthalten sind, stellt sich für beide Parteien die Frage, wie die Chancen und Risiken, die mit künftigen Erwartungen zusammenhängen, angemessen verteilt werden können. Dabei können Regelungen eine attraktive Lösung sein, die Kaufpreisbestandteile an den Eintritt künftiger Ereignisse anknüpfen, die wiederum Grundlage der Investitionsentscheidung des Käufers sind. Diese sogenannten Earn-out-Klauseln sind ergebnisabhängige, flexible Kaufpreisgestaltungen, bei denen die Zahlung eines (Teil-)Kaufpreises durch den Käufer an den Verkäufer von dem Eintritt bestimmter, im Vertrag zu definierender Bedingungen abhängt.

Typische Situationen für die Vereinbarung eines Earn-outs sind, wie einleitend beschrieben, Unsicherheit über künftige Ereignisse, etwa die Umsetzung technischer Vorhaben, die Planung oder Marktentwicklung; aber auch bei der Veräußerung von Beteiligungen, die keine oder eine negative Historie haben, etwa in Turnaround-Situationen, bietet der Earn-out den Parteien die Möglichkeit, die hohe prognostische Unsicherheit, die in dem Unternehmen liegt, im Kaufpreis zu berücksichtigen. Ein anderer typischer Anwendungsfall ist der Wunsch des Käufers, den Verkäufer über einen bestimmten Zeitraum noch an das Unternehmen zu binden und ihn über die Verknüpfung der Kaufpreiszahlung und Kaufpreishöhe zu incentivieren.

Unterschiedliche Interessenlagen

Die Interessenlagen der Parteien bei der Diskussion um ein Earn-out können folgendermaßen umschrieben werden: Für den Käufer steht die Wertsicherung seiner Investition im Vordergrund, weshalb er über die Teilung des Investitionsrisikos mit dem Verkäufer eine Reduzierung des Kaufpreisrisikos erreichen kann oder das unternehmerische Engagement des Verkäufers weiterhin nutzt. Auch kann eine Earn-out-Vereinbarung dazu genutzt werden, Teile des Kaufpreises zu finanzieren, indem diese durch zukünftige Cashflows beglichen werden. Der Verkäufer hat tendenziell kein Interesse an der Vereinbarung eines Earn-outs, weil damit für ihn die Übernahme von Transaktionsrisiken, etwa ein Marktrisiko, ein Produktrisiko, ein Finanzierungs- oder Bonitätsrisiko, einhergeht. Die unterschiedlichen Interessenlagen verdeutlichen, dass die Gestaltungen äußerst komplex sind. Zudem ist einer Earn-out-Regelung der Zielkonflikt zwischen der kurzfristigen, auf einen Exit ausgelegten, Verkäuferperspektive und der langfristigen Investitionsperspektive des Käufers immanent.

Insbesondere die Komplexität der Gestaltung schreckt häufig von der Vereinbarung einer Earn-out-Klausel ab. Da die Earn-out-Regelung an den Eintritt oder Nicht-Eintritt künftiger Ereignisse oder Bedingungen anknüpft, ist es für die Gestaltung einer Earn-out-Klausel erforderlich, eine tragfähige Referenz zu vereinbaren, die Bedingung oder das Ereignis, auf das referiert wird, sorgfältig zu beschreiben und zu definieren. Bei der Frage nach dem Anknüpfungspunkt, d.h. dem Referenzpunkt, ist die Beantwortung der Frage entscheidend, worauf es den Parteien eigentlich ankommt. Sind für die Parteien finanzielle Indikatoren wie künftige Umsatzentwicklung, Kennzahlen der Gewinn- und Verlustrechnung oder Cashflow-Größen relevant, sind andere Einzelfragen zu regeln, als wenn die Parteien eine Earn-out-Regelung für Situationen suchen, die markt- oder produktbezogen sind, z.B. die Einführung neuer Produkte oder Zulassung von neuen Entwicklungen oder die Fortsetzung von Geschäftsbeziehungen mit Kunden und Lieferanten.

Neben der Bestimmung des zutreffenden Referenzpunkts stellt sich die Frage nach dem Referenzzeitraum. Auch hier gibt es nicht den richtigen Referenzzeitraum, da die verschiedenen Referenzpunkte in unterschiedlichen Referenzzeiträumen realisiert bzw. festgestellt werden können. In der Regel wird ein Zeitraum zwischen zwei und fünf Jahren gewählt, was dem Horizont der Mittelfristplanung entspricht.

Bei der Berechnung der Höhe des Earn-outs sind ebenfalls zahlreiche Gestaltungen denkbar. Die einfachste, wenn auch nicht immer sachgerechteste Lösung ist, eine „Alles-oder-nichts“-Regelung zu vereinbaren. Danach erhält der Verkäufer entweder bei Erreichen der vereinbarten Ziele den gesamten Earn-out-Betrag oder muss mit dem bisher Erlangten zufrieden sein. Diese „Alles-oder-nichts“-Regelung kann durch eine Sliding Scale-Regelung modifiziert werden, die es erlaubt, den Earn-out auch anteilig zu gewähren. Dabei verläuft der Earn-out, etwa bei Erreichen von Umsatzzielen, linear. Ist beispielsweise als Referenz eine Finanzkennzahl gewählt, kann hier auf einer Euro-für-Euro- oder Euro-x-Multiple-Basis der Earn-out aufgesetzt werden. Auch ist als Earn-out eine Beteiligung an einem Unternehmensergebnis gestaltbar.

Einmaleffekte und außerordentliche Effekte

Neben der hohen Komplexität bei der Festlegung des richtigen Referenzpunkts und der Berechnungsmethode kommt die praktisch wie auch rechtlich interessante Frage hinzu, welche Einflussmöglichkeiten die Parteien auf den Eintritt der Earn-out-Bedingungen haben. Daher ist es bei einem Earn-out sehr wichtig, ein Verständnis dafür zu entwickeln, welche Einflussmöglichkeiten insbesondere der Käufer in Abhängigkeit von den einzelnen Earn-out-Bedingungen auf die Earn-out-Höhe hat. Hier wird in der Regel zwischen vorhersehbaren Einmaleffekten, die vertraglich abgebildet werden können, und außerordentlichen Effekten differenziert. Vorhersehbare Einmaleffekte sind beispielsweise transaktionsbedingte Aufwendungen, (künftige) Konzernumlagen oder Restrukturierungskosten. Die außerordentlichen Effekte erfassen z.B. die Verzögerung der Markteinführung neuer Produkte oder die Verschiebung/Vorziehung von Entwicklungen, womit der Käufer die Möglichkeit hat, das Ereignis über den Betrachtungszeitraum der Earn-out-Periode hinauszuschieben. Andere Einflussmöglichkeiten sind Strukturveränderungen, wie etwa Eingliederung des erworbenen Geschäfts in eine bestehende Struktur oder die Ausgliederung von Teilbereichen aus der Zielgesellschaft. Um dieser Einflussmöglichkeiten Herr zu werden, muss die vertragliche Gestaltung eine Abwicklungskontrolle zugunsten des Verkäufers vorsehen und ihm Informationsrechte einräumen sowie korrespondierende Informationspflichten des Käufers begründen. Kommt es zu Verstößen gegen die Verhaltensregeln während der Earn-out-Phase, können die Rechtsfolgen eine solche Verletzung sein, dass der Verkäufer gestellt wird, „als ob" die Earn-out-Bedingungen eingetreten sind oder der Verkäufer etwa berechtigt ist, an Synergien des Käufers teilzuhaben.

Zudem stellt sich regelmäßig dem Käufer die Frage nach der angemessen Sicherung seines künftigen Kaufpreises. Als Sicherungselemente bietet sich an, den Earn-out-Betrag auf ein Treuhandkonto einzuzahlen, eine Bankbürgschaft zu verlangen oder andere Sicherungsmittel zu vereinbaren. Umfasst die Sicherung eines künftigen Earn-out-Kaufpreiszahlungsanspruchs die Anteile, die verkauft werden, so ist aus Verkäufersicht vorsichtig zu prüfen, ob seinem Sicherungsinteresse damit Genüge getan werden kann. Insbesondere wenn die Earn-out-Zahlung nicht mehr erfolgt, weil der Erwerber das Unternehmen zwischenzeitlich integriert oder heruntergewirtschaftet hat, ist die Frage nach der Werthaltigkeit dieser Sicherheit durchaus berechtigt. Ein anderer Aspekt ist die Möglichkeit eines Insolvenzverwalters des Käufers, die Erfüllung zu verweigern, was insbesondere beim Kauf im Vorfeld der Insolvenz für den Verkäufer ein valides Risiko darstellt.

Fazit

Die dargestellte Komplexität der Gestaltungs- und Missbrauchsmöglichkeiten macht deutlich, dass Earn-out-Gestaltungen in der Regel von zwei Komponenten abhängig sind: Der beabsichtigten Integration der Zielgesellschaft bei dem Käufer und der Management-Verantwortung des Verkäufers. Beabsichtigt der Käufer, das Zielunternehmen zu integrieren und dem Verkäufer die Management-Verantwortung zu entziehen, ist in der Regel eine Earn-out-Klausel schwierig bzw. nicht empfehlenswert. Die Vereinbarung einer Earn-out-Klausel ist trotz ihrer hohen Komplexität dann eine Überlegung wert, wenn der geplante Integrationsgrad niedrig und die Management-Verantwortung des Verkäufers hoch ist, was insbesondere bei einer Stand-Alone-Lösung mit Fortsetzung der Management-Verantwortung des Verkäufers der Fall ist.

Steuerliche Rahmenbedingungen

10

Joachim Breithaupt

Steuerliche Optimierung von Business Angels Investments

Die steuerliche Belastung ist wie bei vielen wirtschaftlichen Entscheidungen auch beim Investment eines Business Angels ein sensibles Thema. Eigentlich will man sich als Investor um die operativen Dinge, um die Geschäftsentwicklung und bestenfalls um die laufende Steuerlast des Unternehmens kümmern, in das investiert werden soll. Aufgrund der Komplexität des deutschen Steuerrechts ist es jedoch erforderlich, sich bereits vor der Durchführung einer Investition genaue Gedanken über die damit verbundenen steuerlichen Folgen zu machen. Dabei ist eine Steuerplanung nicht nur für den Investor selbst, sondern auch für die Auswirkungen der Investition auf der Ebene der Target-Gesellschaft und der Gründer notwendig. Die Steuerplanung darf nicht erst dann erfolgen, wenn erste Erträge und Gewinne aus dem operativen Geschäft erwirtschaftet wurden. Sie muss vielmehr zwingend vor einem Investment durchgeführt werden, auch wenn die Entwicklung des Geschäfts zu diesem Zeitpunkt wie der berühmte Blick in die Glaskugel wirkt. Die richtigen steuerlichen Weichen lassen sich aber oftmals zu einem späteren Zeitpunkt nicht mehr stellen oder nur noch unter Auslösung prohibitiver Steuerbelastung.

Folgende steuerlich motivierte Fragen muss sich der Business Angel daher vor Durchführung einer Investition stellen:

- In welches rechtliche Gebilde will ich investieren?
- Wie will ich in das von mir präferierte rechtliche Gebilde investieren?
- Müssen die Altgesellschafter zur Schaffung des von mir gewünschten rechtlichen Gebildes noch Umstrukturierungen vornehmen?

Welches rechtliche Gebilde ist für den Business Angel die steuerlich optimale Investitionsform?

In Deutschland gibt es eine Vielzahl unterschiedlicher Rechtsformen für operative Unternehmen. Hinzu kommt durch die Niederlassungsfreiheit innerhalb der EU eine unüberschaubare Anzahl weiterer ausländischer Rechtsformen, die sich ohne Schwierigkeiten auch in Deutschland niederlassen können. Bekannt ist hier vor allem die britische Limited. Aus steuerlicher Sicht lassen sich all diese Rechtsformen in zwei Gruppen einteilen, nämlich Personengesellschaften und Einzelunternehmen einerseits und die Kapitalgesellschaften andererseits. Beide Unternehmensgruppen werden völlig unterschiedlich steuerlich behandelt. Es ist daher von erheblicher Bedeutung, ob der Business Angel in eine Personengesellschaft, also eine OHG, KG oder GmbH & Co. KG investiert oder in eine Kapitalgesellschaft (GmbH, AG oder Unternehmergesellschaft haftungsbeschränkt). Personengesellschaften gelten als steuertransparent, weshalb ausschließlich ihre Gesellschafter der Einkommensbesteuerung unterworfen werden. Die Gewinne müssen grundsätzlich unabhängig davon versteuert werden, ob eine Ausschüttung an die Gesellschafter stattfindet oder eine Thesaurierung erfolgt. Gewinne müssen daher zumindest in einem solchen Umfang ausgeschüttet werden, um den Gesellschaftern die Begleichung ihrer Steuerschuld zu ermöglichen. Dies führt zu einer zusätzlichen Liquiditätsbelastung des operativen Unternehmens, die gerade in der Entwicklungs- und Wachstumsphase nicht gewünscht ist.

Umgekehrt werden aber auch negative Einkünfte, also Verluste, den Gesellschaftern zugewiesen. Bei Forschungsausgaben und Investitionen in immaterielle Wirtschaftsgüter, die für steuerliche Zwecke nicht aktiviert werden dürfen, kann dies durchaus vorteilhaft sein. Dem Investor wird dann entsprechend seiner Beteiligungsquote am Gewinn und Verlust der Personengesellschaft ein Verlust zugewiesen, den er mit seinen sonstigen positiven Einkünften im Veranlagungszeitraum verrechnen kann. Nicht genutzte Verluste werden in die Zukunft unbeschränkt vorgetragen. Diese Verlustnutzungsmöglichkeit besteht unabhängig davon, ob der Business Angel unmittelbar oder über eine eigene Gesellschaft in die operative Personengesellschaft investiert.

Steht der Exit bei einer Beteiligung im Vordergrund, bietet die Personengesellschaft allerdings wenige Vorteile. Der Veräußerungsgewinn der Gesellschafter, und damit auch des Business Angels, ist grundsätzlich in vollem Umfang steuerpflichtig und muss mit dem persönlichen Steuersatz des jeweiligen Gesellschafters versteuert werden. In der Spitze sind das aktuell 45% plus Solidaritätszuschlag (Soli) und Kirchensteuer. Ab 2014 muss mit höheren Steuersätzen gerechnet werden. Steuerliche Vergünstigungen gibt es nur, wenn der einzelne Gesellschafter entweder das 55. Lebensjahr vollendet hat oder dauerhaft berufsunfähig ist. Dann wird sein persönlicher durchschnittlicher Steuersatz um 44% reduziert, jedoch nur für eine einzige Transaktion und nur bis zu einem Veräußerungsgewinn von 5 Mio. EUR. Die Personengesellschaft ist damit beim Exit wenig attraktiv.

Alternativ kann sich der Investor an einer Kapitalgesellschaft beteiligen. Im Gegensatz zur Personengesellschaft ist die Kapitalgesellschaft selbst Steuersubjekt. Sie wird also selbst mit ihrem Einkommen besteuert, und zwar ab dem ersten Euro Gewinn mit aktuell 15% Körperschaftsteuer und ca. 15% Gewerbesteuer. Eine Besteuerung der Gesellschafter und damit auch des Business Angels erfolgt nur dann, wenn Ausschüttungen an die Gesellschafter durch die Kapitalgesellschaft vorgenommen werden. Diese Systematik erleichtert den Kapitalaufbau und verhindert den Abfluss liquider Mittel aus der operativen Gesellschaft zur Begleichung von Steuerschulden der Gesellschafter. Kehrseite der Medaille ist allerdings, dass Verluste der operativen Kapitalgesellschaft nicht auf die Ebene der Gesellschafter transferiert werden können. Durch die Eigenschaft als eigenes Steuersubjekt verbleiben diese Verluste dauerhaft bei der Kapitalgesellschaft, können aber mit zukünftigen Erträgen der Kapitalgesellschaft verrechnet werden. Steuerliche Nachteile können allerdings bei Gesellschafterwechsel und Aufnahme neuer Investoren in die Kapitalgesellschaft entstehen. Der Verlustabzug wird dann anteilig gekürzt, wenn mehr als 25% des Kapitals auf einen neuen Gesellschafter oder eine Gesellschaftergruppe übergehen. Der Verlust geht sogar vollständig unter, wenn mehr als 50% Anteile übertragen werden. Lediglich bei Vorhandensein von stillen Reserven im Unternehmen kann der entstandene Verlust, der ja letztlich in vielen Fällen aus der Investitionstätigkeit eines Start-up-Unternehmens resultiert, gerettet werden.

Beim Exit bietet die Kapitalgesellschaft erhebliche Vorteile: Handelt es sich bei den Gesellschaftern – und damit auch beim Business Angel – um eine natürliche Person, greift das sogenannte Teileinkünfteverfahren. Unabhängig von der Höhe der Beteiligung, der Haltedauer und dem Alter des Gesellschafters werden 40% des Veräußerungsgewinns steuerfrei gestellt. Die verbleibenden 60% müssen vom jeweiligen Gesellschafter mit seinem persönlichen Steuersatz versteuert werden, also maximal 45% plus Soli und

Kirchensteuer. In der Spitze führt das nach aktuellem Recht zu einer Belastung von bis zu 30%. Investiert der Business Angel nicht persönlich, sondern über eine eigene Beteiligungsgesellschaft, ist wiederum zu unterscheiden, ob es sich bei dieser Beteiligungsgesellschaft um eine Personen- oder Kapitalgesellschaft handelt. Erfolgt die Investition über eine eigene Personengesellschaft des Business Angels, ändert sich bei der steuerlichen Betrachtung letztlich nichts. Wie bereits dargestellt, ist die Personengesellschaft steuerlich transparent, und das Ergebnis wird unmittelbar dem Gesellschafter, also dem Business Angel, zugewiesen. Ist die Beteiligungsgesellschaft des Business Angels hingegen eine Kapitalgesellschaft, die sich an einer operativen Kapitalgesellschaft beteiligt, greift das sogenannte Schachtelprivileg nach § 8b des Körperschaftsteuergesetzes. Gewinne aus dem Verkauf der Beteiligung an der operativen Kapitalgesellschaft durch die Beteiligungsgesellschaft des Business Angels bleiben steuerfrei. Gleiches gilt für Gewinnausschüttungen. Lediglich 5% des Veräußerungsgewinns und der erhaltenen Dividenden müssen als sogenannte nicht abzugsfähige Betriebsausgaben von der Beteiligungsgesellschaft versteuert werden, und zwar mit 15% Körperschaftsteuer und ca. 15% Gewerbesteuer. Es kommt somit zu einer Steuerbelastung von ca. 1,5% beim Verkauf der Beteiligung. Zurzeit wird allerdings vom Gesetzgeber diskutiert, dieses Privileg nur noch bei Beteiligungen von 10% und mehr an einer operativen GmbH zu gewähren. Sollte diese Einschränkung tatsächlich umgesetzt werden, ist ein Investment über eine Beteiligungsgesellschaft in der Rechtsform der Kapitalgesellschaft bei Beteiligungen von weniger als 10% steuerlich unattraktiv, da dann der Veräußerungsgewinn und auch die Dividenden als laufender Ertrag von der Beteiligungsgesellschaft vollständig versteuert werden müssen.

Soll der Business Angel direkt oder über eine Beteiligungsgesellschaft investieren?

Wie aufgezeigt, sind die steuerlichen Auswirkungen auf der Ebene der Gesellschaft, in die investiert werden soll, und für die Gesellschafter des Unternehmens sehr unterschiedlich. Ob der Business Angel höchstpersönlich oder besser über eine Beteiligungsgesellschaft investiert, ist letztlich davon abhängig, in was er investieren will. Soll aus den zuvor geschilderten Gründen eine Beteiligung an einer Personengesellschaft begründet werden, wird oftmals das direkte höchstpersönliche Investment durch den Business Angel der bessere Weg sein. Wird demgegenüber eine Investition in eine Kapitalgesellschaft geplant, bietet sich der Weg über eine Beteiligungsgesellschaft des Business Angels an. Die Beteiligungsgesellschaft kann dann den Veräußerungsgewinn und auch etwaige Gewinnausschüttungen nahezu vollständig steuerfrei vereinnahmen, allerdings nur dann, wenn es sich ebenfalls um eine Kapitalgesellschaft handelt. Zu beachten ist allerdings, dass es sich hierbei lediglich um eine Steuerstundung handelt. Denn wenn die Gewinne, die die Beteiligungsgesellschaft erzielt, an den Business Angel ausgeschüttet werden, greift die Abgeltungsteuer mit aktuell 25% plus Soli und Kirchensteuer. Die Beteiligungsgesellschaft des Business Angels ist damit eine Art Kapitalsammelbecken, bei dem Mittelrückflüsse aus dem Verkauf von Portfoliogesellschaften nahezu steuerfrei vereinnahmt und damit vollständig reinvestiert werden können.

Wie wird das richtige rechtliche Gebilde im Vorfeld einer Investition geschaffen?

Sollte das Unternehmen, in das der Business Angel investieren will, sich noch in der „falschen“ Rechtsform befinden, müssen im Vorfeld der Beteiligung noch Umstrukturierungen vorgenommen werden. Vor allem im Start-up-Bereich fehlen oftmals rechtliche

Strukturen. Der oder die Gründer haben zunächst mit der Entwicklung ihrer Geschäftsidee begonnen, ohne sich Gedanken über den erforderlichen rechtlichen und damit auch steuerlichen Rahmen zu machen. Eine unklare rechtliche Struktur birgt dabei stets das Risiko, dass bei Schaffung des gewünschten Rechtsgebildes Steuern ausgelöst werden. Zwar ermöglichen die Vorschriften des Umwandlungsgesetzes und des Umwandlungssteuergesetzes eine steuerneutrale Umwandlung einer Personengesellschaft in eine Kapitalgesellschaft und umgekehrt. Wenn sich aber einzelne Rechte wie etwa Patente, Urheberrechte und Geschmacksmuster oder wesentliche Wirtschaftsgüter nicht im Vermögen des Unternehmens befinden, sondern im Eigentum der Gründer oder nicht am Unternehmen beteiligter Dritter, stellt sich die Frage, wie diese Wirtschaftsgüter in die Gesellschaft steuerneutral überführt werden können. Wird hierbei der falsche Weg beschritten oder merkt man erst zu einem späteren Zeitpunkt, dass die Gesellschaft gar nicht Inhaberin aller erforderlichen Wirtschaftsgüter ist, droht eine steuerliche Mehrbelastung. Davon betroffen sind zwar meist „nur" die Gründer. Gleichwohl ist auch das Investment des Business Angels bedroht, wenn sich die Gründer mit Steuerbelastungen beschäftigen müssen, statt das Unternehmen aufzubauen.

Ferner ist zu beachten, dass auch bei steuerneutralen Unternehmensumwandlungen nicht jederzeit ein Wechsel von der einen in die andere Rechtsform erfolgen kann. Der Gesetzgeber hat zur Vermeidung von missbräuchlichen Gestaltungen Haltefristen von bis zu sieben Jahren vorgesehen. Der schnelle Wechsel von der einen Rechtsform in die andere etwa im Vorfeld eines Verkaufs der Beteiligung ist somit ausgeschlossen.

Eine genaue Steuerplanung vor Durchführung einer Investitionsentscheidung ist damit unerlässlich.

Dirk Koch, Sebastian Heß

Schenkungsteuer bei disquotalen Einlagen in Kapitalgesellschaften – Steuerliche Risiken und Gestaltungsmöglichkeiten für Business Angels, VC- und PE-Investoren

Executive Summary

- Leistungen eines Gesellschafters an seine Kapitalgesellschaft können Schenkungsteuer auslösen, wenn dadurch Anteile von Mitgesellschaftern einen Wertzuwachs erfahren. Schenkungsteuer droht insbesondere, wenn einer von mehreren Gesellschaftern eine Einlage erbringt, ohne dass eine (verhältnismäßig gleichwertige) Einlage der Mitgesellschafter vorliegt. Auch einseitige Forderungsverzichte in Sanierungskonstellationen können darunter fallen.
- Steuerliche Risiken, aber auch Gestaltungsmöglichkeiten, ergeben sich dabei u.a. für Business Angels und Kapitalgesellschaften mit Private Equity- oder Venture Capital-Investoren.
- Vermögensverschiebungen zwischen Kapitalgesellschaften sollen zwar nur in Ausnahmefällen schenkungsteuerbar sein. Jedoch verbleiben auch hier steuerliche Risiken für die Praxis.

Schenkungsteuer und Kapitalgesellschaften

Als einseitige Leistungen eines Gesellschafters an seine Kapitalgesellschaft (z.B. GmbH) kommen vorwiegend Bareinlagen, Sacheinlagen oder Forderungsverzichte in Betracht. Nach der bisherigen Rechtsprechung des Bundesfinanzhofs (Urteil vom 9.12.2009, II R 28/08, DStR 2010, 925) war hierbei grundsätzlich nur auf die *zivilrechtlichen Leistungsverhältnisse* abzustellen, sodass der Vorgang in der Regel keine Schenkungsteuer auslöste.

Durch das sogenannte Beitreibungsrichtlinien-Umsetzungsgesetz vom 7.12.2011 (BGBl. I 2011, Seite 2592) wurde nun jedoch in § 7 Abs. 8 des Erbschaft- und Schenkungsteuergesetzes die bereits früher von der Finanzverwaltung vertretene *wirtschaftliche Sichtweise* zulasten der Steuerpflichtigen gesetzlich verankert:

Während die Einlageleistung zivilrechtlich also nur der Gesellschaft zugutekommt, wird schenkungsteuerlich der Mitgesellschafter als Zuwendungsempfänger angesehen, da der Wert seines Anteils steigt.

Schenkungsteuerlich problematisch sind dabei insbesondere Mehrleistungen – sogenannte disquotale Einlagen – von finanzstärkeren Gesellschaftern. Neben Zuwendungen in Familiengesellschaften, auf die der Gesetzgeber eigentlich abzielte, kann die Neuregelung aufgrund des weit über das Ziel hinausschießenden Gesetzeswortlauts insbesondere auch professionelle Marktteilnehmer treffen, wie z.B. Business Angels, Kapitalgesellschaften mit Private Equity- oder Venture Capital-Investoren und Fälle des Management Buyout.

So wird in Beraterkreisen beispielsweise diskutiert, inwieweit der Eintritt eines Venture Capital-Investors in ein Start-up-Unternehmen unter Zahlung eines Aufgeldes zu einer schenkungsteuerbaren Werterhöhung der Anteile der anderen Gesellschafter führen könnte.

Neuer Erlass der Finanzverwaltung

Mit einem koordinierten *„Erlass betr. Schenkungen unter Beteiligung von Kapitalgesellschaften oder Genossenschaften"* vom 14.3.2012 (BStBl. I 2012 Seite 331) hat die Finanzverwaltung ungewöhnlich schnell reagiert. Auch wenn die Gesetzesnovelle durch diesen Erlass besser zu handhaben ist, verbleiben für die Praxis gleichwohl erhebliche Streitfragen. Folgende Aspekte seien exemplarisch herausgegriffen:

- **Leistungen an eine Kapitalgesellschaft**

Auf den ersten Blick wenig überraschend ist zunächst, dass keine schenkungsteuerbare Zuwendung vorliegen soll, wenn *auch die anderen Gesellschafter in einem zeitlichen und sachlichen Zusammenhang Einlageleistungen an die Gesellschaft erbringen*, die insgesamt zu einer den Beteiligungsverhältnissen entsprechenden Werterhöhung der Anteile aller Gesellschafter führen (sogenannte quotale Einlagen). Konfliktträchtig ist dies dennoch, weil der Begriff des zeitlichen und sachlichen Zusammenhangs nicht näher präzisiert wird und damit der Finanzverwaltung einen erheblichen Beurteilungsspielraum eröffnet.

Leistungen einzelner Gesellschafter führen aus Sicht der Finanzverwaltung dann zu keiner steuerbaren Werterhöhung der Anteile von Mitgesellschaftern, *soweit der Leistende als Gegenleistung zusätzliche Rechte in der Gesellschaft erlangt*. Derartige zusätzliche Rechte sollen z.B. bei einer Verbesserung des Gewinnanteils, zusätzlichen Anteilen an der Gesellschaft oder einer von den Geschäftsanteilen abweichenden Verteilung des Vermögens bei späterer Liquidation bzw. im Exit-Fall vorliegen. Gegenstand erster Gestaltungsüberlegungen in diesem Kontext sind daher u.a. auch Liquidations- bzw. Erlöspräferenzregelungen wie etwa in folgendem Beispielsfall:

Eine Investorengruppe erwirbt eine Minderheitsbeteiligung an einem Start-up-Unternehmen. Gleichzeitig stellt sie im Rahmen eines Beteiligungsvertrages zusätzliche Barmittel zur Verfügung, die in die Kapitalrücklage der Gesellschaft eingestellt werden. Im Gegenzug wird diesen Kapitalgebern eine entsprechend höhere Beteiligung an einem Veräußerungs- bzw. Liquidationserlös zugesagt.

Die Aussagen des Verwaltungserlasses dürften die Rechtsunsicherheit, die die gesetzliche Neuregelung für diese Fälle begründete, abmildern, da den disquotalen Einlagen der Investorengruppe mit der Gewährung zusätzlicher Rechte entsprechende Gegenleistungen gegenüberstehen. Gegen eine Schenkungsteuerbarkeit dürfte darüber hinaus sprechen, dass sowohl das überproportionale finanzielle Engagement der Investorengruppe als auch ihre entsprechend höhere Erlösbeteiligung von vornherein im Gesellschafts- bzw. Beteiligungsvertrag angelegt sind, sodass schon keine nachträgliche Wertverschiebung auf Ebene der Anteilseigner im Sinne der Neuregelung vorliegen dürfte. Bei wirtschaftlicher Gesamtbetrachtung – auf die auch der Erlass maßgebend abstellt – erscheint wertmäßig im Ergebnis keine Zuwendung eines Vermögensvorteils an die übrigen Gesellschafter gegeben. Gleichwohl bleibt in diesen Fällen die praktische Handhabung seitens der Finanzverwaltung abzuwarten.

Problematischer sind demgegenüber die Aussagen im Erlass zu Sanierungsfällen. Verzichtet z.B. ein Gesellschafter auf eine Forderung gegen die Gesellschaft, um dieser in der Krise einen Vorteil zuzuführen, scheint die Finanzverwaltung durchaus von einem schenkungsteuerbaren Vorgang auszugehen. Als Ausweg nennt der Erlass die Möglichkeit eines (anteiligen) vorgeschalteten Forderungsverkaufs an die Mitgesellschafter oder einen Forderungsverzicht unter Besserungsvorbehalt. Zum Fall einer Geldeinlage zu Sanierungszwecken schweigt der Erlass jedoch.

Während als mögliche Zuwendungsempfänger nur natürliche Personen und Stiftungen als die letztendlich Begünstigten in Betracht kommen, können Leistende nach Ansicht der Finanzverwaltung sowohl natürliche Personen als auch juristische Personen (also z.B. eine Kapitalgesellschaft) sein. Leistungen einer Personengesellschaft sind den hinter der Personengesellschaft stehenden Gesellschaftern zuzurechnen.

Wichtig: Die allgemein aus dem Erbschaft- und Schenkungsteuerrecht bekannten Vergünstigungen für die Übertragung von Gesellschaftsanteilen gelten *nicht* für bloße Werterhöhungen im Sinne der Neuregelung!

- **Leistungen zwischen Kapitalgesellschaften**

Grundsätzlich folgt die Finanzverwaltung der Intention des Gesetzgebers, dass Vermögensverschiebungen zwischen Kapitalgesellschaften nur in Ausnahmefällen schenkungsteuerbar sein sollen. Sind an den beteiligten Gesellschaften dieselben Personen beteiligt, soll es sich nur um eine schenkungsteuerneutrale Umorganisation innerhalb desselben Vermögenskreises handeln (Escape-Klausel). Der Erlass führt zu Konzernverhältnissen folgendes Grundbeispiel an:

Die M-AG ist zu 100% Gesellschafterin der T1-GmbH und der T2-GmbH. Die M veranlasst die T1, der T2 ein Grundstück zu einem Preis deutlich unter dem Verkehrswert zu verkaufen.

Der Vorgang ist nach ertragsteuerlichen Grundsätzen als verdeckte Gewinnausschüttung der T1 an die M (sowie als verdeckte Einlage der M in die T2) zu werten. Er unterliegt nach der Neuregelung schon deshalb nicht der Schenkungsteuer, weil die Beteiligungsverhältnisse an beiden Gesellschaften gleich sind (die leistende T1 und die empfangende T2 haben dieselbe Alleingesellschafterin M-AG, sodass sich durch diese Leistung keine Wertverschiebungen zugunsten natürlicher Personen ergeben können, die unmittelbar oder mittelbar an der M-AG beteiligt sind).

Während dies für vergleichbar einfach strukturierte, vor allem mittelständische Unternehmen eine gewisse Entschärfung darstellen dürfte, ist der Praxis damit bei komplizierteren Beteiligungsverhältnissen wenig geholfen. Hier verbleiben gravierende Unsicherheiten.

Praxisfolgen

Für die Praxis, insbesondere auch das Beteiligungsgeschäft, sind zunächst die schenkungsteuerlichen Risiken von Bedeutung:

- *Leistungen an eine Kapitalgesellschaft:* Leistungen einzelner Gesellschafter, wie sie etwa bei Managerbeteiligungen oder in Start-up-Situationen anzutreffen sind, sollten

künftig nicht ohne adäquate Gegenleistungen der Gesellschaft erfolgen. Auf Basis der Verwaltungsgrundsätze können derartige Gegenleistungen z.B. in der Verbesserung des Gewinnanteils oder einer von den Geschäftsanteilen abweichenden Verteilung des Vermögens bei späterer Liquidation bzw. im Exit-Fall bestehen. Besonderes Augenmerk ist vor allem auch auf die zeitnahe Dokumentation dieser Leistungsverhältnisse, ihrer Ausgewogenheit und der zugrunde liegenden Motivlage der Beteiligten zu legen.
- *Leistungen zwischen Kapitalgesellschaften:* Bei Konzernverhältnissen ist vor allem die Erfüllung der Voraussetzungen der Escape-Klausel sicherzustellen. Um den Vorwurf einer freigebigen Zuwendung zu vermeiden, kommt auch hier der betriebsprüfungsfesten Dokumentation eines wirtschaftlichen Interesses und der beabsichtigten Förderung des Gesellschaftszwecks wichtige Bedeutung zu.
- *Steuerrisiken bei Akquisitionen bzw. Beteiligungen:* Professionelle Marktteilnehmer sollten im Vorfeld einer solchen Transaktion im Rahmen einer steuerlichen Due Diligence-Prüfung auch auf diese schenkungsteuerlichen Aspekte verstärktes Augenmerk richten. Verbleibenden Risiken ist gegebenenfalls durch Garantien, Freistellungsansprüche oder Kaufpreiseinbehalte zu begegnen. Auch prä- bzw. postakquisitorische Strukturmaßnahmen sind zu prüfen.

Jenseits dieser schenkungsteuerlichen Aspekte können Leistungen an Kapitalgesellschaften auch ertragsteuerliche Probleme aufwerfen:
- *Einkommen-/Körperschaftsteuer:* Auf Ebene der Kapitalgesellschaft werden verdeckte Einlagen eines Gesellschafters ertragssteuerlich zwar als neutral behandelt, da dieser Vermögenszuwachs nicht durch die betriebliche Tätigkeit der Gesellschaft erwirtschaftet ist. Zu beachten ist aber, dass auf Ebene des leistenden Gesellschafters eine verdeckte Einlage durchaus steuerwirksam werden kann: So werden beispielsweise Sacheinlagen, die der Gesellschafter aus seinem eigenen Betriebsvermögen (z.B. Einzelunternehmen) heraus erbringt, mit dem sogenannten Teilwert angesetzt. Dies kann zur steuerwirksamen Aufdeckung stiller Reserven beim Gesellschafter führen, soweit dieser Teilwert den Buchwert übersteigt.

Fazit

Die gesetzliche Neuregelung zur Schenkungsteuer bei Kapitalgesellschaften wirft für die Praxis zahlreiche Probleme auf, die auch durch den koordinierten Ländererlass der Finanzverwaltung nur teilweise entschärft worden sind. Insbesondere disquotale Einlagen bei Kapitalgesellschaften unter Beteiligung von Business Angels, Private Equity- oder Venture Capital-Investoren, aber auch Leistungen in Konzernverhältnissen sollten daher im Einzelfall vorab geprüft werden, um steuerliche Risiken zu vermeiden und verbleibende Gestaltungsspielräume rechtzeitig zu nutzen.

11 Vielfalt und Varianten

Nicholas Ziegert

Aufbau eines Start-up-Portfolios für Family Offices

Investitionen von Family Offices in Start-ups sind anders als diejenigen von Venture Capital-Fonds (VC) oder einzelnen Business Angels. Die Motivation prägt die Umsetzung.

Wieso?

Die hier besprochenen sogenannten Single Family Offices sind dadurch gekennzeichnet, dass der Prinzipal oder die Prinzipalin wählen können, ob sie Investitionsentscheidungen selbst vornehmen, intensiv begleiten oder durch die Family Office-Manager durchführen lassen. Zu beobachten ist, dass sich die Vermögensinhaber nicht bei den größten Anlagevolumina einschalten, sondern bei den ungewöhnlichen Anlagen. Dazu gehören sicher Beteiligungen in technologieorientierte Start-ups. Anlagen in Aktien und Anleihen werden den professionellen Geldmanagern überlassen. Während Private Equity in der Vermögensallokation keine Ausnahme ist, haben Family Offices oft nur kleine Budgets für reines Venture Capital reserviert. Dies liegt zum Teil an den Erfahrungen der letzten zehn Jahre, in denen Start-up-Investoren in Europa nicht die erwartete Rendite erzielt haben. Außerdem ist dieser Bereich durch moderne Risikomesssysteme schwer zu erfassen, weil statistisches Material rar ist. Folglich schrecken zumindest Manager fremden Vermögens vor Start-up-Beteiligungen zurück.

Seit einiger Zeit trauen sich Family Offices jedoch wieder verstärkt an junge Unternehmen heran, nicht um dem Wunsch nach Superrenditen nachzukommen, sondern aus emotionalen Gründen: Prinzipale haben ihr Vermögen meist als Unternehmer erwirtschaftet, stehen dem Gründergeist der jungen Start-ups deshalb recht nahe und wollen diese mit Rat und Tat unterstützen. Insbesondere in ihnen vertrauten Bereichen und Branchen verfügen Prinzipale oft über ein außergewöhnliches Know-how und Netzwerk, welches sie den jungen Gründern zur Verfügung stellen. Außerdem bieten Start-ups dem Investor die Möglichkeit, Einfluss zu nehmen, was bei typischen Aktienbeteiligungen nicht in gleichem Maße möglich ist. Auch werden Start-up-Beteiligungen für das Portfolio der Family Offices erworben, um – unausgesprochen oder ausdrücklich – einen „Training Ground" für den eigenen Nachwuchs zu schaffen, der in der Begleitung der Start-ups und dem Aufbau einer überschaubaren Firmengruppe erste unternehmerische Erfahrungen sammeln kann. Für die Nachkommen vermögender Familien kommt zudem die zeitgemäße Beschäftigung mit technologischen Neuerungen als Mehrwert hinzu. Das alles kann die Beteiligung an einem klassischen Venture Capital-Fonds nicht leisten.

Wie?

Ist die strategische Entscheidung getroffen, in Start-ups zu investieren, geht es an die Umsetzung der Investitionsidee. Der Aufbau eines Portfolios ist für Family Offices schwerer als für Venture Capital-Fonds, die regelmäßig einen sehr guten Zugang zu Beteiligungsangeboten bzw. neuen Businessplänen haben. Family Offices werden zwar regelmäßig von Venture Capital-Fonds-Managern besucht. Direkte Ansprachen von Start-ups sind aber seltener als bei den Venture Capital-Fonds, weil die Family Offices regelmäßig keinen entsprechenden Öffentlichkeitsauftritt haben, der allgemein für Start-up-Investitionen steht. Deshalb gilt es, einen Dealflow allein oder mithilfe eines Netzwerkes aufzubauen.

Ein erster Schritt kann die Eingrenzung der Anlagestrategie auf gewisse Themen sein. Bisher haben sich Start-up-Investoren sehr opportunistisch verhalten und alle Businesspläne angesehen, die ihnen vorgelegt wurden. Verstärkt orientieren sich Start-up-Investoren nunmehr an Themen, zu denen sie bereits eine Verbindung haben oder einen Zugang bekommen wollen. Dies können Investments in Start-ups verschiedener Branchen, wie der maritimen Wirtschaft, Medizin und Life Sciences, oder Online-Themen, wie z.B. das der Vergleichsportale, sein. Mit einer Spezialisierung auf einzelne Themen kann das Family Office so sein Profil schärfen und eine Expertise aufbauen. Es zeigt sich nämlich, dass sich dies in intransparenten Märkten – und dies ist der Markt für Start-up-Beteiligungen – auch finanziell lohnt. Mit einem konkreten Suchprofil ist es einfacher, Netzwerkpartner, wie andere Business Angels, Inkubatoren, Forschungseinrichtungen, Venture Capital-Fonds und Banken mit entsprechender Expertise, ansprechen zu können.

Mit wem?

Entscheidend für einen erfolgreichen Portfolioaufbau ist der Zugang zu erstklassigen Beteiligungsangeboten. Ein entsprechender Dealflow ist wesentliches Kapital der guten Venture Capital-Fonds. Viele Fonds und Privatinvestoren erhalten jedoch schon nicht die Gelegenheit, in vielversprechende Start-ups investieren zu können. Es gibt Businesspläne, die kursieren durch die ganze VC-Branche und bei Business Angels, weil die Gründer auf entsprechende Listen zurückgreifen können. Darüber hinaus gibt es eine interessante Anzahl von Gründern, die zwar das Einwerben von Kapital weniger professionell betreiben, jedoch ihr Kerngeschäft in besonders guter Weise verstehen. Dies sind die Perlen, die es zu finden gilt. Hilfreich sind hierfür Kontakte zu forschungsintensiven Universitäten oder wissenschaftlichen Einrichtungen, die sich in Deutschland auch außerhalb der Großstädte finden, vor allem in kleineren und mittleren Universitätsstädten. Jüngst haben die bundesweit tätigen Einrichtungen Helmholtz, Fraunhofer, Leibniz und Max-Planck mit den sogenannten Innovation Days eine Initiative gestartet, die auf eine Verstärkung der Ausgründungen auf Basis aktueller Forschungsergebnisse abzielt. Aber auch Banken und Fördereinrichtungen verzeichnen viele Businesspläne, die aus unterschiedlichen Gründen nicht weiter verfolgt werden, gleichwohl aber mit dem richtigen Investor Potenzial haben. Wichtig ist zudem der Aufbau eines lockeren Investitionsclubs mit anderen Family Offices oder Venture Capital-Fonds, um die Investitionen auf Einzelfallbasis im Syndikat eingehen zu können. Mit einer breiteren Investorenbasis erhöht sich die Wahrscheinlichkeit, dass das Start-up auch Folgefinanzierungen erhält, sei es durch die Altinvestoren direkt oder über deren Netzwerk.

Wie viel?

Trotz starker emotionaler Motive für die Investitionen in Start-ups sollte der Kopf dem Bauchgefühl die Entscheidungen nicht völlig überlassen. Die Statistik ist eindeutig. Einige Start-ups werden als Totalverlust für den Investor enden. Eine entsprechende Anlage ist deshalb nur dann rational, wenn ein Portfolio in einer Mindestgröße aufgebaut wird, die den Spagat zwischen der notwendigen Nähe des Investors zum jungen Unternehmen und ausreichender Diversifizierung findet. Nach Meinung des Verfassers sind sieben Beteiligungen das absolute Mindestmaß. Es muss dabei nicht jedes junge Unternehmen gleich intensiv betreut werden. Hier zeigt sich der Vorteil von Clubinvestments, bei denen die enge Begleitung auf jeweils andere Partner verteilt wird. Ein Vorteil für die Inhaber der Family Offices ist dabei, dass sie auf buchhalterische und andere administrative

Unterstützung zurückgreifen können, etwa wenn es um die Due Diligence, die Marktrecherche oder das Reporting geht. Die Teilnahme an wichtigen Investorensitzungen und den Kontakt zu „seinen“ bzw. „ihren“ Gründern wird sich der Prinzipal oder die Prinzipalin jedoch meist nicht nehmen lassen wollen.

Worin?

Family Offices können bei der Auswahl von Start-ups potenziell aus einer viel größeren Gesamtheit schöpfen als Venture Capital-Fonds und Business Angels. Während sich Venture Capital-Fonds nur an Geschäftsmodelle herantrauen, die mindestens eine Verzwanzigfachung des Kapitals möglich erscheinen lassen, um Totalverluste ausgleichen zu können, und Business Angels meist in der Höhe ihrer Investments beschränkt sind, vereinen Family Offices eine gewisse Finanzkraft mit der Freiheit, sich auch Investitionen in weniger stark skalierbare Unternehmen leisten zu können. Auch sogenannte Social Businesses, wie z.B. LemonAid (Limonade) und Perfect Day (Kaffee), die auf Fair Trade setzen, können so Zugang zu Wachstumskapital bekommen.

Wohin?

Schließlich stellt sich die Frage, ob der Portfolioaufbau ähnlich wie bei Venture Capital-Fonds durch definierte Exits abgeschlossen werden soll oder ob ein dauerhaftes Halten angestrebt wird. Erinnern wir uns an die Maxime vieler Family Offices, dass es primär um Vermögenserhalt geht, wird eine Exit-Strategie innerhalb eines vorgegebenen Zeitraums nicht im Vordergrund stehen. Vielmehr wird sich das Family Office opportunistisch verhalten, gute Gelegenheiten abwarten können und möglicherweise ein sehr langfristiger Partner der jungen Unternehmen werden. Das macht die Family Offices natürlich für ambitionierte Start-ups sehr interessant.

Fazit

Die nicht monetäre Rendite, wie z.B. der unternehmerische Erfahrungsschatz für den Nachwuchs, die Unterstützung von Social Businesses oder die Nähe zu spannenden neuen Technologien und dynamischen Gründern, ist auf jeden Fall positiv. Und manches Family Office geht einen Schritt weiter und gründet eine eigene Venture Capital-Gesellschaft, wie die bekannten Unternehmer Plattner, Hopp oder die Brüder Strüngmann erfolgreich vorgemacht haben.

Class Nieraad

USA-Investments – Chancen und Fallstricke

Die Vereinigten Staaten gelten immer noch als Ursprungsland von Investitionen durch Risikokapital, sei es in Form von Venture Capital oder auch durch Business Angels. In den USA werden 2012 wohl mindestens wieder 20 Mrd. USD durch die 260.000 zwischen Seattle und New York aktiven Business Angels investiert. Diese Summe verteilt sich dann auf mehr als 60.000 Unternehmen. Als attraktivstes Eco-System für Venture Investments gilt immer noch Kalifornien, wohin knapp 30% des 2011 in den USA in Start-ups investierten Kapitals flossen. Was liegt da näher, als auch aus Deutschland heraus Investitionsmöglichkeiten im „Hotbed of Technology" zu suchen?

Neue Technologie-Hubs

So vereint das Silicon Valley immer noch die größtmögliche Anzahl von Venture Investments weltweit auf dem kleinen Landstrich südlich von San Francisco; aber auch New York und Boston gelten als Regionen mit attraktiven Start-ups und Technologieunternehmen. Ein weiterer Technologie-Hub hat sich in den letzten Jahren in Boulder, nördlich von Denver im US-Staat Colorado, herausgebildet. Sehr viele Unternehmen konnten dort 2012 Finanzierungsrunden vermelden, eine Vielzahl davon erfolgte durch Business Angels. Dadurch liegt Boulder aktuell auf Rang drei, in Bezug auf das VC-Finanzierungsvolumen pro Einwohner innerhalb der USA.

Die Zahlen sprechen für sich und die Attraktivität, sich dort als deutscher Business Angel in diesem funktionierenden Kreislauf zu engagieren, ist sicherlich hoch. Doch wie kommt man als deutscher Privatinvestor an attraktive Beteiligungsmöglichkeiten in den USA? Generell sollte man versuchen, Kontakte vor Ort aufzubauen, oder sich mit US-Angels und Investoren auf den einschlägigen Technologiekonferenzen und Veranstaltungen unterhalten. Dort präsentieren sich in der Regel auch internationale Start-ups und Teams auf der Suche nach Investoren. In den vergangenen Jahren waren viele Investoren aus den USA auch auf solchen Events in Europa anzutreffen, wobei die wirklich guten Start-ups aus den USA keinerlei Notwendigkeit haben, ihr Fundraising auf Europa auszudehnen, da ausreichend Kapital im eigenen Land bzw. der Region zur Verfügung steht.

Daher muss man sich als Investor eher einen Zugang zu attraktiven Start-ups verschaffen, als dass diese auf einen selbst zukommen. Sollte das in Ausnahmefällen einmal passieren, so ist es besser, dies sehr genau zu hinterfragen. Denn wer es nicht geschafft hat, zwischen Palo Alto und Brooklyn Investoren zu begeistern, dessen Geschäftsmodell hat wohl kaum eine Chance, in den USA erfolgreich zu sein, noch weniger mit Angel-Investoren aus Deutschland. Daher sollte man sich als Investor sehr aktiv mit der Recherche nach geeigneten Start-ups und vertrauenswürdigen Dealflow-Quellen beschäftigen, bevor man das erste vielleicht zu euphorische Investment westlich des Atlantiks tätigt.

Kontakt zu lokalen Syndikaten und Inkubatoren

Ein guter Anlaufpunkt sind die zahlreichen, sehr straff organisierten Business Angels Networks in den USA, wie zum Beispiel Band of Angels (Menlo Park, CA), TechCoast Angels (Southern Cal.), The Angels' Forum (Menlo Park, CA), Sand Hill Angels (Sunnyvale, CA),

Golden Seeds (CA, MA, NY) oder Launchpad Venture Group (Boston, MA). Sie alle gelten als sehr aktive Investoren. Für die ersten Investments sollte man auf jeden Fall mit lokalen Angels syndizieren. Immerhin erfolgen aktuell ca. 75% der Angel Deals durch Zusammenschlüsse von Investoren. Des Weiteren sollten Business Angels auch einen Blick in die zahlreichen Inkubatoren der jeweiligen Regionen werfen. Erfolgreichstes Konzept ist immer noch der von Paul Graham 2005 gegründete Accelerator Y-Combinator, aus dem bisher durch die 172 finanzierten Unternehmen Exit-Erlöse in Höhe von 7,78 Mrd. USD erzielt wurden. Als prominente Y-Combinator-Portfoliounternehmen sind neben anderen aktuell Dropbox und AirBnB hervorzuheben. Aber auch TechStars, AngelPad, Launchpad, Excelerate Labs, KickLabs oder Dave McClures Initiative 500 Start-ups haben sehr vielversprechende Start-ups im Portfolio, die neben einer ersten Anschubfinanzierung vor allem Mentoren und Unternehmenskontakte bekommen. Generell ist zu sagen, dass sehr viele der sogenannten Serial Entrepreneurs in den USA kleine Acceleratoren und Think Tanks aufgebaut haben, die meisten von ihnen stehen Co-Investoren und deutschen Business Angels sehr offen gegenüber.

Neben den Personen vor Ort bietet natürlich auch das Internet vielfältige Möglichkeiten, um ein Marktgefühl und den Zugang zu anderen Angels zu bekommen. Neben der Nutzung von Online-Plattformen, wie Angel List und Gust, empfiehlt sich auch die regelmäßige Recherche in den einschlägigen Tech Blogs, von TechCrunch, Mashable, gigaom, Wired bis VentureHacks.

Jenseits der aktiven Recherche nach US-Deals kann es auch passieren, dass man eher unfreiwillig das eigene Investment in den USA wiederfindet. Dies geschieht dann meist als „Flip“ einer bestehenden Beteiligung in Deutschland, die dann in die USA hinübergedreht wurde. Das bedeutet, dass das Unternehmen, an dem man sich als Business Angel beteiligt hat, entschieden hat, seinen Unternehmenssitz von Deutschland in die USA zu verlegen, weil sich entweder dort für das Geschäftsmodell die besseren Entwicklungschancen ergeben oder VC-Investoren diesen Schritt erzwungen haben. Diese Investoren operieren entweder aus den USA heraus oder haben sich darauf spezialisiert, interessante Unternehmen mit attraktiven Geschäftsmodellen in die USA zu bringen.

Fallstricke für Business Angels

In welcher Form der Einstieg in den US-Markt als Business Angel auch erfolgt, in jedem Fall ist er für den Angel mit einigen Gefahren verbunden. Generell sind Finanzierungsrunden in den USA vom Volumen her größer ausgelegt als in Europa, und dadurch ergeben sich die ersten Fallstricke für Angel-Investoren. Die großen Beträge, die in den einzelnen Runden (sogenannten Series) investiert werden, werden zumeist mit Sonderrechten verknüpft. Da zu jeder Finanzierungsrunde auch immer korrespondierende Klassen der Geschäftsanteile angelegt werden, beinhaltet jede „Series“ für die partizipierenden Investoren eigene Sonderrechte. Klassisch sind dies Liquidationspräferenzen in einfacher, aber auch multipler Form, Sonderstimmrechte, Verwässerungsschutz und Vorverkaufsrechte, die dann individuell nur für die Investoren gelten, die Geschäftsanteile in der jeweiligen Klasse (Series B, C, D etc.) halten.

Da man als Business Angel generell in einer sehr frühen Phase - Series A oder noch früher - dabei ist, erhält man in der Regel keine Sonderrechte, es sei denn, man mischt sich aktiv in den Beteiligungsprozess ein, kennt die Investoren und bringt vor allem einen nicht monetären Mehrwert mit ein. In der Regel verfügt man als Angel-Investor ja nicht über so tiefe Taschen, um beispielsweise seine Pro-rata-Rechte in einer 20-Mio.-USD-Finanzierungsrunde quotal auszunutzen, um so die mit den entsprechenden Rechten belegten Anteile zu erlangen. So kann es dann schnell passieren, dass nach drei Finanzierungsrunden die Liquidationspräferenzen der VC-Investoren auf 50 Mio. USD oder mehr angewachsen sind und parallel der eigene Anteil auf 0,1 % verwässert ist, sodass aufgrund der Rahmenbedingungen aus dem Investment sicherlich keine große Rendite mehr zu erwarten ist.

Rechtliche Rahmenbedingungen

Neben den Eigenheiten in den Finanzierungsrunden ergibt sich auch noch eine Fülle an rechtlichen Rahmenbedingungen, steuerlichen Unterschieden und kulturellen Disparitäten, die zu beachten sind. So hat sich generell jeder Angel-Investor in den USA als sogenannter Qualified Investor zu legitimieren. Bei größeren Investmentvolumina kann es durchaus Sinn machen, darauf zu achten, ob man nicht parallel die Anforderungen für die Investoren-Green Card erfüllt. Auf jeden Fall sollte mit einem Steueranwalt, der sich sowohl im amerikanischen als auch im deutschen Steuerrechtssystem auskennt, das Vorgehen auf die persönliche Investmentstruktur angepasst werden. Das vermeidet frühzeitig Ärger mit zurückgehaltenen Steuern oder einer falschen Klassifizierung im Heimatland.

Generell kann für US-Investments nur geraten werden, regelmäßig Gespräche mit den Co-Investoren, anderen Angels oder Venture Capital-Gesellschaften vor Ort zu suchen und dort Präsenz zu zeigen. Dadurch bekommt man ein Gefühl dafür, wie die lokalen Investoren Strategie und Ausrichtung des Investments wählen. Des Weiteren kann man sich frühzeitig auf weitere Finanzierungsrunden, Merger oder Exit-Möglichkeiten vorbereiten und aktiv einbringen. Dazu kann ich auch aus eigener Erfahrung nur raten, da ich US-Angels und Venture Capitalisten (VC) als sehr offen kennengelernt habe, die gerne das Gespräch mit deutschen Angels und Investoren suchen.

Fazit

Nach eigenen Erfahrungen aus aktiven Investments in den USA lässt sich zusammenfassend sagen, dass vor allem aus dem Silicon Valley immer noch eine wahnsinnige Dynamik ausgeht, dass man extrem viel von US-Angels, Inkubatoren und Early Stage-VCs lernen kann, es aber auch sehr viel Arbeit macht, informiert zu bleiben und innerhalb der Investments nicht komplett verwässert zu werden. Daher ist es bestimmt keine verkehrte Strategie, sich viel in den USA anzusehen, mit möglichst vielen Personen aus dem Start-up-Umfeld zu sprechen und die Ergebnisse und Modalitäten für seine lokalen deutschen Investments gewinnbringend zu nutzen. Da Business Angels-Investments zum Großteil Frühphaseninvestments sind, ist vor allem die räumliche Nähe zu den Start-ups entscheidend. Das kann man nur schwer in den USA abbilden, es sei denn, man investiert mit lokalen, professionell agierenden Angels zusammen. Hat man einmal eine gute Gruppe an Co-Investoren gefunden, so können daraus durchaus Erfolg versprechende Investments hervorgehen, zumal die Arbeit unter der Sonne Kaliforniens immer noch mit hoher Lebensqualität und einer gehörigen Portion Spaß verbunden ist.

Franco Ottavio Mathias

Altbewährtes neu entdecken: Beteiligungsmöglichkeiten in der Old Economy

Investorenkapital mit seinen vielfältigen Beteiligungsmöglichkeiten muss nicht immer nur auf Hochtechnologiebranchen sowie IT-Projekte beschränkt sein, sondern kann auch etablierte sowie altbewährte Wirtschaftsbereiche fördern und unterstützen. Denn auch in diesen Bereichen lassen sich interessante und renditestarke Investments umsetzen. Dabei handelt es sich oftmals um kleine und mittlere Unternehmen, die in der Wertschöpfungskette größeren Unternehmen vorgelagert sind und diesen als Zulieferer dienen. Dadurch ergeben sich Synergieeffekte, die sich in Produktentwicklungen sowie Weiterentwicklungen bzw. in gänzlich neuen Produktfeldern und Patenten niederschlagen können. Bei diesen Unternehmen kann es sich neben langjährig bestehenden Unternehmen auch um Neugründungen bzw. Ausgründungen handeln, wobei hierbei der regionale Aspekt sowie das örtliche Netzwerk ausschlaggebende Rollen einnehmen. Denn in Deutschland haben sich über die Jahrzehnte regional fokussierte Wirtschaftscluster entwickelt. Dazu zählen beispielsweise Cluster des Maschinen- und Anlagebaus im Hochschwarzwald, Automobilcluster der Regionen Stuttgart und Karlsruhe, Cluster der optisch-feinmechanischen Industrie in Mitteldeutschland (Jena, Göttingen, Wetzlar, Dresden) sowie maritime Cluster in Hamburg, Niedersachsen, Schleswig-Holstein.

Hervorragende Voraussetzungen

Diese „Old Economy" bietet Investoren und Business Angels hervorragende Voraussetzungen, um interessante und vor allem nachhaltige Investments zu tätigen. Der Aspekt des Know-how-Transfers durch den Kapitalgeber spielt in diesen Unternehmensklassen eine nicht zu vernachlässigende Komponente. Denn vielfach verfügen diese Unternehmen über eine ausgezeichnete Fachexpertise, jedoch über fehlende Erfahrungen beispielsweise im kaufmännischen Bereich, im Vertrieb oder unter organisatorischen Gesichtspunkten. Hier kann der Business Angels unterstützend wirken, indem er die Gesamtentwicklung strukturiert und planbar vorantreibt und dabei gleichzeitig sein eingesetztes Kapital schützen hilft.

Ein weiterer wichtiger Punkt, der sich aus dieser Anlageklasse ergibt, ist die Tatsache, dass finanzielle Engagements in diesen Branchen- und Unternehmensbereichen kleinteilig angelegt werden können, da Unternehmer bereits mit geringer finanzieller Unterstützung ihre Vorhaben umsetzen bzw. einleiten können. Nicht zu vernachlässigen ist in diesem Zusammenhang auch die immer beliebter werdende Syndizierung von Beteiligungen, wodurch ebenfalls eine Stückelung und damit Diversifizierung von Beteiligungen vermehrt zu beobachten ist. Gleichzeitig verbessert die Zuführung von Eigenkapital die Bonität des Unternehmens, was die finanziellen Möglichkeiten gegenüber Bankpartnern und anderen Finanzierungspartnern in der gleichen Finanzierungsrunde sowie in den Folgefinanzierungsrunden erweitert. Gerade die Kleinteiligkeit von Investments, vielfach bereits ab einem unteren fünfstelligen Eurobetrag und verteilt auf mehrere Investitionsprojekte, macht das Investment in kleine und mittlere Unternehmen aus der Old Economy lukrativ, wobei das Finden der geeigneten Beteiligungsform und das Sondieren geeigneter

Vorhaben sowie Unternehmen im Vorprozess genau zu klären sind. Wie im Großen gelten auch im Kleinen ein gutes Netzwerk und gute Branchenkenntnisse als Voraussetzung für das Finden der interessanten und förderfähigen Vorhaben und Unternehmen. Vielmehr noch muss im Kleinen auf standardisierte Prozesse und Strukturen zurückgegriffen werden können, da nur hierdurch die höchstmögliche Renditeausbeute für einen Kapitalgeber realisiert werden kann bzw. Investments erst in diesen Bereichen tragfähig und lukrativ werden können. Vor allem direkte und stille Beteiligungen kommen in diesen Bereichen zum Tragen, vielfach auch kombiniert bzw. mit Exit- und Umwandlungsoptionen. Das ist jedoch abhängig von der jeweiligen Unternehmenssituation und wird in der Regel von Fall zu Fall mit dem Unternehmer verhandelt.

Investitionsmöglichkeit Unternehmensnachfolge

Darüber hinaus bietet dieser Finanzierungsansatz die Möglichkeit, eines der großen Probleme kleiner und mittelständischer Unternehmen lösen zu helfen, nämlich das vielfach aufgeschobene Finden von Unternehmensnachfolgern. Denn nicht nur das Fördern von Unternehmensgründungen ist in der heutigen Zeit wichtig, sondern gleichermaßen auch der Erhalt von bestehenden Unternehmen. Vielmehr kann die Regelung einer Unternehmensnachfolge als Gründung eines neuen Unternehmens aus bestehender Geschäftstätigkeit verstanden werden mit dem Vorteil, auf vorhandene Strukturen und langjährige Geschäftsbeziehungen zurückgreifen zu können. Der Erhalt von Arbeitsplätzen geht damit einher und ist nicht zu vernachlässigen, da verlorene Arbeitsplätze nur schwerlich in vollem Umfang durch neue ersetzt werden können. Oftmals scheitern diese Übernahmen, weil der passende Interessent – vielleicht sogar ein langjähriger Mitarbeiter – nicht über genügend Kapital verfügt, um den Kaufpreis und notwendige Investitionen umsetzen zu können. Auch hier ist das Engagement von Business Angels als Kapital- und Know-how-Gebern eine mögliche Alternative.

Fazit

Für Business Angels, die nicht nur auf bestimmte Kapitalgrößen und Hochtechnologiebereiche beschränkt sind, zeigen sich bereits heute vielfältige Möglichkeiten alternativer Investments auf, die noch viel mehr als bisher zu erschließen wären. Ein breit gefächerter Beteiligungsansatz auch in eher unüblichen Branchen bietet den Zugang zu durchaus lukrativen Deals. Es ist der Glanz des „Alten“ verbunden mit dem „Charme“ des Neuen, der eine interessante Investmentstrategie darstellt und dem Investor hilft, sein Portfolio abzurunden.

Business Angels-Infrastruktur

12

Ute Günther, Roland Kirchhof

Mehrwert von Business Angels-Netzwerken

Angel-Investoren agieren im informellen Markt, und es gibt auch keine formalen Marktplätze wie es die Börse für den Aktienhandel ist. Stattdessen gibt es Business Angels-Netzwerke, also Organisationen, bei denen sich Business Angels und Unternehmer wie auf einem Marktplatz begegnen können, wobei die Business Angels sich längerfristig an das Netzwerk binden.

Business Angels-Netzwerke bringen demnach ganz konkret Gründungsunternehmer und Business Angels zusammen, um eine Beteiligung zu initiieren. Sie bieten eine Plattform, auf der sich kapitalsuchende Unternehmen und Business Angels treffen. Ihre Hauptaufgabe ist, unter der Vielzahl von Bewerbungen geeignete Unternehmen auszuwählen (Screening) und diese ihren Business Angels in konzentrierten Veranstaltungen zu präsentieren, um ihnen das Kennenlernen investitionsgeeigneter Unternehmen zu erleichtern (Matching). So können die Business Angels Unternehmenspräsentationen im unmittelbaren Vergleich einschätzen. Darüber hinaus gehört es zu den Aufgaben eines jeden Business Angels-Netzwerks, den Erfahrungsaustausch der Akteure im Netzwerk zu organisieren und die Qualität der angebotenen Leistungen und die Seriosität der Mitglieder zu prüfen. Sie sind auch der Ort der Qualifizierung und Syndizierung. Sie stellen Öffentlichkeit für den Business Angels-Markt her und sind so in der Regel erste Anlaufstelle für potenzielle Angel-Investoren und Know-how suchende Start-ups.

Die Zahl der Netzwerke variiert leicht in Abhängigkeit von Fusionen, Neugründungen oder Umstrukturierungen und bewegte sich in den letzten Jahren immer um die 40. Auf der BAND-Website, www.business-angels.de, findet sich ein ständig aktualisierter Überblick über die in Deutschland vorhandenen Business Angels-Netzwerke. Die große Mehrzahl der deutschen Business Angels-Netzwerke ist Mitglied im Business Angels Netzwerk Deutschland e.V. (BAND). Diese Netzwerke zeichnen sich durch ein hohes Maß an Professionalität aus, haben die Standards ihrer Arbeit definiert, sich als Selbstverpflichtung einen Code of Conduct gegeben und über BAND den regelmäßigen Erfahrungsaustausch institutionalisiert.

Bislang in Deutschland noch nicht etabliert haben sich die vor allem in den USA üblichen Business Angels Groups, die dadurch gekennzeichnet sind, dass immer eine größere Anzahl von Investoren gemeinsam investiert, das Investment durch einen Lead Angel vorangetrieben und begleitet und durch einen strukturierten vereinbarten Prozess vorbereitet wird. Business Angels-Syndikate sind kleinere Gruppen, die immer in gleicher oder leicht wechselnder Besetzung investieren und ähnlich agieren können wie Groups. Von ihnen gibt es sicher in Deutschland eine ganze Reihe, sie gehen aber kaum in die Öffentlichkeit und sind daher für die Weiterverbreitung des Business Angel-Gedankens von geringem Belang.

Wie profitieren Business Angels von den Netzwerken?

Erster Vorteil für Business Angels bei der Mitwirkung in einem Business Angels-Netzwerk ist, dass ihnen ausgewählte (gescreente) Unternehmen in konzentrierten Präsentationen vorgestellt werden. Dadurch sparen Business Angels viel Zeit mit dem Sichten von solchen Projektideen und Businessplänen, die sich erst bei näherem Hinsehen als für Business Angels-Kapital ungeeignet erweisen. Die Vielzahl der in Netzwerken präsentierten Unternehmen ermöglicht es den Business Angels, sich einen Überblick über die wichtigsten Projekte zu verschaffen, sie können Trends nachspüren und Unternehmenspräsentationen im unmittelbaren Vergleich einschätzen.

Neben dieser Zeit- und Kostenersparnis im Screening-Prozess und der großen Matching-Auswahl profitieren Business Angels, die in Netzwerken organisiert sind, vor allem von dem Erfahrungsaustausch mit Gleichgesinnten im Netzwerk. Netzwerke bieten beste Möglichkeiten, mit anderen Business Angels oder mit Venture Capital (VC)-Gebern Gemeinschaftsventures einzugehen, zu syndizieren. Auf diese Weise kann das eigene Risiko verringert und das Know-how gebündelt werden. Noch weniger erfahrene Business Angels können im gemeinsamen Engagement mit erfahrenen dazulernen.

Durch den Kontakt der Netzwerke zu Venture Capital-Gesellschaften, Kreditinstituten, fachlich versierten Anwälten und Beratungsunternehmen steht professionelles Wissen über Private Equity zur Verfügung. Mehr und mehr Netzwerke organisieren Weiterbildungsveranstaltungen, die für die speziellen Fragen des informellen Beteiligungskapitalmarktes qualifizieren.

Mehrwert für Start-ups

Für junge Unternehmen auf der Suche nach informellem Beteiligungskapital ist das Vorhandensein eines flächendeckenden Angebotes von Business Angels-Netzwerken von unschätzbarem Wert. Anerkannte Business Angels-Netzwerke, insbesondere jene, die Mitglied im BAND sind, bieten eine hinreichende Gewähr für die Seriosität ihrer Netzwerkmitglieder. Sie wählen diese sorgfältig aus – und zwar nicht nur beim Eintritt in das Netzwerk, sondern achten kontinuierlich darauf, dass Business Devils die rote Karte erhalten. Durchläuft ein junges Unternehmen den Screening-Prozess eines Netzwerkes, wird die Projektidee auf den Prüfstand gestellt, Schwachstellen werden identifiziert, Hinweise und Einschätzungen qualifizieren die Projektidee. Unternehmen mit positivem Screening-Ergebnis erhalten die Möglichkeit, zwischen verschiedenen potenziellen Business Angels auswählen zu können. Viele Netzwerke bieten darüber hinaus eine Mehrfachchance der Präsentation. Noch wichtiger aber ist das Feedback der Business Angels des Netzwerkes im Hinblick auf die eigene Standortbestimmung der Unternehmensgründer. Die gebündelte Kompetenz eines Netzwerkes gibt die Gewähr für konstruktive Kritik am Unternehmerteam und der Geschäftsidee.

Business Angels-Netzwerke – wichtige Funktion für die Volkswirtschaft

Innovationen, insbesondere die besonders wertvollen disruptiven, finden hauptsächlich in Start-ups sowie kleineren und mittleren Unternehmen statt. Business Angels-Netzwerke leisten einen wesentlichen Beitrag, damit innovative, wachstumsstarke Unternehmen in der Region ihren Standort finden. Neben der Stärkung der aus dem endogenen Potenzial entstandenen Unternehmen gibt es die Chance, über die Präsentation von Unternehmen, die außerhalb der Region angesiedelt sind, Kontakte herzustellen, um sie für eine Standortwahl in der Region zu gewinnen. Business Angels-Netzwerke sind daher elementarer Bestandteil der Gründerszene einer Region und haben insofern einen erheblichen regional- und volkswirtschaftlichen Mehrwert.

Die deutsche Netzwerkszene ist bunt

Netzwerke in Deutschland sind bottom-up aus ganz unterschiedlichen Motivationen, Initiativen und Institutionen heraus entstanden. Deswegen ist kein Netzwerk wie das andere. Manche beschränken sich auf Screening und Matching, andere organisieren auch den Beteiligungsprozess, manche legen großen Wert auf Qualifizierung, andere bauen Business Angels-Fonds auf oder lassen ihre Arbeit von einem Expertengremium unterstützen. Die Liste der Unterschiede ließe sich lange fortsetzen. Deswegen sollten auch Business Angels, die sich für ein Netzwerk interessieren, dieses einer kleinen Due Diligence unterziehen und bei anderen Engeln oder auch bei Start-ups Auskünfte einholen. Dann dürften auch eventuelle Mitgliedsbeiträge oder andere Aufwände nicht die wichtigste Rolle bei der Entscheidung spielen.

Last, but not least: Die deutsche Netzwerkszene ist in Bewegung. Sie reagiert auf die Veränderungen des Umfelds im Frühphasenfinanzierungsmarkt und die zunehmende Professionalisierung. Die Netzwerke wollen, dass ihre Angels dabei sind, wenn Angel-Investoren zunehmend wichtiger als Co-Investoren beim High-Tech Gründerfonds, dem KfW-Startfonds, dem European Angels Fund, den Seed-Fonds der Länder und den verbliebenen privaten Fonds werden. Das bedeutet auch Anforderungen für die Angels in den Netzwerken. Gleichzeitig dürfen und wollen sie ihre Rolle als erste Anlaufstation für potenzielle Engel nicht verlieren. Und die Netzwerke müssen sich bei ihren Präsentationsforen der Konkurrenz der vielen Venture-Foren erwehren, die alle möglichen Veranstalter, die nur am Rande Sachkunde haben, organisieren, nur weil dies in ist. Deswegen werden sie den Schritt zu noch mehr Qualität gehen und arbeiten gerade in einer BAND-Arbeitsgruppe am Aufbau von Qualitätsstandards für Netzwerke. Netzwerke werden sich weiterentwickeln, aber sie werden auch in Zukunft das Rückgrat der Angel-Szene bilden.

Peter Braun

Internetbasierte Matching-Plattformen – Chancen – Grenzen – Trends

Als „Matching" bezeichnet man das Identifizieren und Zusammenführen von geeigneten (Geschäfts-)Partnern aufgrund von eingegebenen (Such-)Profilen und einer Verschlagwortung von bestimmten Eigenschaften, die zueinander passende Gegensatzpaare oder Übereinstimmungen bilden. Ein solcher Vorgang lässt sich durch computergestützte Algorithmen auf einem Portal (Plattform) selbstverständlich effektiv abbilden und unterstützen.

Charakteristika von Matching-Plattformen

„Matching" als Prozess und Dienstleistung ist hier durchaus breit zu verstehen. Es kann die Zusammenarbeit zwischen Unternehmen untereinander (im Sinne der Kooperation), mit wissenschaftlichen Einrichtungen (z.B. zur Durchführung von Forschungsprojekten oder zur Patentverwertung) und mit Führungskräften (beispielsweise als Interims- oder Turnaround-Manager) initiieren. Matching-Plattformen können dazu dienen, eine geeignete Software zu finden oder neue Kunden, Lieferanten oder Mitarbeiter. Sogar Gründungsteams können auf diese Art und Weise zusammengestellt werden. Wir wollen uns in dieser Betrachtung aber auf das Matching zwischen Kapital und Business Angels fokussieren.

Matching zwischen Investoren und Unternehmen

Der grundsätzliche Vorteil von Matching-Plattformen besteht darin, seinen Suchradius deutlich zu vergrößern und damit die Wahrscheinlichkeit, eine passende Peergroup zu adressieren, zu erhöhen.

Gleichzeitig mit der Ausdehnung des Suchradius von der Stadt zur Region, vom Bundesland zur gesamten Republik oder über die Landesgrenzen hinaus erfolgt eine Filterung des Dealflows nach Größe des Investments, Phase, Währung und Rechtsform. Mit der Definition klarer Investmentkriterien kann eine solche Matching Plattform Angebote auswerfen nach

- Industrie (z.B. MedTech)
- Transaktionstyp (z.B. M&A)
- Land (nur Deutschland)
- Organisation (nur für Mitglieder eines bestimmten Netzwerks)

Plattformen können natürlich neben Angel-Investments auch andere Formen von Kapital vermitteln: Unternehmenskredite, Wandeldarlehen, Venture Loans, Mezzanine-Tranchen, Hypotheken, Refinanzierungen, verschiedene Arten von Fördermitteln oder auch Kombinationen der vorgenannten Finanzierungsarten.

Erfolgsfaktoren

Vor allem am Beginn ihrer Tätigkeit stehen die Plattformen vor dem Problem der Anfangsattraktivität: Wenn nicht genügend Teilnehmer auf der Plattform vorhanden sind, schreckt das auch neue Teilnehmer ab. Wie bei jeder *„Multi-sided Platform"* funktioniert auch eine Matching-Plattform nur dann für alle Beteiligten, wenn Angebot und Nachfrage ausgewogen sind, also eine ausreichende Anzahl von Vertretern des jeweils anderen Kundensegments vorhanden ist. Nehmen wir das Beispiel Dating-Plattform: Dieser Marktplatz ist nur dann attraktiv, wenn jede Gruppe eine genügend große Auswahl vorfindet. Nur nette Damen ohne Männer – kein Date. Nur Businesspläne von Start-ups ohne (echte) Investoren – kein Closing.

Hier wie dort sind die Aussagen der Bewerber oft geschönt, und es kommt zu einer herben Enttäuschung, wenn man dann die potenziellen Heiratskandidaten „in natura" trifft. Und hier haben wir bereits eine erste potenzielle Schwäche identifiziert: Wer nimmt die Überprüfung, die Qualitätskontrolle und Verifikation der Angebote vor, die auf diesen Plattformen offeriert werden? Wenn diese Aufgabe vollumfänglich beim Interessenten bzw. Investor liegt und die Betreiber der Plattform sich freizeichnen lassen, wenn das dahinterliegende Geschäftsmodell ausschließlich auf der Erhebung von Gebühren möglichst zahlreicher (Start-up-)Teilnehmer fußt, führt das leicht zu einer einseitigen Häufung und einem Überangebot. Ein wichtiger Indikator für den Erfolg einer Plattform ist also nicht die Anzahl der Teilnehmer einer solchen, sondern die (relative) Wahrscheinlichkeit eines Abschlusses, die (absolute) Häufigkeit des Zustandekommens einer Finanzierung und die Stabilität oder Nachhaltigkeit erfolgreich abgeschlossener Transaktionen.

Vordergründig gilt natürlich: Je mehr Teilnehmer eine Plattform auf sich versammelt, desto attraktiver ist sie. Aber bei näherer Analyse erkennt man:

Es ist weniger die Anzahl der dort registrierten Investoren als das zur Verfügung stehende Investitionsvolumen, die Kaufkraft dieser Gruppe, die für einen funktionierenden Markt sorgt. Es ist weniger die Anzahl der dort registrierten Unternehmen *(Graveyard of Businessplans)* als die Qualität der angebotenen Beteiligungen und deren Aufbereitung, die zu einer hohen Abschlussquote führt. Diese Transaktionsfrequenz und das Transaktionsvolumen sind die entscheidenden Output-Kriterien in Bezug auf die Qualität einer Plattform. Die Input-Kriterien sind die Relevanzkonvergenz von Angebot und Nachfrage, die Aktualität und Einzigartigkeit der Beteiligungsangebote sowie die Geschwindigkeit, mit der diese Transaktionen abgeschlossen werden können. Hierfür verwende ich gern den Terminus „Ready to Invest"-Deals. Derartige Transaktionen werden von einem erfahrenen und akkreditierten Lead-Investor vorverhandelt und die Mitbeteiligung an dem Unternehmen den Kunden der Matching-Plattform zu gleichen *Terms & Conditions* angeboten. Nur so – ohne langwierige Nachverhandlungen – ist eine zügige Abwicklung gewährleistet.

Ein weiterer Punkt, mit erheblichem Einfluss auf die Qualität der Matching-Plattform, ist die Identität des Betreibers. Wer steckt hinter einer solchen Plattform und was motiviert den Betreiber? Häufig sind es Berater, die Zusatzgeschäfte generieren wollen.

Oder es sind regionale Förderinstitute, die etwas zur Entwicklung der lokalen Wirtschaft beisteuern wollen? Professionalität ist ein ausschlaggebender Faktor.

Dem reinen Einstellen von Investment Opportunities und deren Verbreitung an anonyme Marktteilnehmer wird aus den vorgenannten Gründen nur eine geringe Chance eingeräumt.

Herausforderungen

Datensicherheit ist ein großes Thema. Wirklich ernsthafte Investoren werden sehr zögerlich, wenn es darum geht, ihre Vorlieben, Anlagevermögen, Sektorstrategien oder sogar historische Beteiligungen und Vermögensallokationen offenzulegen. Bei erfahrenen Angels sind diese bekannt – so meint man. Aber die Zahl der verschwiegen eingegangenen Geschäfte ist doch erstaunlich groß.

Aufseiten der Unternehmer betrifft die Zurückhaltung natürlich das Veröffentlichen von sensiblen Plandaten des Businessplans, die möglicherweise damit Investorenkreisen, die an Wettbewerbern beteiligt sind, zugänglich gemacht werden. Sensibler noch sind Details über vertragliche Konstellationen mit Großkunden, strategische Projekte und z.B. den Patentschutz. Alles wichtige und für eine Investitionsentscheidung bedeutende Informationen, die man als Unternehmer aber nicht breit gestreut wissen will. Geeignete Maßnahmen, um auf Matching-Plattformen auf diese Sicherheitsbedenken zu reagieren, sind beispielsweise mehrstufige Sicherheitslevel, SSL-Verschlüsselung und ein Rechtemanagement, das ausschließlich in einer zentralen Einheit verwaltet wird. Es sollte auch hinterfragt werden, wo die betreffenden Daten *gehostet* werden – eine *Cloud*-Lösung scheint hier zwar bequem und zunehmend weitverbreitet – ist aber unverantwortlich. Das Thema Datenschutz wird auch vor dem Hintergrund sich verschärfender EU-Gesetzgebung an Bedeutung zunehmen.

Um für die Unternehmer sicherzustellen, dass ihre sensiblen Informationen auch nur in professionelle Hände gelangen, ist das Durchführen eines sogenannten Know Your Customer-Prozesses bei der Registrierung der Investoren eine wichtige Forderung, der heute auch jede Bank Genüge tun muss. Neben einer Kopie des Personalausweises ist eine Bestätigung über den wirtschaftlich Berechtigten, den *Beneficiary Owner*, einzuholen. Nur so genügt man als Finanzintermediär auch der aktuellen oder in Kürze greifenden Gesetzgebung zur Bekämpfung von Geldwäsche. Innerhalb eines geschlossenen Nutzerkreises können dann sogenannte Profile von Investoren erhoben werden und die neu eingestellten Projekte auf deren Schlüsselwörter und Investitionskriterien abgeglichen – ge*matcht* – werden.

Cross Border-Aktivitäten

Hierin liegt der wesentliche Vorteil der Matching-Plattformen: Investment Opportunities *„Cross Border"*, also über die (Landes-)Grenzen hinaus anbieten zu können. Erste Aktivitäten gibt es schon. Wir beobachten dies insbesondere bei grenzübergreifenden Transaktionen Deutschland und die Schweiz betreffend.

Aber: Unterschiedliche Rechtsformen und -normen machen es schwer, Prozesse und Verträge zu standardisieren und später Ansprüche durchzusetzen, wenn man mit dem lokalen Gesellschaftsrecht nicht genügend vertraut ist. Auch wenn man grundsätzlich der Prämisse folgt, dass der Sitz des Zielunternehmens (also des Unternehmens, an dem man sich als Angel beteiligt) das Recht vorgibt. Hierfür ist das Vorhandensein eines vertrauenswürdigen Lead-Investors nach Ansicht des Autors die einzige Möglichkeit, um überhaupt ein „Off-site"-Investment in Erwägung zu ziehen.

Zusatzleistungen

Nach dem Matching-Zeitpunkt können solche Plattformen erheblichen Nutzen im Bereich Investor Relations, Verwaltung der eingegangenen Beteiligungen und Reporting an die Zeichner darstellen. Aus Sicherheitsgründen werden die Zugriffe jeweils *„geloggt"*. Wenn es über das *E-Matching* hinausgeht, wird es spannend. Vereinzelt kann über die Plattform auch eine Beteiligung direkt gezeichnet werden. Bei diesem *E-Equity-Prozess* wird die gesamte Transaktion online abgewickelt, bequemer und sicherer geht es für den Investor nicht. Abhängig von der Rechtsform muss für den Notartermin dann aber eine entsprechende Vollmacht ausgestellt werden.

Auch lassen sich Branchen-News, Unternehmensmeldungen und personenbezogene Nachrichten trefflich über ein solches Portal verbreiten. Es bietet die Möglichkeit, Daten über Transaktionen (Häufigkeit, Volumina etc.) zu erheben, die ganz wesentlich für die politische Bewusstseinsbildung sein können. Erst diese Daten werden es erlauben, Gelder hier zu allokieren, in einer Branche, in der maximale Arbeitsplätze geschaffen und Innovationen realisiert werden.

Fazit

Rein internetbasierte Modelle werden es schwer haben, sich in dieser Anlageklasse durchzusetzen. Der Grund liegt darin, dass sich Vertrauen allein über die Plattform nicht aufbauen lässt. Dieses ist für Commodity-Produkte wie eine Dax-Aktie nicht notwendig. Eine Business Angel-Beteiligung wird man rein online jedoch wohl eher nicht eingehen. Daher ist der Autor ein Verfechter des „Online/Offline"-Ansatzes: Persönliche Treffen zwischen potenziellen Anlegern und kapitalsuchenden Unternehmen sind notwendig. Insbesondere, wenn der Investor nicht nur „Privatanleger" ist, sondern ein echter Business Angel, der neben Geld auch sein *„Intellectual Capital"*, also sein Unternehmerwissen in Form von Netzwerk, Coaching und Industrieexpertise in das Unternehmen einbringen möchte. Die Transaktion selbst kann – unter bestimmten Voraussetzungen – dann allerdings schon rein online getätigt werden.

Interessant ist der Aspekt der Fungibilität der Anteile. Das Problem der geringen Handelbarkeit des ohnehin auf Jahre gebundenen Kapitals wird noch verschärft, wenn die Anleger in speziellen Beteiligungsgesellschaften gebündelt werden – sogenannte *Special Purpose Vehicles* oder stille Beteiligungen – die von Dritten gemanagt werden. Achtung: Versteckte Kosten und Gebühren können hier die Renditen auffressen. Wir dürfen gespannt sein, welche Form des Matchmakings sich letztlich durchsetzt. Sicher ist nur: Auch in Bezug auf das Matching wird sich unser Leben schnell und nachhaltig verändern.

Susanne Gläser

Inkubatoren – Die jungen Wilden der Start-up-Szene

Die Venture Capital-Szene in Deutschland ist im Wandel: Die traditionellen Frühphasenfonds werden immer weniger, dafür betreten zahlreiche neue Spieler den Markt. Die klassischen Venture Capital-Fonds hatten in den vergangenen zwei bis drei Jahren große Schwierigkeiten, bei ihren (meist institutionellen) Investoren neues Kapital einzusammeln – Schuld waren zum einen die geringere Risikobereitschaft der Investoren im Zuge der Finanzkrise, zum anderen aber auch ausbleibende Renditen, die die Assetklasse Venture Capital bei Investoren in ein schlechtes Licht rückten. Doch wo ein traditionelles Modell ins Wanken gerät, entwickelt sich ein neues: Gerade in der Internetszene in Berlin entstehen seit einigen Jahren zahlreiche sogenannte Inkubatoren. In diesen „Brutkästen“ für Start-ups entwickeln erfahrene Unternehmer mit eigenem Kapital gleichzeitig mehrere Ideen. Die Jungunternehmen, die erste Erfolge am Markt haben, werden weitergeführt und möglichst schnell möglichst groß gemacht – die anderen wieder eingestellt. Einige deutsche Vorzeige-Internetfirmen wie Zalando, Bigpoint oder Lieferheld.de stammen aus solchen Start-up-Schmieden und verdanken ihnen ihren Erfolg.

Internettrend aus den USA

Wie so viele Trends in der angelsächsisch geprägten Start-up-Branche stammt auch die Idee des Inkubators aus den USA. Hier kam schon vor rund zehn Jahren die Idee auf, im Internet neue Geschäftsmodelle auszutesten und dabei die Ressourcen im eigenen Haus zu halten. So ist beispielsweise der Nachrichtendienst Twitter ein Gewächs des Inkubators Obvious, der Software-Primus Dropbox stammt aus der Firmenschmiede Y Combinator. Zu den Pionieren in Deutschland zählen die Brüder Alexander, Marc und Oliver Samwer. Das Dreigespann gründete 1999 das Online-Auktionshaus alando.de und verkaufte es nur ein halbes Jahr später an das amerikanische Vorbild eBay. Der nächste Coup der Brüder war der Klingeltonanbieter Jamba, mit dem Verkauf an VeriSign gelang erneut ein lukrativer Exit. Es folgten einige weitere Unternehmungen und Aktivitäten als Business Angels. Mit dem Kapital, das sie bislang verdient hatten, professionalisierten sich die Samwer-Brüder schließlich und gründeten mit Rocket Internet einen Inkubator: Hier werden bis heute Teams zusammengestellt und mehrere Geschäftsmodelle gleichzeitig erprobt. Beispiele sind der Online-Händler Zalando, das Gutscheinportal CityDeal oder die Partnerbörse eDarling.

Anders als klassische Frühphasenfinanzierer

Die Arbeitsweise eines Inkubators unterscheidet sich deutlich von der einer Venture Capital-Gesellschaft, aber auch von der eines Business Angels: Venture Capital-Gesellschaften wie Business Angels investieren in Gründerteams, die sich bereits zusammengefunden haben und meist schon länger an einer Geschäftsidee tüfteln. Sie beschränken ihren Input nicht auf Kapital, sondern leisten auch strategische und teilweise auch operative Unterstützung. Inkubatoren hingegen leben von den Gründerpersönlichkeiten an der eigenen Spitze: Macher wie die Samwers können nicht alle ihre Ideen selbst umsetzen. Deshalb stellen sie Teams zusammen (die meist vor allem Angestellte sind und nur wenige Geschäftsanteile erhalten) und beauftragen sie mit der Umsetzung einer bestimmten Idee. Ab da tickt die Uhr: Wenn sich ein Geschäftsmodell nicht innerhalb weniger Monate durchsetzt, wird es wieder eingestampft – das Team erhält dann neue Aufgaben innerhalb eines neuen Projekts. Bei der Umsetzung der Idee werden die einzelnen Teams vom Inkubator nicht nur beraten – in den meisten Fällen geben die Macher anders als Business Angels die Leitlinien vor. Um die schnelle Entwicklung überhaupt möglich zu machen, bieten die Inkubatoren das geeignete Umfeld: Ein Backoffice-Team übernimmt zum Beispiel das Recruiting oder die Suchmaschinenoptimierung für alle Jungunternehmen im Brutkasten. Alle jungen Firmen sitzen anfangs in einem Büro – dadurch werden die Mitarbeiter zum Austausch ermutigt und können idealerweise von den Fehlern der anderen lernen. Voraussetzung, um auf diese Weise arbeiten zu können, ist natürlich, dass alle Start-ups in einem sehr ähnlichen Bereich tätig sind, da sonst Synergien zwischen den einzelnen „Abteilungen" nicht möglich sind. Es überrascht auch nicht, dass sich Inkubatoren in Deutschland bislang auf den Internet- und Mobile-Bereich beschränken: Hier können mit wenig Kapital und Ressourceneinsatz schnell Anfangserfolge erzielt werden, oftmals gelingt auch ein sehr schneller Exit.

Name	Sitz	Internet
1stMOVER Management GmbH	Düsseldorf	www.1stmover.org
betafabrik GmbH	Köln	www.betafabrik.de
Covus Core GmbH	Berlin	www.covus.de
crossventures GmbH	Köln	www.crossventures.de
Digital Pioneers N.V.	Hamburg	www.digitalpioneers.de
Found Fair Ventures GmbH	Berlin	www.foundfair.de
FoundersLink GmbH	Berlin	www.founderslink.com
German Startups Group Berlin AG	Berlin	www.german-startups.com
HackFwd GmbH & Co. KG	Hamburg	www.hackfwd.com
Hanse Ventures BSJ GmbH	Hamburg	www.hanse-ventures.de
HitFox Group	Berlin	www.hitfox.com
hub:raum	Berlin	www.hubraum.com
K – New Media GmbH & Co. KG	Berlin	www.k-newmedia.de
M Cube Incubator GmbH	Berlin	www.m-cube.de
MAS Angel Fund GmbH & Co. KG	Berlin	www.angelfund.vc
Nabru GmbH Co. KG	Mettingen	www.nabruventures.com
netSTART Venture GmbH	Köln-Rodenkirchen	www.netstart-venture.de
Project A Ventures GmbH & CO. KG	Berlin	www.project-a.com
Rebate Networks GmbH	Berlin	www.rebatenetworks.com
Rheingau Founders GmbH	Berlin	www.rheingau-founders.com
Rocket Internet GmbH	Berlin	www.rocket-internet.de
Shortcut Ventures GmbH	Hamburg	www.shortcut.vc
Springstar GmbH	Berlin	www.springstar.com
Team Europe Management GmbH	Berlin	www.teameurope.net
Venture Stars	München	www.venture-stars.com
VHB ventures GmbH	Köln	www.vhbventures.de
YouIsNow	Berlin und München	www.youisnow.de

Tabelle 1: Inkubatoren in Deutschland;
Quelle: VentureCapital Magazin, kein Anspruch auf Vollständigkeit

Neues Unternehmertum

Die Inkubatoren haben die deutsche und vor allem die Berliner Start-up-Szene bereits heute ordentlich umgekrempelt: Sie haben nicht nur einige deutsche Erfolgsfirmen entwickelt, sie haben sich vielfach ihr eigenes Ökosystem geschaffen und eine neue Art von Entrepreneurship entwickelt. Ein gutes Beispiel dafür ist der Inkubator Team Europe: Hinter dem Inkubator stehen die Internetunternehmer Lukasz Gadowski und Kolja Hebenstreit, die ihren ersten großen Erfolg mit dem 2001 gegründeten Online-Shop Spreadshirt gefeiert haben. 2008 gründeten sie zusammen mit anderen erfahrenen Partnern Team Europe Ventures, wo sie seither Unternehmen wie Madvertise, Delivery Hero oder Mister Spex entwickelte. Doch der Aufbau von Start-ups mit eigenem Kapital war bald nicht mehr ausreichend. Nachdem andere Investoren und Jungunternehmer Interesse zeigten, gründete Team Europe einen eigenen Fonds für Beteiligungen in „hausfremde" Start-ups. Daraus ging 2011 der Frühphasenfinanzierer Point Nine Capital hervor. Und auch ein weiterer Inkubator verdankt seine Existenz dem Team Europe-Team: Die HitFox Group entstammt ebenfalls dem Ökosystem, ihre Führungskräfte hatten zuvor Erfahrungen in Team Europe Start-ups gesammelt und bauen nun selbst junge Firmen auf, in der Nische Game Distribution. So multipliziert sich das Inkubatorensystem selbst und bringt immer mehr kreative Köpfe und innovative Unternehmen hervor. Inkubatoren sind damit nicht nur Start-up-Schmieden, sondern auch Ausbildungshorte für den Unternehmernachwuchs. Zwar stehen sie vielfach in der Kritik, ein Vorwurf lautet beispielsweise, hier würden angestellte Manager innovativen Gründern vorgezogen. Auch das schnelle Einstellen schwerfälliger Start-ups wird vielfach kritisiert. Auf der anderen Seite jedoch beweisen die Lebensläufe vieler ehemaliger Inkubatorenmitarbeiter, dass durch die Firmenschmieden echter Unternehmergeist weht. Die deutsche Start-up-Szene, der gerade einige Venture Capital-Geber wegsterben, kann außerdem jede Unterstützung, gerade auch finanzieller Art, dringend gebrauchen.

Ausblick

Für Business Angels bieten Inkubatoren häufig die Gelegenheit zu Co-Investments. Viele der Start-ups aus den Brutkästen wachsen sehr schnell und brauchen daher in kurzer Zeit viel Kapital. Haben die Firmenschmieden Mitinvestoren anfangs vor allem aus ihrem eigenen (meist Berliner) Netzwerk rekrutiert, erweitert sich der Kreis mittlerweile zusehends. Die jungen Wilden der Start-up-Szene und erfahrene Business Angels könnten sich in Zukunft gegenseitig bereichern und ihre Zusammenarbeit erfolgreiche Früchte tragen.

Ute Günther, Roland Kirchhof

Business Angels Netzwerk Deutschland

„Wenn ein junges Unternehmen rasch wachsen und nachhaltige Werte schaffen soll, braucht es neben erforderlichem Risikokapital auch verlässliches Know-how. Privatinvestoren, wie die Business Angels, investieren stets in beides." Diese Sätze der Bundeskanzlerin im Rahmen ihres Glückwunsches zum zehnjährigen Bestehen von Business Angels Netzwerk Deutschland e.V. (BAND) belegen, dass die Bedeutung der Finanzierung innovativer Unternehmen durch Business Angels auf der politischen Agenda angekommen ist. Mit dem Investitionszuschuss, der ab 2013 das Investitionspotenzial von Business Angels erhöht, hat die Politik nun auch konkrete Konsequenzen daraus gezogen. Der Vorgang zeigt aber auch, wie wichtig es ist, gemeinsame Belange, Ziele und Interessen auszutauschen, zu bündeln und mit einer Stimme vorzubringen, um ihnen in der modernen Gesellschaft Geltung zu verschaffen.

BAND, 1998 gegründet, hat sich seit 2001 zunehmend als Verband verstanden. BAND war damit Vorreiter und in gewissem Sinne auch Vorbild für die inzwischen entstandenen nationalen Verbände von Netzwerken und Angels in Europa und den USA. BAND wird getragen von seinen Mitgliedern, den deutschen Business Angels Netzwerken sowie öffentlichen und privaten Mitgliedern, von Zuwendungsgebern und Sponsoren. Der Bundeswirtschaftsminister ist Schirmherr von BAND. Als Dachverband des Frühphasenfinanzierungsmarktes ist BAND Sprecher der Business Angels Netzwerke gegenüber Politik und Öffentlichkeit und vertritt im Interesse junger innovativer Unternehmen die Belange der Business Angels. Die Website www.business-angels.de ist der zentrale Zugang zu den Aktivitäten im deutschen Business Angels-Markt.

BAND Arbeitsspektrum

Mit seinen etablierten Veranstaltungsmarken organisiert BAND den Erfahrungsaustausch der Akteure im Business Angels-Markt, fördert Kooperationen und Netzwerkbildung. Der erste **„Deutsche Business Angels Tag"**, organisiert von Business Angels Netzwerk Deutschland, fand 2001 mit 100 Teilnehmern auf dem Weltkulturerbe Zeche Zollverein in Essen statt. Daraus ist heute der europaweit größte Kongress für privates Beteiligungskapital geworden: Akademie, Kongress, Messe und Präsentationsforum in einem mit 500 Teilnehmern und 150 Ausstellern. In regelmäßigen **Treffen mit den deutschen Business Angels Netzwerken** werden Erfahrungen ausgetauscht, Entwicklungen diskutiert und die Verbandspositionen koordiniert. Beim Aufbau neuer Netzwerke steht BAND u.a. durch das BAND Starterkit hilfreich zur Seite. Der **„BAND Business Angels Community Summit"** ist der Ort, an dem Business Angels, diese eher verschwiegenen Finanzierer, unter sich sind. Business Angels aus ganz Deutschland treffen sich bei einem aktiven Business Angel aus ihren Reihen, lernen sich kennen und reden – ohne starres Vortragsprogramm, ohne Panels und ohne Präsentationen – und nutzen diesen Freiraum zum offenen Wort, sie diskutieren ihre Themen und spezifischen Fragestellungen. Das **„BANDexpertforum"** ist adressiert an beruflich ausgewiesene Experten für die spezifischen Fragen des Business Angels-Marktes, an erfahrene Business Angels und an alle, die von diesem Know-how profitieren und ihre Praxiserfahrungen einbringen können. Ziel dieser jährlichen Veranstaltungsreihe ist die Herausbildung einer Expert-Community für dieses spezifische Marktsegment und damit die fortgesetzte Professionalisierung des Business Angels-Marktes.

BAND unterstützt den Prozess der Zusammenführung von Business Angels und Kapital suchenden Unternehmen unter anderem durch ein von allen Business Angels Netzwerken in BAND anerkanntes Formular **(BAND One Pager)** und die Weiterleitung von Beteiligungsanfragen an die Mitgliedsnetzwerke.

Im Rahmen der **Verbandstätigkeit** schaltet sich BAND in die politische Diskussion ein, z.B. zum (letztlich gescheiterten) MoRaKG, zum Investitionszuschuss oder zur Besteuerung von Streubesitzanteilen und führt anlassbezogen Parlamentarische Abende durch. Auch die pilothafte Einführung des European Angels Funds (EAF) durch den Europäischen Investitionsfonds wurde von BAND intensiv begleitet und beim Deutschen Business Angels Tag 2012 der Öffentlichkeit erstmals vorgestellt. Dass BAND regelmäßig intensiven Austausch mit den europäischen Nachbarverbänden pflegt, ist wichtig für die Standortbestimmung der deutschen Business Angels-Szene.

Mit seiner **Öffentlichkeitsarbeit** will BAND die Angel-Finanzierung breiter bekannt machen. Die Newsletter BANDquartal (vierteljährlich) und BrANDneues (aktuelle Informationen) haben ihre Reichweite ständig erweitert und erreichen eine große Anzahl von Angels, Marktakteuren und Journalisten. Mit der Verleihung der **„Goldenen Nase“** an den „Business Angel des Jahres“ setzt BAND alljährlich ein Zeichen für die Leistungen der Business Angels. Das Besondere: Das Vorschlagsrecht liegt ausschließlich bei aktuellen Beteiligungsunternehmen der vorgeschlagenen Engel.

Business Angels Jahr 2010 und Dekade der Business Angels

Um dem Business Angels-Finanzierungsmarkt noch stärkere Öffentlichkeitswirkung zu verleihen, hat BAND unter dem Motto „Wir wollen mehr“ das Jahr 2010 zum „Business Angels Jahr 2010“ erklärt und in Kooperation mit dem Bundeswirtschaftsministerium eine Offensive hierzu gestartet. Es wurden insgesamt 216 eigene und Partnerveranstaltungen sowie 87 Gesprächstermine mit Politik und Verbänden durchgeführt. Prominente Business Angels wurden unter anderem mit Hilfe einer Plakatserie als Botschafter herausgestellt und ein Special des VentureCapital Magazins widmete sich ausschließlich dem Thema Business Angels. Das Business Angels Jahr hat den Business Angels-Gedanken bekannter und den Markt transparenter gemacht. Zahlreiche Partner konnten gewonnen werden, und in den unterschiedlichsten gesellschaftlichen Bereichen fanden Business Angels Gehör. Aber diese Kampagne hat auch gezeigt, dass es fortgesetzter Anstrengungen bedarf, um nachhaltig zu wirken, und ein Jahr dafür nicht ausreicht.

„Dekade der Business Angels“

Um die Kontakte, Impulse und Erfolge des Business Angel Jahres nicht verpuffen zu lassen und eine grundlegendere Wirkung zu erzielen, wurden von einer BAND Arbeitsgruppe der Netzwerke für das Jahrzehnt 2011–2020, die **„Dekade der Business Angels“**, Ziele formuliert, die durch konkrete Projekte entweder durch BAND oder durch Netzwerke oder Partner erreicht werden sollen. Alle Akteure sollen mitgenommen werden, um gemeinsam an der Umsetzung des zentralen Dekadenziels „Mehr Business Angels in Deutschland" zu arbeiten. Die volkswirtschaftliche Bedeutung von Business Angels muss einer breiten Öffentlichkeit bewusst werden.

Die gemeinsam mit den Netzwerken formulierten Dekadenziele sind:

- Volkswirtschaftliche Bedeutung von Business Angels als Treibsatz für Innovation und Wachstum bewusst machen
- Business Angels Community stärken
- Business Angels bei jedermann bekannt machen
- Zentrale Rolle von Business Angels Netzwerken herausstellen
- Partnerschaften mit anderen Investoren und Akteuren im Wirtschaftsleben ausbauen und Multiplikatoren gewinnen
- Erfahrungsaustausch der Marktteilnehmer intensivieren
- Präsenz in den Medien stärken
- Thema auf die Agenda der Parlamente heben

Erste Ziele wurden bereits mit konkreten Projekten hinterlegt. Mit dem im Jahre 2011 mit viel Erfolg durchgeführten „BAND Business Angels Summit", der im Zweijahresrhytmus geplant ist, soll z.B. das Ziel „Business Angels Community stärken" angegangen werden. Der hiermit vorgelegte „Leitfaden für Business Angels" dient übergreifend mehreren Dekadenzielen. Begonnen wurde damit, die Datenbasis über Business Angels zu verbessern, und auch der Kontakt zu Parlamentariern, die um die volkswirtschaftliche Bedeutung der Frühphasenfinanzierung wissen, wurde intensiviert.

Die Formulierung weiterer konkreter Projekte, Maßnahmen und Arbeitsaufgaben ist Gegenstand einer Arbeitsgruppe der BAND Mitgliedsnetzwerke. Thematisch wird es unter anderem um folgende Aspekte gehen:

- Konsequenzen der Ausdifferenzierung des Business Angels Ecosystems (Stichworte: neue Akteure, Organisations- und Matchingstrukturen)
- Markttransparenz durch spezifische Business Angels-Forschung verbessern
- Mehrwert von Syndizierungen und Business Angels-Fonds aufzeigen
- Formulierung von Standards und Qualitätskriterien
- Qualifizierung von Angels und Start-ups (Ready for Investment und Ready for Equity)

Ausblick

Der im Jahr 2013 startende Investitionszuschuss des Bundes mit 20% des Investitionsvolumens, für den im Bundeshaushalt mittelfristig 150 Mio. EUR zur Verfügung stehen, wird das Interesse, als Business Angel tätig zu werden, steigern. Dies bedeutet, dass BAND und die Netzwerke „Ready for Qualifiying" sein sollten. Es wird also nicht nur darum gehen, den Investitionszuschuss zu bewerben, sondern auch die neuen „Virgin Angels" für Investments fähig zu machen und ihnen zu helfen, sich in Netzwerken und Strukturen zurecht zu finden und einzubringen. Der Investitionszuschuss wird der „Dekade der Business Angels 2011–2020" zusätzliche Schubkraft verleihen. Diese Schubkraft werden die Business Angels Community und BAND zu weiteren Fortentwicklung des Business Angels Ecosystems nutzen.

Georg Licht

Business Angels in Deutschland – ein quantitativer Blick aus der Perspektive der finanzierten Unternehmen

Die Finanzierung durch Business Angels hat sich im letzten Jahrzehnt auch in Deutschland etabliert und ist zu einem wichtigen Teil des Finanzierungsspektrums junger, ambitionierter Unternehmen insbesondere im Hightech-Bereich geworden. Eine Reihe bekannter Business Angels steht im Blickfeld der Öffentlichkeit und repräsentiert als Aushängeschild die Szene. Sehr viel häufiger als noch vor wenigen Jahren beteiligen sich Business Angels auch bei größeren Finanzierungsrunden junger Unternehmen. Dies belegt ein Blick auf die Venture Capital (VC)-Deals, die in der Datenbank Zephyr, die vom Bureau van Dijk zusammengestellt wird, enthalten sind. Demnach stieg der Anteil der VC-Deals, an denen Business Angels beteiligt waren, seit 2005 deutlich an. Belief sich der Anteil im Jahr 2005 noch lediglich auf 2%, so waren es im ersten Halbjahr 2012 bereits 15% der erfassten VC-Deals, bei denen mindestens ein Business Angel oder ein Business Angel-Syndikat beteiligt war. Der Anteil der Deals mit Business Angel-Beteiligung in der ersten Finanzierungsrunde liegt dabei im Zeitraum 2005 bis 2012 (erstes Halbjahr) bei 13,5%, bei Deals höherer Runden bei 9%. Dies verweist auf eine relativ höhere Beteiligung von Business Angels in frühen Finanzierungsphasen, was auch durch eine Untersuchung des ZEW aus dem Jahr 2007 belegt wird.

Daten zur Bedeutung der Business Angels-Finanzierung

Die aktuelle Datenlage zur Rolle von Business Angels bei der Unternehmensfinanzierung kann nur als schlecht bezeichnet werden. Dies gilt insbesondere für den großen Teil der Beteiligungen von Business Angels, die sich mit kleineren Beträgen an jungen Unternehmen beteiligen oder die keine offene Beteiligung eingehen, sondern sich mit stillen Beteiligungen oder langfristigen Krediten einbringen wollen. Daher findet hier ein Rückgriff auf eine Untersuchung des Zentrums für Europäische Wirtschaftsforschung (ZEW) aus dem Jahr 2007 statt. Das ZEW interviewte im Jahr 2007 ca. 3.000 junge Unternehmen der Gründungsjahre 2001 bis 2006 in den forschungsintensiven Wirtschaftszweigen des verarbeitenden Gewerbes und den technologieorientierten Dienstleistungen. Ein Untersuchungsschwerpunkt war die Finanzierung von jungen Hightech-Unternehmen. Insbesondere wurde die Rolle von Business Angels beleuchtet. Ein Business Angel-finanziertes Unternehmen wurde dabei definiert als ein Unternehmen, an dem seit der Unternehmensgründung eine Privatperson eine offene oder stille Eigenkapitalbeteiligung erworben hat und der Privatinvestor nach Angaben der interviewten Unternehmensvertreter das Unternehmen nennenswert auch in anderer Weise unterstützt. Zu betonen ist dabei, dass in der Untersuchung die Business Angel-finanzierten Unternehmen im Mittelpunkt standen und nicht die Business Angels an sich. Mit dem Mannheimer Unternehmenspanel (siehe www.zew.de/Gruendungen) stand eine geeignete Hochrechnungsbasis zur Verfügung, sodass die Ergebnisse auf die Grundgesamtheit der in diesem Zeitraum entstandenen Hightech-Unternehmen hochgerechnet werden konnten.

Beitrag von Business Angels zu Finanzierung

Von allen neu gegründeten Hightech-Unternehmen der Kohorten 2001 bis 2006 haben gut 5% der Unternehmen seit ihrer Gründung eine Finanzierung durch einen Business

Angel erhalten. In absoluten Zahlen gerechnet handelt es sich dabei um gut 3.700 Business Angel-finanzierte Unternehmen. An einem Business Angel-finanzierten Unternehmen erwarben im Durchschnitt 1,9 Business Angels eine Beteiligung. Gut die Hälfte der Business Angels-finanzierten Unternehmen erhielt bereits vor Gründung oder im Gründungsjahr Kapital von Business Angels. Fast ein Drittel der Unternehmen konnte erst drei Jahre nach Gründung oder später eine Finanzierung durch einen Business Angel akquirieren. Business Angels stiegen also nicht nur in der Seed- und Start-up-Phase, sondern auch in der Expansionsphase ein.

Beim Ausscheiden eines Business Angels wurde die Beteiligung in der Regel an den Gründer zurückverkauft (bei 90% der Unternehmen, bei denen mindestens ein Business Angel seine Beteiligung ganz oder teilweise veräußert hatte). Andere Ausstiegsvarianten (z.B. Verkauf an eine Venture Capital-Gesellschaft) waren eher selten zu finden.

Obwohl die Business Angel-finanzierten Unternehmen mit 5% nur einen relativ geringen Anteil an allen Hightech-Gründungen in Deutschland ausmachen, stellen sie doch eine besondere Gruppe unter den jungen Hightech-Unternehmen dar. Es zeigte sich, dass Unternehmen mit einer Finanzierung durch Dritte größer und innovativer sind, und damit auch schneller wachsen. Bei den Unternehmen, die externes Eigenkapital nutzten, entfiel auf diese Finanzierung ein knappes Drittel des Finanzbedarfs, und damit knapp ebenso viel, wie aus dem Cashflow erwirtschaftet werden konnte. Hightech-Unternehmen erhielten im Mittel ca. 100.000 EUR von Business Angels (Summe über alle Business Angels). Typischer sind jedoch Beteiligungen in einer Größenordnung von 30.000 EUR (Median). Darin kommt zum Ausdruck, dass einige wenige Hightech-Unternehmen sehr hohe Beträge von ihren Business Angels erhielten (z.T. von über 1 Mio. EUR), die Masse der jungen Unternehmen jedoch deutlich weniger. Bei Beteiligungsbeginn haben Business Angels im Durchschnitt 26% der Anteile erworben.

Wie viele Business Angels sind in Deutschland aktiv?

Auf der Basis der Angaben der Business Angel-finanzierten Unternehmen konnte eine vorsichtige Schätzung der im Zeitraum 2001 bis 2006 aktiven Business Angels gewagt werden. Da in die Untersuchung nur junge Hightech-Unternehmen einbezogen wurden, musste dazu mit Annahmen zur Relation von im Hightech-Sektor aktiven Business Angels zu Business Angels, die in anderen Sektoren aktiv sind, gearbeitet werden. Geht man davon aus, dass zwischen 50% und 80% der Business Angels im Hightech-Sektor aktiv sind, so resultiert daraus eine Spannbreite von 4.400 bis 5.400 Business Angels, die sich im Zeitraum 1998 bis 2007 in jungen Unternehmen engagierten.

In welchen Unternehmen engagieren sich Business Angels typischerweise?

Unternehmen, an denen sich ein Business Angel beteiligt hat, unterschieden sich signifikant von anderen Hightech-Unternehmen. Der Anteil Business Angel-finanzierter Unternehmen, deren Gründer einen akademischen Abschluss („Hochschulabschluss" und „Habilitation oder Promotion") besitzen, war mit 81% größer als bei Unternehmen ohne Business Angel. Bei einem Drittel der Business Angel-finanzierten Unternehmen handelte es sich um eine Spin-off-Gründung. Business Angel-finanzierte Unternehmen waren mit 3,7 Beschäftigten signifikant größer als Unternehmen ohne Business Angels. Deutlicher noch waren die Unterschiede bezüglich des Innovationsverhaltens. Dies kam in einem höheren Innovationsgrad der Produkte, einem stärken Engagement in Forschung und Entwicklung oder einem höheren Anteil von Unternehmen mit Marktneuheiten zum Ausdruck. Jedoch kann daraus nicht geschlossen werden, ob die überdurchschnittlichen Innovationsaktivitäten von Unternehmen mit Business Angels-Finanzierung eine Ursache für die oder eine Auswirkung der Finanzierung durch Business Angels sind. Denn auf der einen Seite ist es denkbar, dass erst das von Business Angels investierte Kapital den Unternehmen besonders intensive Innovationsaktivitäten ermöglichte. Auf der anderen Seite kann dies auch die Auswahl von Unternehmen durch Business Angels widerspiegeln, wenn überdurchschnittliche Innovationsaktivitäten als Indiz für die Wachstumschancen angesehen werden.

Schaffen Business Angels einen Mehrwert für die Unternehmensentwicklung?

Fast 90% der Business Angel-finanzierten Unternehmen erhielten eine Unterstützung im Bereich „Betreuung und Beratung“. Knapp 86% der Unternehmen wurden durch die Herstellung von Kontakten zwischen dem Gründer und potenziellen Geschäftspartnern wie Beratungsunternehmen, Referenzkunden, Technologie- und Entwicklungspartnern, Risikokapitalgesellschaften oder potenziellen Mitarbeitern unterstützt. Betreuung, Beratung und Kontaktherstellung stellten für Business Angels eine nahezu selbstverständliche Leistung dar, die zusätzlich zur Finanzierung erbracht wurde.

Gut 35% der Unternehmen erhielten Sachmittel oder Infrastrukturleistungen von ihrem Business Angel. In knapp 34% der Business Angel-finanzierten Unternehmen hat der Business Angel eine Funktion in einem Beirat oder im Aufsichtsrat des jungen Unternehmens ausgeübt. Darüber hinaus wurden in knapp einem Drittel aller Business Angels-finanzierten Unternehmen von den Business Angels Aufgaben im kaufmännischen Bereich übernommen. Weniger weit verbreitet waren Beiträge im Bereich Produktion/F&E. 25% der Unternehmen erhielten dort Unterstützung. Business Angels engagierten sich vor allem im kaufmännischen Bereich. Dies liegt vermutlich zum einen daran, dass Business Angels selbst ihre Erfahrungen im betriebswirtschaftlichen Bereich gesammelt hatten. Zum anderen verfügten die Unternehmensgründer vor allem über ingenieur- oder naturwissenschaftliche Kenntnisse, sodass eine Unterstützung in diesen Bereichen seltener nachgefragt wurde.

Knapp die Hälfte der jungen Hightech-Unternehmen (46%) taxierte den Aufwand ihrer Business Angels auf einen oder zwei Tage im Monat. Weitere 30% der Unternehmen schätzten, dass ihre Business Angels zwischen drei und fünf Tage investierten. In immerhin 25% der Business Angel-finanzierten Unternehmen belief sich das Engagement der Business Angels auf mehr als eine Woche. Das Engagement der meisten an jungen Hightech-Unternehmen beteiligten Business Angels kann somit häufig als „hands-on“ beschrieben werden.

Fazit

Die Qualität der durch Business Angels erbrachten Leistungen wird überwiegend gut benotet. Über die Hälfte der Unternehmen beurteilte die erhaltene Unterstützung als „sehr wichtig“ oder „wichtig“ für die Entwicklung des Unternehmens. Die von den Business Angels erbrachten Unterstützungsleistungen wurden von den Unternehmensgründern als tatsächlicher Mehrwert für das eigene Unternehmen angesehen.

13 Statt einer Zusammenfassung

Peter Jungen

Business Angels: Internationale Erfahrungen und Entwicklungen – Was können wir davon lernen? 20 Anmerkungen

1. Business Angel Investing hat in den letzten Jahren weltweit einen Siegeszug angetreten. Von den USA, quasi der Mutter aller Business Angel Investments, ist die Idee inzwischen weltweit exportiert worden – in die Eurozone nur mit begrenztem Erfolg, dafür mit umso stärkerem Wachstum in Asien und jetzt vor allem auch in China.

2. Eine deutliche Veränderung der Strukturen, in denen Business Angels investieren, ist zu beobachten. Der einsame Angel, als einziger Investor in einem Unternehmen, gehört inzwischen häufig weitgehend der Vergangenheit an. Die professionellen Angels, also die Serial Angels, investieren zunehmend in Gruppen von Angels – in Syndikaten. Entscheidend ist, dass sich in solchen Angel-Syndikaten unterschiedliche Erfahrungen, Kenntnisse und auch Branchenkenntnisse bündeln, sodass eine größere Chance besteht, die Gründer in vielfältiger Weise aktiv in der Entwicklung der Unternehmen zu begleiten. Hinzu kommt, dass Angels, die in Gruppen investieren, den Vorteil haben, „Cross Border“ oder „Long Distance“ investieren zu können. Deshalb internationalisieren oder sogar globalisieren sich Business Angels-Netzwerke zunehmend. Immer mehr Angel-Investments finden auch über Kontinente hinweg statt, weil dadurch der „Dealflow“ erheblich vergrößert wird und damit die Chance besteht, auch an Angel-Märkten in anderen Regionen der Welt zu partizipieren.

3. Die Funktion der Lead Angels erfährt eine immer stärkere Bedeutung. Lead Angels, die als Teil einer Gruppe investieren, führen in Abstimmung mit den anderen Angels die Verhandlungen, begleiten das Unternehmen intensiv vor Ort und sorgen dafür, dass die Expertise, die Erfahrungen und die Kenntnisse der anderen Angels mit einfließen. Einerseits werden dadurch die Chancen vergrößert und andererseits Risiken minimiert.

4. Die Bewertung am Anfang sollte fair erfolgen. Man sollte daran denken, dass es weniger wichtig ist, die „beste“ Bewertung am Anfang zu haben als vielmehr die höchste Bewertung beim Exit. Es lohnt sich nicht, einen Streit um eine Bewertung zu führen, deren Unterschied bei einigen Hunderttausend Euro liegt, wenn dagegen die Bewertung bei einem Exit sich vielleicht in Größenordnungen von mehreren Millionen unterscheidet. Viel wichtiger ist, dass nicht nur Business Angels ein Risiko mit ihrem Investment eingehen, sondern entscheidend ist, dass auch das Management eine Menge verlieren kann. „They should have their skin in the game.“ Entscheidend ist, dass man in Leute investiert, die eine Passion mit ihrem Geschäftsmodell verfolgen.

5. Eine Exit-Strategie muss mit den Gründern klar entwickelt werden. Nichts ist schwieriger, als wenn Gründer lebenslänglich an einem Unternehmen in nur einem Investment festhalten wollen, anstatt zu verstehen, dass es wichtig ist, den Exit zu suchen, um dann gegebenenfalls mit dem erworbenen Geld auch neue Investments tätigen zu können. Angel-Investments werden unter verschiedenen Gesichtspunkten eingegangen. Man kann

die Investments fünf bis acht Jahre halten, aktiv begleiten und damit besonders die Wachstumschancen befördern. Auf der anderen Seite werden auch Strategien entwickelt, die auch den „Early Exit" zum Ziel haben. Die Strategie ist, dass man dabei vielleicht nicht das volle Potenzial ausschöpft, aber durch einen „Early Exit" die Umschlagsgeschwindigkeit des Kapitals vergrößert und dabei die Hebelwirkung des Kapitaleinsatzes steigert. Beide Strategien haben ihre Berechtigung. Dennoch ist es interessant zu sehen, dass zunehmend auch erfahrene Angels auf kürzere Exit-Fristen setzen. Dies hat auch etwas damit zu tun, dass sich natürlich die Anbieterstrukturen und die Wettbewerbsbedingungen sehr viel schneller verändern, als man das vielleicht vor einigen Jahren gekannt hat. Insofern wird hier häufiger ein anfänglicher Gewinn realisiert, der es dann ermöglicht, in weitere Investments oder Gelegenheiten zu investieren.

6. Ist Angel Investment risikoreich? Die Antwort ist ganz klar: Ja! In mehr als 50% der Fälle verlieren Angels ihr Investment, weil die Firmen aus dem Markt ausscheiden. Erfahrene Business Angels müssen mindestens zehn Investments machen, um von einem oder von zwei einen „Return" zu haben. Die Profitabilität von Angel-Investments weist natürlich keine Normalverteilung auf. Man muss sich daran gewöhnen, dass von zehn Investments drei oder vier ihren Exit durch Abschreibung haben. Dies bedeutet nicht unbedingt Konkurs, aber es ist ein „No-Go". Eine weitere Gruppe von drei oder vier sind die sogenannten „Living Deads", kleinere Firmen, die überleben können, aber keinen „Return" für den Investor bringen. Von den verbleibenden zwei oder drei sind statistisch eine oder zwei relativ gut und bei wirklich viel Glück ist eine Investition ein wirklicher „Home Run", also ein wirklicher Gewinner. Häufig kann dieser eine Gewinner die Investitionen der zehn anderen ausgleichen oder sogar übertreffen. Aber es gibt statistisch darauf keinen Anspruch. Wichtig ist, dass der jeweilige Deal so strukturiert ist, dass in jedem Fall die Risiken klar begrenzt werden; minimieren kann man sie natürlich nicht. Wer Risiken minimieren will, sollte kein Business Angel-Investment machen!

7. Eine weitere Erfahrung ergibt sich daraus, dass Business Angels vorsichtig mit „Add-on Investments" sein sollten. Was bei Venture Capital völlig normal ist, kann bei Angel Investments häufig nur bedeuten, dass eine „Dead End Road" weiter finanziert wird. Wenn die „Benchmarks" nicht erreicht sind, also wenn erkennbar wird, dass das ursprüngliche Business-Modell auch nach Anpassungen trotzdem die Ziele nicht erreicht, muss gegebenenfalls konsequent ein Schlussstrich gezogen werden. Auch wenn man sich immer wieder darauf einrichten muss, dass die ursprüngliche Finanzierung nicht ausreicht, ist es wichtig zu analysieren, ob möglicherweise eine zusätzliche Finanzierung erforderlich ist, um ein Leiden zu verlängern, oder ob sie dazu beiträgt, die ursprünglichen Ziele zu erreichen.

8. Es ist auch interessant zu beobachten, dass durch die relativ große Zahl an internetbasierten Gründungen die einzelnen Investitionsbeträge eher zurückgehen. Auch das gelegentlich wirtschaftlich schwierige Umfeld reduziert die Kosten einer Gründung und der Entwicklung einer Firma. Man könnte das auch nennen: „The age of the low cost start-ups". Das hat auch etwas damit zu tun, dass die Business Angels vielleicht erfahrener werden und dass der Kapitalbedarf vieler Start-ups, vor allen Dingen internetbasierter Start-ups, geringer ist als in anderen Branchen. Der IT-Sektor ist nach wie vor ein Schwerpunkt für Business Angels. Diese sehr kreative Industrie wird auch noch an Momentum gewinnen.

9. Ein guter Rat ist es, die vereinbarten Investitionsbeträge zu splitten. Man kann auf diese Weise das Risiko minimieren, indem „Benchmarks“ vereinbart werden, an denen dann über eine nächste Auszahlungstranche entschieden wird. So kann man auch mit kleineren Beträgen ein Start-up in Gang setzen. Viele Start-ups sind nicht wegen zu wenig, sondern wegen zu viel Geld „gestorben“. Der Angel-Investor weiß dann, dass er zwar mit einer Rahmenzusage antritt, aber die Beträge nur dann zu zahlen sind, wenn die vereinbarten oder vom Gründer selbst gestellten „Benchmarks“ erreicht werden. Dies hat den Vorteil, dass der Angel-Investor sein Risiko minimiert und sich immer nur mit einer nächsten Tranche engagiert, wenn die Entwicklung erkennbar der zuvor aufgezeichneten Entwicklung entspricht.

10. Was wird denn von Business Angels erwartet? Von einem Angel wird erwartet, dass er unternehmerische Erfahrung, Wachstumserfahrung, aber vor allem Krisenerfahrung mitbringt. Ein Start-up ist im medizinischen Sinne sozusagen eine permanente Krise, mit immer neuen Erscheinungsbildern. Bei jedem neuen Erscheinungsbild entscheidet sich, ob der Weg nach oben oder nach unten führt; also ist es im medizinischen Sinne eine Krise. Die Gründer psychisch zu stabilisieren, ist eine ganz wichtige Aufgabe von Angel-Investoren. Insofern müssen Angel-Investoren selbst Menschen sein, die Erfahrung mit Krisen beziehungsweise Krisen bewältigt haben und unter Unsicherheit leben können. Wer Sicherheit will, soll kein Angel-Investment machen! Gute Business Angels sind solche, die versuchen, diejenigen Gründer zu finden, die das Potenzial und die Fähigkeit haben in wenigen Jahren eine Firma mit 100 oder 200 Mitarbeitern und 30 oder 40 Mio. EUR Umsatz aufzubauen.

11. Einer der Schlüsselfaktoren für den Erfolg von Angel Investing ist, dass nur erfahrene Unternehmer Angel-Investoren sein sollten. Nicht jeder Investor ist ein Angel-Investor. Vielleicht ist er nur ein Anleger. Es hilft, wenn der Angel-Investor die Branche kennt. Da nicht jeder Angel-Investor jede Branche kennen kann, werden zunehmend Business Angels-Syndikate Erfolg haben.

12. Zeit geht vor Präzision. Wenn man sich einmal für eine Investition in eine Geschäftsidee entschieden hat, dann konzentriert sich alles auf die Umsetzung und das Timing. Was man auch immer machen will, man muss es schnell machen. Es ist wichtiger, schnell zu entscheiden und zu handeln, als immer richtig zu entscheiden. Das bedeutet, es ist besser, schnell 70% richtige Entscheidungen zu treffen als langsam 100%.

13. Statistisch wird der Erfolg immer häufiger von Gruppen von Gründern erzielt. Business Angels sollten deshalb immer auch nach einer Gruppe von Unternehmensgründern schauen und vielleicht weniger dem einen großen Macher vertrauen. Wichtig ist, dass man das Geschäftsmodell versteht. Wenn man nicht genau versteht, was eigentlich das Geschäftsmodell ist und wie es Einnahmen generieren soll, sollte man die Sache bleiben lassen.

14. Ein Businessplan ist wichtig, aber man sollte seine Bedeutung nicht überschätzen. Er kann aus einer großen Idee schnell die Luft herausnehmen, jedoch kann er sie nicht ersetzen. Bei der Unternehmensentwicklung muss man die verschiedenen Phasen sehen: Die Seed-Phase, die Start-up-Phase, die Expansionsphase und die Realisierungs- oder Cashing Out-Phase. In jeder Entwicklungsstufe kommt es darauf an, einige wenige Fragen zu beantworten, um Entscheidungen treffen zu können.

15. Eine interessante Entwicklung sind „Entrepreneur Catalyst Funds“, in die ausschließlich Angel-Gruppen direkt investieren. Der Grundgedanke ist, dass Angels, die in Gruppen investieren, möglicherweise sich hier auch zusammentun, um eine institutionelle Variante zu schaffen, mit der sie dann quasi immer als Gruppe investieren, also immer alle Gesellschafter des „Entrepreneur Catalyst Funds“ gemeinsam. Das Wort „Catalyst“ deutet darauf hin, dass damit auch eine weitere Variante verfolgt wird, nämlich den Investitionsvorgang und das Engagement noch früher anzusetzen, häufig in der Phase, in der es noch keine Firmengründung gibt. Bei einem „Entrepreneur Catalyst Fund“ wird mit deutlich kleineren Beträgen investiert als bei einem normalen Business Angel-Investment, um potenziellen Gründern zu helfen, ihre Idee zu entwickeln, auszuformulieren und so darzustellen, dass die Geschäftschancen abschätzbar sind. In dem Moment, in dem die Geschäftschancen abschätzbar sind, vielleicht nach einem Zeitraum von sechs Monaten, muss dann entschieden werden, wie der „Entrepreneur Catalyst Fund“ damit weiter umgeht. Die Bedingungen sind von vornherein festgelegt, sodass die Angels bei positiver Entscheidung das Recht haben, einen bestimmten Prozentsatz zu einer auch vorher festgelegten Bewertung zu übernehmen, was den Vorgang erheblich vereinfacht.

16. Es ist wichtig, in der Wachstumsphase die nächste Stufe einer Finanzierung bestreiten zu können. Dazu bedarf es gegebenenfalls der Venture Capital-Finanzierung. Der entscheidende Unterschied zwischen einem erfolgreichen Start-up und einem weniger erfolgreichen ist die Kombination aus Business Angel Investing und Venture Capital (VC), also die intakte „Food Chain“ von Beginn an. Man kann eigentlich sagen, dass in den Ländern mit einem großen und tief gestaffelten informellen und formellen VC-Markt Venture Capital Funds es begrüßen, wenn Unternehmen mit Business Angels gegründet worden sind, während andererseits die Business Angels die VCs brauchen. Für die VCs ist Angel Investing wiederum die Grundlage ihres „Dealflows“, da der überwiegende Teil der „Seed- oder Pre-Seed-Finanzierung“ durch Business Angels erfolgt. Deshalb ist es von großer Bedeutung, die Zusammenarbeit zwischen Business Angels, Business Angel-Netzwerken und Venture Capital-Firmen zu verstärken, um die „Food Chain“ zu verbessern und die Wachstumsfinanzierung sicherzustellen.

17. Die hohe Kunst des Angel Investings liegt natürlich darin, die „Gazellen“ zu entdecken und ihnen bei ihren großen Sprüngen zu helfen. Dies sind vielleicht nur 10% oder 15% aller Neugründungen. Sie schaffen auch den größten Beschäftigungszuwachs. In den USA kommt der Beschäftigungszuwachs der letzten zehn Jahre fast ausschließlich von Start-ups und insbesondere von denen, die durch Angels und VCs finanziert worden sind.

18. Hat der Business Angels-Markt in Deutschland eine Chance, sich so zu entwickeln wie in den USA mit ca. 20-Mrd.-USD-Investments im Jahr 2011? Auf Deutschland übertragen würde das 4 bis 5 Mrd. EUR pro Jahr heißen. Davon ist der deutsche Markt noch weit entfernt. Das liegt auch daran, dass in Deutschland die Bedeutung von Business Angel-Investments für die Innovationsgeschwindigkeit, für die wirtschaftliche Dynamik, für das Wachstum und für das Schaffen von Arbeitsplätzen von der Politik immer noch nicht erkannt wird. Es gibt erste Anzeichen für ein Umdenken. Die Bundesregierung hat mit ihrer Initiative, ab 2013 einen Investitionszuschuss für Business Angels anzubieten, erstmals die überragende Bedeutung der Start-up-Finanzierung durch Business Angels anerkannt. Natürlich ist der Investitionszuschuss nur eine zweitbeste Lösung, da sie nicht

annähernd an das heranreicht, was in Großbritannien oder in den USA gemacht wird. Dennoch ist es ein wichtiger Schritt in die richtige Richtung.

19. Der globale Trend bei Venture Capital zeigt, dass die Zuwächse in den traditionellen Märkten, wie den USA, eher abnehmen werden. In den „Emerging Markets" werden die Investitionen erheblich zunehmen. Es ist zu erwarten, dass weltweit Venture Capital in den entwickelten Ländern relativ an Bedeutung verliert und in den „Emerging Markets" erheblich zunimmt. Das bedeutet gleichzeitig, dass in Europa, bevor Venture Capital auch nur annähernd eine vergleichbare Größenordnung wie in den USA erreicht hat, schon ein Rückgang einsetzt und VC zunehmend in die „Emerging Markets" fließt. Die Gefahr für Europa ist, dass die Innovationsgeschwindigkeit aus den USA nicht einen Anschub für Europa gibt, sondern dass das Beispiel der USA eher in anderen Regionen, vor allen Dingen in China und zunehmend in Indien, übernommen wird. Die globalen Zahlen für Venture Capital signalisieren einen für Europa erschreckenden Trend. Während in den USA Venture Capital-Investitionen etwa 120 USD pro Kopf der Bevölkerung ausmachen, sind es in Israel, dem eigentlichen „Start-up Country" der Welt, 250 USD, in der EU vielleicht 12 bis 15 USD, in der Eurozone vielleicht 5 bis 6 USD, aber in China schon 3 bis 4 USD. Bereits heute ist Venture Capital Investment in China etwa doppelt so groß wie das in der gesamten EU.

20. Wie sieht die Zukunft des Business Angel-Investments aus? Zunehmend gewinnen professionelle Angel-Netzwerke, also strukturierte Angel-Netzwerke, und Angel-Gruppen an Bedeutung. Immer häufiger übernehmen sogenannte Super-Angels sogar die Rolle von kleineren VCs, die in „Early Stage" investieren. Interessant ist, dass die Zahl der VC-Firmen eher rückläufig ist. In Deutschland ist sie in den letzten zehn Jahren deutlich zurückgegangen, während die Zahl der Business Angels-Netzwerke hingegen zugenommen hat. Dies ist ein weltweiter Trend, der sehr interessante Perspektiven aufzeigt und dessen Ende noch nicht absehbar ist.

Für Business Angels-Investoren gilt, dass ihre große Zeit noch vor ihnen liegt!

Anhang

Autorenverzeichnis

Dr. Kai-Henrik Barth	Business Angel, CEO The Small Group GmbH, Düsseldorf
Andy Beyer	Director AlixPartners GmbH, München
Peter E. Braun	CEO und Co-founder, Mountain Club AG, St. Gallen
Joachim Breithaupt	Partner Osborne Clarke, Köln
Inga Bricker, LL.M.	Rechtsanwältin P+P Pöllath+Partners, München
Dr. Andreas Chatzis	Geschäftsführer BARS Beteiligungs GmbH, Geschäftsführer Business Angels Region Stuttgart e.V., Stuttgart
Dr. Michael Cortelletti	Business Angel, Berlin, Verona
Jürgen Demps	Partner demps & partner I executive interim management, München
Dr. Matthias Dill	Investment Manager High-Tech Gründerfonds Management GmbH, Bonn
Maximilian Egger	Rödl & Partner GmbH, Nürnberg
Dr. Heiner Feldhaus	Partner Gütt Olk Feldhaus, München
Prof. Dr. Michael Friebe	Business Angel des Jahres 2011, FVW Investments GmbH & CoKG, Bochum
Susanne Gläser	Redaktionsleiterin VentureCapital Magazin, GoingPublic Media AG, München
Dr. Ute Günther	Vorstand Business Angels Netzwerk Deutschland e.V. (BAND), Essen
Joachim Hackbarth	Business Angel, Inhaber Unternehmensberatung Joachim Hackbarth, Dortmund
Petra Hartjes	Business Angel, Mülheim an der Ruhr
Dr. Benedikte Hatz	Geschäftsführerin f.u.n. netzwerk nordbayern GmbH, Nürnberg
Dr. Sebastian Heß	Rechtsanwalt, Steuerberater, Fachanwalt für Steuerrecht GSK Stockmann + Kollegen, Rechtsanwälte Wirtschaftsprüfer Steuerberater, Stuttgart
Benjamin Heimlich	Redakteur VentureCapital Magazin, GoingPublic Media AG, München
Christian Hellbardt	Wirtschaftsprüfer, Steuerberater Rödl & Partner GmbH, Nürnberg
Thomas Henrich	Vorstand exchangeBA AG, Frankfurt
Prof. Dr. Dirk Honold	Georg-Simon-Ohm Hochschule Nürnberg
Dr. Friedrich Georg Hoepfner	Business Angel des Jahres 2010, Geschäftsführender Gesellschafter, Hoepfner Bräu Friedrich Hoepfner Verwaltungsgesellschaft mbH & Co KG, Karlsruhe
Roman Huber	Geschäftsführer Bayern Kapital GmbH, München
Frederik Hümmeke	Business Angel, Geschäftsführer Hümmeke I Consulting, Marketing & Vertrieb, Bönen
David Jetel	Sirius Venture Partners GmbH, Düsseldorf
Peter Jungen	Business Angel, Gründungsvorsitzender Business Angels Netzwerk Deutschland e.V. (BAND)
Klaus-Magnus Junginger	demps & partner I executive interim management, München
Carsten Just	Investment Manager, European Investment Fund, Luxemburg
Berthold Karlic	CEO, Venionaire Capital GmbH, Wien
Dr. Roland Kirchhof	Vorstand Business Angels Netzwerk Deutschland e.V. (BAND), Essen
Dr. Oliver Klerx	Inhaber KLERX-legal Rechtsanwälte, München
Torsten Klink	NRW.BANK Business Angels Initiative – win, Düsseldorf
Dr. Dirk Koch	Rechtsanwalt, Steuerberater, Fachanwalt für Steuerrecht GSK Stockmann + Kollegen, Rechtsanwälte Wirtschaftsprüfer Steuerberater, Stuttgart
Prof. Dr. Tobias Kollmann	Universität Duisburg-Essen, Business Angel des Jahres 2012
Dr. Sascha Leske	Partner Noerr LLP, Berlin
Dr. Georg Licht	Leiter Forschungsbereich Industrieökonomik und internationale Unternehmensführung, Zentrum für Europäische Wirtschaftsforschung (ZEW), Mannheim

Bjørn Lillegraven	Partner demps & partner executive interim management, München
Dr. Norbert Linn	Business Angel, LINK-LinnInvestitonsKapital, Wiesbaden
Thomas Look	Managing Partner Laukaz Analytics & Investment GmbH, Teltow
Dr. Volker Mann	Patentanwalt Bonnekamp & Sparing Patentanwaltskanzlei, Düsseldorf
Franco Ottavio Mathias	Geschäftsführer B.A.H.N. Finanzierungsservice e.K., Quickborn
Jens Möllerfeld	NRW.BANK Business Angels Initiative – win, Düsseldorf
Frank Motte	Business Angel, Geschäftsführer INVESTORIA GmbH, Stuttgart
Frank Müller	Geschäftsführendes Vorstandsmitglied Business Angels FrankfurtRheinMain e.V., Frankfurt am Main
Michaela Müller	Projektleitung Finanzierung f.u.n. netzwerk nordbayern GmbH, Nürnberg
Claas Nieraad	Business Angel, Geschäftsführer, New Commercial Room Beteiligungsgesellschaft mbH, Hamburg
Toni Oed	Georg-Simon-Ohm Hochschule Nürnberg
Marcus Pickel	Wilmer Cutler Pickering Hale and Dorr LLP, Frankfurt
Dr. Astrid Pönicke, LL.M.	Wilmer Cutler Pickering Hale and Dorr LLP, Frankfurt
Max Reindl	Business Angel, Geschäftsführer Max Reindl Beratungsgesellschaft, Nürnberg
Mathias Renz	Verlagsleiter VentureCapital Magazin, GoingPublic Media AG, München
Benedict Rodenstock	Business Angel, CEO ASTUTIA Ventures GmbH, München
Benjamin Rohé	Angel Investor, Entrepreneur, Berlin
Dr. Markus Rohner	Partner RST Beratungsgruppe, Essen
Dr. Carsten Rudolph	Geschäftsführer evobis GmbH, München
Andreas Rüter	Business Angel, Managing Director AlixPartners GmbH
Dr. Markus Schackmann	Partner Luther Rechtsanwaltsgesellschaft mbH, Köln
Hans-Peter Schmidt	Business Angel, Geschäftsführer BARS Beteiligungs GmbH, Vorstand Business Angels Region Stuttgart e.V., Stuttgart
Carsten Schneider	Partner Osborne Clarke, Köln
Wolfgang Seibold	Partner Earlybird VC Management GmbH & Co. KG, Berlin
Michael Steinmetzer	Abteilungsdirektor Innovationen und Beteiligungen, KfW Bonn
Rolf K. Sparing	Patentanwalt, Bonnekamp & Sparing Patentanwaltskanzlei, Düsseldorf
Falk Strascheg	Business Angel, Gründungsgesellschafter EXTOREL GmbH, München
Christian Tönies, LL.M. Eur.	Partner P+P Pöllath+Partners, München
Dr. Nikolaus Uhl, LL.M.	Partner WEITNAUER Rechtsanwälte, Wirtschaftsprüfer, Steuerberater, Berlin
Friedrich von Diest	Business Angel, Geschäftsführender Gesellschafter Sirius Venture Partners GmbH, Wiesbaden
Martina Veit	European Investment Fund, Luxemburg
Jean-Pierre Vuilleumier	Business Angel, Managing Director CTI Invest, Zürich
Barbara Walpuski	Leitung Finanzierungsnetzwerk, evobis GmbH, München
Ingo Weber	Business Angel, Gründer und Vorstandsvorsitzender FAS AG, Stuttgart
Dr. Wolfgang Weitnauer, M.C.L.	Partner WEITNAUER Rechtsanwälte, Wirtschaftsprüfer, Steuerberater, München
Axel Witte	Geschäftsführender Gesellschafter RST Steuerberatungsgesellschaft mbH, Essen
Dr. Nicholas Ziegert	Relationship Management Junge Unternehmer und Venture Capital Fonds, M.M.Warburg & CO, Hamburg
Doris Zur Mühlen	Geschäftsführende Gesellschafterin, RST Steuerberatungsgesellschaft mbH, Essen

Partner des „Leitfadens für Business Angels“

Die AMR-Engineering GmbH ist eine Ingenieurgesellschaft für Anlagentechnik und beschäftigt mit ihren Tochterunternehmen 180 Mitarbeiter. Mit über 40 Jahren Erfahrung verfügt das Unternehmen über umfangreiches Know-how in der Planung und dem Bau von verfahrens- und maschinentechnischen Anlagen für die Chemie-, Pharmazie-, Kraftwerks- und Hüttenindustrie.
Die Stärken der AMR liegen in der Beratung, Planung und Errichtung von Anlagen und Teilanlagen als Generalunternehmer. Dabei erstreckt sich das Leistungsspektrum von der Konzepterstellung über das Basic- und Detail-Engineering bis hin zum Bau und Inbetriebnahme der geplanten Anlagen.
Kontakt: www.amr.de

Bayern Kapital gibt Eigenkapital für Innovationsprojekte junger bayerischer Technologieunternehmen:
Seedfonds Bayern (SFB): Ab der Frühphase des Unternehmens; Coach nötig. Zusammen mit dem High-Tech Gründerfonds anfangs bis zu 600.000 EUR. Folgefinanzierungen möglich (SFB-Anteil max. 300.000 EUR). SFB allein max. 250.000 EUR.
Clusterfonds Start-up!: Für junge Firmen, die den „proof of technics“ geschafft haben, bis zu 500.000 EUR zur Bewältigung der Lücke zwischen Seed- und Start-up-Phase. Coach erforderlich.
Clusterfonds Innovation/EFRE: Max. 2 Mio. EUR parallel zu privatem Leadinvestor. Bei Business Angels, die min. 150.000 EUR investieren, Fondsanteil bis zu 70% der Beteiligungsgesamtsumme.
Kontakt: www.bayernkapital.de

Spezialisiert auf executive interim management, projektmanagement und outsourcing für Unternehmen und Landesgesellschaften nationaler und internationaler Gruppen im In- und Ausland. Unser Hauptwirkungsfeld liegt im Bereich Finanzen und deren Schnittstellen zu den erfolgskritischen Bereichen. Wir übernehmen die operative Verantwortung in:
Finanz- und Rechnungswesen • Liquiditätsmanagement I Controlling I Reporting • Modellierung von Geschäftsprozessen I Zertifizierungen • Fund Raising • Business Development I Erschließung neuer Märkte • Restrukturierung I Sanierung • M&A I Due Diligence Management I Post Merger Integration
Darüber hinaus sind unsere Partner als Business Angel tätig.
Kontakt: www.demps-partner.de

FISCHER
BETEILIGUNGS CONSULT

Die Fischer Beteiligungsconsult GmbH (FBCon) investiert in Frühphasen- und Expansionsfinanzierungen. Wir sind stark an Unternehmen mit erfolgreich abgeschlossener Seedphase, belastbarem Proof of Concept und ersten nachweisbaren Umsätzen interessiert. Wir beteiligen uns als Leadinvestor oder gerne auch als Co-Investor. Insbesondere unterstützen wir am Markt eingeführte Unternehmen, die ihr Erfolgsmodell schneller durchsetzen und neue Märkte erobern wollen. Unser Fokus liegt dabei auf Digitalen Medien, Mobilität & Transport, Nachhaltigkeitskonzepten und Handel. Wichtig sind uns Kompetenz, Durchsetzungskraft und Branchenerfahrung des Unternehmer-Teams, die Wettbewerbsfähigkeit und Skalierbarkeit des Geschäftsmodells, die Lukrativität des Marktes sowie das richtige Timing. Wir bieten einen Beteiligungsprozess, der von Professionalität und gegenseitigem Respekt geprägt ist. Dabei sind uns unbürokratische Zusammenarbeit, eine schnelle Kommunikation mit kurzen Reaktionszeiten wichtig. Wir möchten unseren Beteiligungsunternehmen Unterstützung durch kompetente Teammitglieder und wertvolle Netzwerkpartner zukommen lassen. Vor diesem Hintergrund zielen wir darauf ab, mit Unternehmern, die einen hohen persönlichen Einsatz zeigen, nachhaltige Partnerschaften aufzubauen.
Kontakt: www.fbcon.com

GSK STOCKMANN + KOLLEGEN RECHTSANWÄLTE NOTARE

GSK ist eine der führenden, unabhängigen deutschen Corporate- und Real-Estate-Kanzleien. Heute stehen unseren Mandanten über 135 national und international renommierte Anwälte und Steuerberater zur Verfügung.
Bei Business Angel-Investments berät GSK Einzelinvestoren, Investorengruppen („Club-Deals") und Family Offices. Unternehmer und Managementteams profitieren von GSKs gesellschafts-, steuer- und aufsichtsrechtlicher Beratungskompetenz.
Kontakt: www.gsk.de

High-Tech Gründerfonds

Der High-Tech Gründerfonds investiert Risikokapital in junge, chancenreiche Technologie-Unternehmen, die vielversprechende Forschungsergebnisse unternehmerisch umsetzen. Mit Hilfe der Seedfinanzierung sollen die Start-ups die technologiebasierte Innovation bis zur Bereitstellung eines Prototypen bzw. eines „Proof of Concept" oder zur Markteinführung führen. Der Fonds beteiligt sich initial mit 500.000 EUR; insgesamt stehen bis zu 2 Mio. EUR pro Unternehmen zur Verfügung. Investoren der Public-Private-Partnership sind das Bundesministerium für Wirtschaft und Technologie, die KfW Bankengruppe sowie die 14 Industriekonzerne ALTANA, BASF, B. Braun, Robert Bosch, CEWE Color, Daimler, Deutsche Post DHL, Deutsche Telekom, Evonik, Qiagen, RWE Innogy, SAP, Tengelmann und Carl Zeiss. Der High-Tech Gründerfonds verfügt insgesamt über ein Fondsvolumen von rund 565,5 Mio. EUR (272 Mio. EUR Fonds I und 293,5 Mio. EUR Fonds II).
Kontakt: www.high-tech-gruenderfonds.de

hümmeke

CONSULTING, MARKETING & VERTRIEB

Ihr kompetenter Partner zur Steigerung Ihres Unternehmenserfolges.
Als Berater & Dienstleister bieten wir Ihnen ein umfangreiches Leistungsspektrum, das Unternehmen noch erfolgreicher macht. Mit innovativen, eigenen Methoden haben wir einen Vorsprung, von dem Sie profitieren können.
Unternehmer und Investoren unterstützen wir beispielsweise dabei, Marktchancen von Produkten zu bewerten und wir helfen innovative Produkte erfolgreich im Markt zu platzieren. Durch Marketing- und Vertiebsoptimierung machen wir Unternehmen noch erfolgreicher. Wir begleiten von der strategischen Beratung bis hin zur Vertriebsdienstleistung.
Kontakt: www.huemmeke-gmbh.de

KFW

Die KfW ist der größte Mittelstandsfinanzier in Deutschland. Sie stellt Unternehmen langfristige Investitionskredite zur Verfügung, ebenso wie Kredite zur Betriebsmittelfinanzierung. Darüber hinaus fördert die KfW innovative Projekte mit speziellen Eigenkapital-Programmen. Mit dem ERP-Startfonds beteiligt sie sich an jungen, innovativen und technologieorientierten Unternehmen mit besonderen Wachstumschancen. Dies geschieht immer gemeinsam mit privaten Risikokapitalinvestoren und zu gleichen Bedingungen („pari passu"). An einer ersten Finanzierungsrunde kann sich der ERP-Startfonds mit bis zu 2,5 Mio. EUR beteiligen.
In der Beraterbörse der KfW finden Existenzgründer und Unternehmen kompetente Unternehmensberater. Mehr als 24.000 Fachleute sind dort gelistet.
Kontakt: www.kfw.de

Laukaz Analytics & Investment GmbH (LAI) provides investment management, corporate advisory and catalyst services with a focus on the Telecommunication, Information, Multimedia, Entertainment and Security (TIMES) sector. We develop and shape companies operating in management intensive change phases such as incubation, early stage venture, turn-around and sale. We provide and arrange for both – intellectual capital and funding as well as advice and hands-on support.
LAI Capital provides smart capital. We invest in companies mainly within the TIMES and Professional Services sectors and usually during periods such as incubation, start-up and turn-around.
LAI Catalyst provides catalyst and corporate advisory services. Jointly with market mavens and partners we offer advice and support to entrepreneurs and companies in areas of strategic and operational importance.
Kontakt: www.laukaz.com

Luther.

Luther steht für Expertise und Hingabe. Mit Begeisterung für unseren Beruf und die Sache erarbeiten wir präzise Antworten auf Ihre Fragen. Wir liefern unseren Mandanten die beste Lösung. Nicht zu viel und nicht zu wenig – immer auf den Punkt. Mit einem umfassenden Angebot in allen wirtschaftlich relevanten Feldern der Rechts- und Steuerberatung ist Luther eine der führenden deutschen Wirtschaftskanzleien. Sie ist mit rund 350 Rechtsanwälten und Steuerberatern in elf deutschen Wirtschaftsmetropolen sowie in Brüssel, Budapest, London, Luxemburg, Shanghai und Singapur präsent. Zu ihren Mandanten zählen große und mittelständische Unternehmen sowie die öffentliche Hand.
Auf den Punkt. Luther.
Kontakt: www.luther-lawfirm.com

Noerr

Noerr ist eine führende europäische Wirtschaftskanzlei mit 470 Professionals in Deutschland, Europa und den USA. Unser Kerngeschäft ist exzellente, partnergeführte und interdisziplinäre Rechts- und Steuerberatung, die wissenschaftlich fundiert, innovativ und ergebnisorientiert ist. Mit den Gesellschaften der Noerr-Gruppe entwickeln wir nachhaltige Lösungen für Finanzierung und Management.
Kontakt: www.noerr.com

NRW.BANK
Wir fördern Ideen

Die NRW.BANK hat als Förderbank für Nordrhein-Westfalen den staatlichen Auftrag, das Land und seine kommunalen Körperschaften zu unterstützen. Dabei orientiert sie sich am Prinzip der Nachhaltigkeit. Daher ist die NRW.BANK daran interessiert, nachhaltige Unternehmensgründungen in Nordrhein-Westfalen zu unterstützen. Zur Finanzierung und Unterstützung von innovativen Wachstumsunternehmen in der Frühphase betreibt die NRW.BANK durch die win NRW.BANK Business Angel Initiative einen Marktplatz, auf dem sie eigenkapitalsuchende Unternehmen mit Investoren zusammenbringt. Darüber hinaus unterstützt die win NRW.BANK Business Angels Initiative auf dem Weg zur Beteiligungsfähigkeit, z.B. durch Beratertage, Einzelberatungen und Coaching Netzwerk.
Kontakt: www.nrwbank.de

Osborne Clarke

Osborne Clarke ist eine große wirtschafts- und steuerberatende Kanzlei mit Büros unter anderem in Köln und München. Durch unsere Partnerkanzleien innerhalb der Osborne Clarke-Alliance sind wir in allen wichtigen Metropolen Europas vertreten. Dabei beraten wir insbesondere im Gesellschafts- und Steuerrecht, im IT-Recht und gewerblichen Rechtsschutz, im Arbeits-, Vertriebs-und Immobilienrecht. Unsere Mandanten finden sich zum großen Teil im Mittelstand mit einem Fokus im IT- und Technologiebereich. Darüber hinaus betreuen wir von jeher bundesweit auch viele Start-ups und junge Unternehmen. Dabei stehen Fragen der Unternehmensgründung und -finanzierung im Vordergrund.
Kontakt: www.osborneclarke.de

P+P

P+P Pöllath + Partners ist führend auf dem Gebiet der Venture Capital Beratung in Deutschland. Ein Team aus Spezialisten berät umfassend auf allen Gebieten im Zusammenhang mit VC-Finanzierungen von der Seed-Phase an bis hin zu einem erfolgreichen Exit.

P+P vertritt Investoren, Fonds, strategische Investoren, Wachstumsunternehmen, Business Angels und Gründer in sämtlichen Bereichen von VC-Transaktionen.

Wir bieten praxisorientierte rechtliche und steuerliche Beratung bei der Entwicklung von Unternehmens- und Kapitalstrukturen sowie bei der Ausarbeitung von Finanzierungs- und Beteiligungsverträgen, Legal Due Diligence, Mitarbeiterbeteiligungsprogrammen und Exit Transaktionen.
Kontakt: www.pplaw.de

RST

Wirtschaftsprüfung · Steuerberatung
Rechtsberatung · Unternehmensberatung

Die RST-Beratungsgruppe ist als inhabergeführte Beratungsgesellschaft seit mehr als 30 Jahren erfolgreich in der Beratung tätig. Mit über 100 Mitarbeitern an insgesamt fünf Standorten berät die RST-Gruppe Mandanten bundesweit. Dabei vereint die RST alle Beratungsbereiche – Wirtschaftsprüfung, Steuerberatung, Rechts- und Unternehmensberatung – unter einem Dach. Die enge Zusammenarbeit der Spezialisten aus den verschiedenen Bereichen gewährleistet ganzheitliche Lösungen für die Mandanten zu steuerlichen, wirtschaftlichen und rechtlichen Fragen. Im Bereich Private-Equity kann die RST-Beratungsgruppe auf langjährige Erfahrung zurückgreifen. Es wird eine Vielzahl von Start-Up-Unternehmen beraten, Gesellschafter der Gruppe engagieren sich auch persönlich als Business Angel.
Kontakt: www.rst-beratung.de

WEITNAUER

RECHTSANWÄLTE · WIRTSCHAFTSPRÜFER · STEUERBERATER

WEITNAUER vertritt einen interdisziplinären Ansatz und bietet einen umfassenden Beratungsservice aus einer Hand. Die Kanzlei verbindet die Vorteile einer kleinen Einheit (kurze Wege, persönliche Ansprechpartner, Kostenbewusstsein) mit der Qualität eines hochkarätigen, umfassend aufgestellten Teams.

Der Transaktionsbereich (Venture Capital-Finanzierungen, Buyouts bis hin zu Exit-Prozessen) und die Begleitung von Technologieunternehmen im Tagesgeschäft (Arbeits- und IT-Recht, aber auch Gestaltung von Lizenzverträgen oder Forschungskooperationen bei Biotech-Unternehmen) gehören zu unserer Kernkompetenz. Zu den Mandanten der Kanzlei zählen vor allem Finanzinvestoren, aber auch börsennotierte und mittelständische Unternehmen mit Technologieschwerpunkt.

Kontakt: www.weitnauer.net

WILMERHALE® WH®

WilmerHale ist eine internationale Sozietät mit über 1.000 Anwälten an Standorten in Europa, USA und Asien. In Frankfurt und Berlin ist WilmerHale mit ca. 60 Anwälten und in Berlin mit vier Notaren vertreten.

Zum Fokus der Kanzlei gehört insbesondere die Beratung von Unternehmen aus den Bereichen Informationstechnologie, Pharma, Life Sciences, Energie und Medien. WilmerHale berät sowohl etablierte Unternehmen als auch Start-ups sowie strategische und finanzielle Investoren einschließlich Private Equity- und Venture Capital-Fonds aus dem In- und Ausland. Wir beraten zu allen Rechts- und Steuerfragen, insbesondere zur Strukturierung von Finanzierungskonzepten unter anderem durch PE-/VC-Investoren und Business Angels.

Kontakt: www.wilmerhale.com/de

ASTUTIA

BONNEKAMP
& SPARING
Patentanwaltskanzlei
European Patent and Trademark Law Firm

Business Angels
Region Stuttgart

Peter Jungen
Holding GmbH

Gütt Olk Feldhaus

Mountain Club

Sirius
Venture Partners